ELETROMECÂNICA

Transformadores e Transdutores,
Conversão Eletromecânica de Energia
Volume 1

Blucher

AURIO GILBERTO FALCONE

*Professor de Conversão Eletromecânica de Energia e Máquinas Elétricas
da Escola Politécnica da Universidade de São Paulo
Diretor da Equacional Elétrica e Mecânica Ltda.*

ELETROMECÂNICA

Transformadores e Transdutores, Conversão Eletromecânica de Energia
Volume 1

Eletromecânica – vol. 1
© 1979 Aurio Gilberto Falcone
1ª edição – 1979
10ª reimpressão – 2018
Editora Edgard Blücher Ltda.

Blucher

Rua Pedroso Alvarenga, 1245, 4º andar
04531-934 – São Paulo – SP – Brasil
Tel.: 55 11 3078-5366
contato@blucher.com.br
www.blucher.com.br

É proibida a reprodução total ou parcial por quaisquer meios sem autorização escrita da editora.

Todos os direitos reservados pela Editora Edgard Blücher Ltda.

FICHA CATALOGRÁFICA

F172e Falcone, Aurio Gilberto
Eletromecânica: transformadores e transdutores, conversão Eletromecânica de energia, máquinas elétricas / Aurio Gilberto Falcone – São Paulo: Blucher, 1979.

Bibliografia.
ISBN 978-85-212-0025-3

1. Energia elétrica – Conversão eletromecânica 2. Maquinaria elétrica 3. Transdutores 4. Transformadores elétricos I. Título.

79-340

17. e 18.	CDD-621.31	
18.	-621.31042	
17. e 18.	-621.313	
17. e 18.	-621.314	

Índices para catálogo sistemático:

1. Conversão eletromecânica: Energia: Engenharia elétrica   621.31 (17. e 18.)
2. Energia elétrica: Conversão eletromecânica: Engenharia elétrica   621.31 (17. e 18.)
3. Máquinas elétricas: Engenharia   621.31 (17.) 621.31042 (18.)
4. Transdutores: Energia elétrica   621.313 (17. e 18.)
5. Transformadores: Energia elétrica   621314 (17. e 18.)

APRESENTAÇÃO

O Autor

O Professor AURIO GILBERTO FALCONE é Engenheiro Mecânico e Eletricista, turma de 1957, pela Escola Politécnica da Universidade de São Paulo.
Iniciou suas atividades didáticas nessa Universidade em 1959, ministrando a disciplina de Máquinas Elétricas. Nos vinte anos subseqüentes esteve sempre ligado profissionalmente a essa área. Assim é que, já em 1969, teve sua tese de doutoramento versando sobre o uso de alumínio nas Máquinas Elétricas Rotativas, aprovada pela Congregação da Escola Politécnica da Universidade de São Paulo. Em 1983 tornou-se Professor Livre Docente com tese sobre Motores Lineares vem ministrando cursos de graduação, especialização e de pós-graduação, e participando de bancas de exame dos corpos discente e docente, na área de Máquinas Elétricas, principalmente.
Suas atividades profissionais foram iniciadas em 1958, como engenheiro projetista na ELETRO MÁQUINAS ANEL S/A, passando depois a encarregado dos Setores de Projeto e Industrialização, chegando a Diretor Técnico daquela Empresa. Em conseqüência do crescente número de pedidos para fabricação de equipamentos para Laboratórios de Ensino Técnico e de Engenharia, foi julgado conveniente a constituição de outras empresas, fundou, em 1974, a EQUACIONAL ELÉTRICA E MECÂNICA LTDA., fabricante de Equipamentos Educacionais e Industriais, da qual é atualmente seu Diretor Geral.
De seu curriculum-vitae consta ainda a publicação de inúmeros trabalhos na área de Conversão Eletromecânica e suas aplicações.

O Livro

Sob o título geral de ELETROMECÂNICA, o professor AURIO GILBERTO FALCONE, consciente da carência de obras técnicas em língua portuguesa, buscou transmitir aos atuais e futuros profissionais de Engenharia Elétrica, principalmente, sua longa e invejável experiência profissional, abordando assuntos relativos a Transformadores e Transdutores, Conversão Eletromecânica de Energia e Máquinas Elétricas.
Alguns aspectos bastante característicos devem ser ressaltados, na análise dessa obra. O primeiro deles diz respeito à perfeita integração dos assuntos, tratados como um conjunto indissociável na prática diária, e usando ferramental matemático apropriado, associado a conceituação física sempre presente. Em segundo lugar, a constante preocupação do autor em apresentar questões objetivas para solução ou temas para meditação do leitor, desafiando sua curiosidade, e ao mesmo tempo forçando a

consolidação dos novos conceitos adquiridos. Por último, e para não nos alongarmos em demasia, o completo relacionamento das muitas e elaboradas experiências de laboratório sugeridas no texto, passíveis de execução com equipamentos de fabricação nacional tais como das marcas ANEL e EQUACIONAL, das mais difundidas nas Instituições de Nível Médio e Superior do País. Isto, a nosso ver, representa mais uma justificativa para recomendar a obra aos meios educacionais e técnicos, bem como para cumprimentar o talentoso autor pelo trabalho paciente e completo que realizou.

AMADEU C. CAMINHA
Professor Livre Docente
Engenheiro da ELETROBRÁS

Prefácio

Os cursos de engenharia de eletricidade, que não apresentam uma disciplina específica de "Conversão Eletromecânica de Energia", ao atingirem o terceiro ou quarto ano, iniciam diretamente o estudo dos transformadores e das máquinas elétricas rotativas subdivididas nas categorias principais (síncronas, assíncronas e de corrente contínua) fornecendo durante o desenvolvimento teórico de cada uma, as leis e as equações básicas eletromecânicas necessárias ao seu prosseguimento.

Nos últimos anos procedeu-se a introdução, quase generalizada, da disciplina Conversão Eletromecânica de Energia, como matéria de caráter básico que é lecionada precedendo as disciplinas específicas de Máquinas Elétricas nos curriculuns dos cursos de engenharia de eletricidade e também em escolas técnicas de eletrotécnica. Por outro lado, consagrou-se também o hábito de se apresentar a teoria do transformador elétrico dentro da disciplina de conversão eletromecânica de energia, não somente por ser ele um elemento essencial na introdução ao estudo de certos conversores, como por outras fortes razões que estão expostas no início do capítulo 2 deste livro.

Nas nossas escolas, a disciplina Conversão Eletromecânica de Energia foi introduzida na segunda metade da década de 60, com a finalidade de apresentar aos estudantes os princípios e leis fundamentais eletromecânicas e sua aplicação aos transdutores eletromecânicos, além de uma introdução aos transformadores e às máquinas elétricas rotativas, preparando-os não apenas para as posteriores disciplinas de Máquinas Elétricas, que conseqüentemente passaram a ser mais reduzidas, mas também para as disciplinas de Controle e Sistemas Elétricos de Potência, visto que estas são normalmente lecionadas concomitantemente com as de Máquinas Elétricas. Com isto, procurou-se evitar não somente defasagens de aprendizado entre as disciplinas (precedência lógica das matérias lecionadas) como possíveis superposições de alguns pontos similares existentes entre essas disciplinas. Além disso a disciplina de Conversão Eletromecânica de Energia deveria ter a finalidade de fornecer ao estudante uma visão global e unificada dos princípios dos conversores, tanto os do "tipo de sinal" como os do "tipo de potência", o que é de particular interesse, não somente para um melhor aproveitamento das disciplinas de máquinas elétricas particularizadas, como para um futuro prosseguimento na Teoria generalizada das máquinas elétricas.

Como a disciplina de conversão é muitas vezes lecionada no terceiro ano, procuramos desenvolver toda a teoria com um mínimo de complexidade e um máximo de simplicidade, mesmo que em alguns aspectos prejudicasse a elegância da exposição, para que o livro possa ser utilizado por alunos que estejam ingressando nas disciplinas de circuitos elétricos. Com essa mesma finalidade foram acrescentados dois apêndices auxiliares e muitos conceitos básicos foram incorporados no próprio texto central, como, por exemplo, a conceituação de circuito magnético que foi introduzida no capítulo de transformadores. Procuramos também realçar o papel importante das aulas de laboratório nesta disciplina, como fator de criatividade e consolidação de conhecimentos, apresentando, no final de cada capítulo, um parágrafo destinado à prática de laboratório.

A nossa intenção ao elaborar esta obra foi a de compor um livro que servisse como texto para alunos dos cursos de engenharia de eletricidade, opções eletrotécnica e eletrônica. Para os eletrotécnicos, com duração de um ano, seriam apresentados todos os capítulos. Para os eletrônicos, cuja duração é normalmente de um semestre, seriam apresentados com maior ênfase os capítulos 2, 3 e 4, compreendendo transformadores, transdutores de sinal e conversão eletromecânica básica, e, de uma maneira resumida, os capítulos 5, 6 e 7 (compreendendo máquinas elétricas rotativas de potência). Os cursos que não apresentam a disciplina Conversão Eletromecânica de Energia (como alguns cursos de eletricidade e outras modalidades, como mecânica, civil, e outras) podem utilizar os capítulos 4, 5, 6 e 7 como texto para Conversão Básica, Máquinas Síncronas, Máquinas Assíncronas e Máquinas de Corrente Contínua.

Este livro foi o resultado da compilação e ordenação de nossas apostilas, exercícios e notas de aulas lecionadas durante vários anos na EPUSP. Terminado há dois anos, foi novamente submetido ao uso e apreciação por parte dos nossos alunos e colegas que muito colaboraram. No entanto, novas críticas e correções, dirigidas por alunos e professores serão sempre benvindas e nós seremos agradecidos àqueles que as encaminharem a esta editora, em nome do autor.

Devemos registrar nossos agradecimentos aos funcionários e amigos da Escola Politécnica da USP, da Editora Edgard Blücher e das empresas Eletro Máquinas Anel S/A e "Equacional" Equipamentos Educacionais e Industriais Ltda., que nos auxiliaram a desenvolver este trabalho.

Aos nossos alunos de ontem, agradecemos. Aos nossos alunos de hoje, pedimos esforço e dedicação e a eles dirigimos este livro. A Rosa, Marcelo e Marcos dedicamos nosso trabalho.

Dado o sucesso e a boa acolhida desta obra nos meios estudantis e profissionais, elaboramos uma revisão com atualização em alguns aspectos, com o desdobramento em dois volumes, o primeiro contendo Transformadores e Conversão Eletromecânica Básica e o segundo, Máquinas Elétricas Rotativas. Esperamos que tal procedimento, tomado em grande parte para atender a inúmeros pedidos dos nossos leitores, venha satisfazer à grande maioria daqueles que venham a utilizar este livro. Agradecemos a todos os que nos enviaram sugestões e correções e que foram incorporadas nesta segunda edição.

São Paulo, 1985   Aurio Gilberto Falcone

SISTEMA INTERNACIONAL DE UNIDADES
— GRANDEZAS UTILIZADAS
NESTE LIVRO

1 ASPECTO LEGAL

As unidades utilizadas neste livro foram as do Sistema Internacional de Unidades (abreviadamente, Unidade SI). Em algumas ocasiões, algumas grandezas foram expressas em Unidade SI, acompanhadas, para esclarecimento, de outra unidade. Isso, porém, foi feito apenas nos casos em que essas unidades de outro sistema eram tradicionalmente utilizadas no nosso meio, ou que ainda aparecem em equipamentos de outras procedências.

As bases para o SI foram estabelecidas na Undécima Conferência Geral de Pesos e Medidas (CGPM) em 1960. No Brasil, o Decreto n.º 62.292 de 22-2-1968 regulamentou a utilização do Sistema Internacional de Unidade que já se tornara obrigatório pelo Decreto-lei n.º 240 de 2-8-1967.

Finalmente após a 12.ª e 13.ª CGPM, veio o Decreto n.º 63.233 de 12-9-1968, assinado pelo então Presidente da República, A. Costa e Silva, que aprovou para utilização em todo território nacional, o "Quadro Geral das Unidade de Medida" contendo as Unidades do SI com seus prefixos decimais (múltiplos e submúltiplos decimais), seus nomes e seus símbolos, bem como os valores das constantes físicas gerais.

A utilização no Brasil, das unidades de medida e da padronização baseadas no Sistema Internacional de Unidades, é, portanto, obrigatória por força de lei, sendo o Instituto Nacional de Pesos e Medidas (INPM) o órgão federal que se incumbe da função de execução, supervisão, orientação, coordenação e fiscalização, no tocante às atividades metrológicas.

2 MÚLTIPLOS E SUBMÚLTIPLOS — OUTRAS UNIDADES PERMITIDAS

O Quadro Geral do referido Decreto contém ainda uma relação das chamadas "Outras Unidades" que, embora não fazendo parte do SI, foram ainda permitidas do ponto de vista legal, devido a grande dificuldade, ou quase impossibilidade, de serem abandonadas no momento, tão corrente é seu uso. Tais unidades são: hora (h), minuto (min), rotações por minuto (rpm), quilowatt hora (kwh), caloria (cal), grau celsius (ºC), cavalo-vapor (1 CV = 735,5 W), e algumas outras que não interessam a este livro. Nota: o horse-power (1 HP = 746 W) não faz parte das "Outras Unidades" cuja utilização é ainda legalmente permitida para fins públicos. Foi também padronizada a grafia dos prefixos decimais a serem aplicados aos nomes das unidades bem como seus valores. Os nomes das unidades devem ser escritos com letras minúsculas. Os símbolos das unidades devem ser escritos sem *s* final (singular).

Os prefixos, com os correspondentes múltiplos do SI, são:

deca (símbolo d, valor 10), hecto (h, 10^2), quilo (k, 10^3)
mega (M, 10^6), giga (G, 10^9), tera (T, 10^{12}), peta (P, 10^{15}),
exa (E, 10^{18})

Os prefixos submúltiplos:

deci (d, 10^{-1}), centi (c, 10^{-2}), mili (m, 10^{-3}), micro (μ, 10^{-6}) nano (n, 10^{-9}), pico (p, 10^{-12}), femto (f, 10^{-15}), atto (a, 10^{-18}).

3 UNIDADES FUNDAMENTAIS

Nos decretos já citados o Sistema Internacional de Unidades era baseado em seis unidades fundamentais ou de base: unidade de comprimento, de massa, de tempo, de intensidade de corrente elétrica, de temperatura termodinâmica e de intensidade luminosa. Combinando-se essas unidades fundamentais são formadas as unidades derivadas, e dentre elas, somente as que interessam a este livro, estão tabeladas na Seç. 5. Posteriormente, a 14.ª CGPM (1971) introduziu também a unidade de quantidade de matéria (mol) como unidade de base.

a) *Unidade de Comprimento: metro (m)*. "O metro é o comprimento igual a 1 650 763,73 comprimentos de onda, no vácuo, da radiação correspondente à transição entre os níveis 2 p_{10} e 5 d_5 no átomo de criptônio 86". (11.ª CGPM, 1960). Foi portanto substituída a definição do metro baseada no protótipo internacional de platina iridiada, vigente desde a 1.ª CGPM de 1889.

b) *Unidade de Massa: quilograma (kg)*. "A unidade de massa, quilograma, é a massa do protótipo internacional do quilograma em platina iridiada conservado no Bureau Internacional de Pesos e Medidas". (1.ª CGPM e ratificada pela 3.ª CGPM, 1901). Note-se que pelo fato de conservar a denominação quilograma para a unidade SI de massa, resulta um nome que já contém o prefixo (quilo) que está aplicado ao nome do submúltiplo (grama) da unidade de massa.

c) *Unidade de tempo: segundo (s)*. "O segundo é a duração de 9 192 631 770 períodos de radiação correspondente a transição entre os dois níveis hiperfinos do estado fundamental do átomo de césio 133" (13.ª CGPM, 1967). Anteriormente o "segundo" era definido como a fração 1/86 400 do dia solar médio.

d) *Unidade de Intensidade de Corrente Elétrica: ampère (A)*. "O ampère é a intensidade de uma corrente elétrica constante que, mantida em dois condutores paralelos, retilíneos, de comprimento infinito, de seção circular desprezível, e situados à distância de 1 metro entre si, no vácuo, produz entre estes condutores uma força igual a $2 \cdot 10^{-7}$ newton por metro de comprimento" (9.ª CGPM, 1948).

e) *Unidade de Temperatura Termodinâmica: kellvin (K)*. "O kelvin, unidade de temperatura termodinâmica, é a fração 1/273,16 da tempratura termodinâmica do ponto tríplice da água". (10.ª CGPM, 1954 e 13.ª CGPM, 1967). Além da temperatura termodinâmica (símbolo T) expressa em kelvins, pode-se utilizar também a temperatura Celsius (símbolo t), definida pela equação:

$$t = T - T_0$$

na qual $T_0 = 273,15$ K por definição. A temperatura Celsius é geralmente expressa em graus Celsius (símbolo °C). A unidade "grau Celsius" é conseqüentemente igual à unidade "kelvin", e um intervalo ou uma diferença de temperatura Celsius pode ser expresso em kelvin ou graus Celsius.

f) *Unidade de Intensidade Luminosa: candela (cd)*. "A candela é a intensidade luminosa, na direção perpendicular, de uma superfície de 1/600 000 metro quadrado de um corpo negro à temperatura de solidificação da platina sob pressão de 101 325 newtons por metro quadrado" (13.ª CGPM, 1967).

g) *Unidade de Quantidade de Matéria*: *mol* (*mol*). "O mol é a quantidade de matéria de um sistema contendo tantas entidades elementares quantos átomos existem em 0,012 quilograma de carbono 12" (14.ª CGPM, 1971).

4 CONSTANTES FÍSICAS

No "Quadrado Geral das Unidades de Medida" consta uma relação completa das "Constantes Físicas Gerais". Dentre elas interessa-nos transcrever o seguinte:

"Para as unidades elétricas o SI é um sistema de unidades racionalizado, para o qual as constantes eletromagnéticas do vácuo: velocidade da luz (c), constante magnética (μ_0), constante elétrica (ε_0) têm os seguintes valores":

- $c = 2,997\,925 \cdot 10^8$ m/s (metro por segundo)
- $\mu_0 = 4\pi 10^{-7}$ H/m (henry por metro)
- $\varepsilon_0 = 8,854\,19 \cdot 10^{-12}$ F/m (Farad por metro)

Além dessas três constantes, apenas as duas que seguem abaixo interessam a este livro:
- Aceleração normal da gravidade (g_n)
  $g_n = 9,806\,65$ m/s² (metro por segundo por segundo)
- Pressão normal da atmosfera (atm)
  atm = 101, 325 N/m² (newton por metro quadrado).

5 RELAÇÃO DAS GRANDEZAS E SÍMBOLOS QUE COMPARECEM NESTE LIVRO

A tabela abaixo foi preparada em ordem alfabética com entrada pelos nomes das grandezas que aparecem com maior freqüência neste livro, acompanhadas das unidades correspondentes.

GRANDEZAS		UNIDADES SI		OBSERVAÇÕES
Nome (1)	Símbolos Utilizados (2)	Nome (3)	Símbolos Padronizados (4)	(5)
Aceleração	a, A	metro por segundo por segundo	m/s²	
Aceleração angular	γ	radiano por segundo por segundo	rad/s²	—
Angulo plano	$\delta, \alpha, \beta, \theta, \varphi, \phi$	radiano	rad	π rad = 180° elétrico)

(1)	(2)	(3)	(4)	(5)
Ângulo plano magnético (ou elétrico)	θ, δ	não padronizado no SI	—	Na técnica de máquinas elétricas, rad mag = rad/p, onde p é o número de pares de pólos da máquina
Área	S, A	metro quadrado	m^2	—
Calor de massa (calor específico)	c	joule por quilograma e por kelvin	$\dfrac{J}{kg \cdot K}$	a) Coincide com $\dfrac{J}{kg \cdot {}^\circ C}$ b) $\dfrac{J}{kg \cdot K} = 0,2388 \dfrac{cal}{kg \cdot {}^\circ C}$
Capacitância	c, C	farad	F	—
Condutância	G	siemens	S	a) mesma unidade para admitância e suscetância b) $S = mho = 1/\Omega$
Condutividade	σ	siemens por metro	S/m	—
Conjugado (Binário, Momento)	c, C, T	metro-newton (ou newton-metro)	m.N ou N m	a) $N\,m = 1/9,80665\ kgf.m$ b) $N\,m = 0,73756\ \text{lbft}$
Comprimento	l, L, e, x, X	metro	m	a) unidade de base SI b) m = 39,37 inch (polegada) c) m = 3,2808 foot (pé)
Densidade de fluxo magnético	—	—	—	Veja Indução Magnética
Energia	e, E	joule	J	a) Veja observação em Potência b) J = W.s c) $kWh = 3,6 \cdot 10^6\ J$
Fluxo magnético	φ, ϕ	weber	W_b	$Wb = 10^{-8}\ Mx$ onde Mx = Maxwell
Fluxo Magnético Concatenado	λ	weber	W_b	Veja Fluxo Magnético
Força eletro-motriz	fem, e, E	volt	V	

(1)	(2)	(3)	(4)	(5)
Força magneto-motriz	fmm, $\mathscr{F}$, $\Delta\mathscr{F}$	ampère (ou ampère-espira)	A	Embora não recomendável é freqüente o símbolo A. espira em vez de A
Força mecânica (ou simplesmente força)	f, F	newton	N	a) N = kgf/9,806 65 b) N = 0,2248 lbf
Freqüência	f	hertz	Hz	—
Freqüência angular	ω	radiano por segundo	rad/s	mesma unidade para velocidade angular
Freqüência de rotação	n, N	—	—	a) rotação por minuto = rpm b) rotação por segundo = rps c) rps coincide com Hz
Indução magnética	B	tesla	T	a) É freqüente a indicação Wb/m^2 em vez de T b) T = 10^4G (G = gauss)
Indutância	L (própria) M (mútua)	henry	H	—
Intensidade de campo elétrico	E	volt por metro	V/m	—
Intensidade de campo magnético	H	ampère por metro (ou ampère-espira por metro)	A/m	Veja observação em força magneto-motriz
Intensidade de corrente elétrica	i, I	ampère	A	unidade de base SI
Intervalo (ou faixa) de freqüência	n	oitava	—	a) Oitava é um intervalo de freqüência com relação 2 entre os extremos. b) Usa-se muitas vezes a década (relação 10 entre os extremos).
Massa	m	quilograma	kg	a) Unidade de base SI b) kg = 2,205 pound
Massa específica	d	quilograma por m^3	kg/m^3	—

(1)	(2)	(3)	(4)	(5)
Momento de inércia	J	quilograma-metro quadrado	$kg.m^2$	—
Momento de força	—	—	—	Veja Conjugado
Potência	p, P, Q, S	watt	W	Na técnica de corrente alternada, a unidade de potência recebe os nomes de: volt-ampère (VA) para potência aparente; volt-ampère reativo (VAr) para potência reativa; watt para potência ativa.
Pressão	p, P	newton por m^2	N/m^2	$N/m^2 = 10^{-5}$ bar
Quantidade de eletricidade (carga elétrica)	q, Q	coulomb	C	—
Relutância $\left(\dfrac{1}{Permanência}\right)$	$\mathscr{R}$	ampère por weber	A/Wb	Também se encontra A. esp/Wb (Permanência: $\dfrac{Wb}{A}$)
Resistência	r, R	ohm	Ω	Mesma unidade para impedância e reatância
Resistividade	ρ	ohm-metro	$\Omega \cdot m$	—
Temperatura (temperatura termodinâmica)	$T, \Delta T$	kelvin	K	a) Unidade de base SI b) Temperatura termodinâmica é também chamada absoluta. c) K = °C
Tempo	$t, \Delta t$	segundo	s	Unidade de base SI
Tensão elétrica	v, V	volt	V	Vale também para diferença de potencial elétrico.
Tensão mecânica	σ, τ	newton/m^2	N/m^2	mesma unidade para pressão
Torque	T	—	—	Veja conjugado
Velocidade (velocidade de translação)	u, U	metro por segundo	m/s	—

(1)	(2)	(3)	(4)	(5)
Velocidade angular (velocidade de rotação)	ω, Ω	radiano por segundo	rad/s	—
Velocidade angular magnética (ou elétrica)	Ω, Ω_s, Ω_r	não padronizada no SI	—	Na técnica de máquinas elétricas, rad mag/s = 1/p rad/s. (Veja ângulo magnético).
Volume	Vol, Volume	metro cúbico	m^3	—

Referências:

1) Decreto-lei n.º 240 de 28-2-1967, Decreto n.º 62.292 de 22-2-1968, Decreto n.º 63.233 de 12-9-1968 — Departamento de Imprensa Nacional, República Federativa do Brasil, 1971.

2) "SI — Sistema Internacional de Unidades" Publicação do Instituto Nacional de Pesos e Medidas, Duque de Caxias, RJ, Brasil, 1971 ampliada em 1978.

Conteúdo
Volume 1

Capítulo 1
INTRODUÇÃO À CONVERSÃO ELETROMECÂNICA DE ENERGIA — SISTEMAS ELETROMECÂNICOS

1.1	Transdutores eletromecânicos	1
1.2	Sistemas eletromecânicos	4
1.3	Funções de transferência — sistemas eletromecânicos lineares e não-lineares	5
1.4	Medidas e Sugestões para laboratório	6
1.5	Exercícios	7

Capítulo 2
TRANSFORMADORES E REATORES

2.1	Introdução e utilização	8
2.2	Nomenclatura, símbolos e tipos construtivos	9
2.3	Regulação dos transformadores	13
2.4	Perdas e rendimentos dos transformadores	14
2.4.1	Perdas magnéticas do núcleo	15
2.4.2	Resistência equivalente de perdas no núcleo	18
2.4.3	Perdas Joule e resistência ôhmica dos enrolamentos dos transformadores	20
2.4.4	Perdas suplementares	20
2.4.5	Rendimento	21
2.5	Potência nominal	23
2.6	Magnetização do núcleo ferromagnético	24
2.6.1	Corrente magnetizante e corrente de excitação	27
2.6.2	Reatância equivalente de magnetização	36
2.6.3	Relação entre as indutâncias de magnetização vistas do lado 1 e do lado 2	38
2.7	Relações entre as f.e.m, entre as correntes e entre as potências, primária e secundária	40
2.7.1	Relação entre as f.e.m. provocadas pelo fluxo mútuo	42
2.7.2	Relação entre a corrente secundária e a componente primária de carga	44
2.7.3	Relação entre potências primária e secundária	45
2.8	Relacionamento entre fluxos e f.m.m. do transformador — indutância de dispersão	46
2.8.1	Fluxos de dispersão e fluxo mútuo	47
2.8.2	Indutâncias e reatâncias de dispersão	49
2.9	Circuito equivalente completo e diagrama de fasores	50
2.10	Relação entre impedâncias vistas de um lado e de outro de um transformador	52
2.11	Circuito equivalente e diagrama fasorial completos, referidos a um lado	53
2.12	Transformador em curto-circuito — valores p.u.	57
2.13	Transformador ideal	59
2.14	Transformador ligado como autotransformador	61
2.15	Indutâncias própria e mútua — graus de acoplamento magnético	65
2.16	Transformador analisado segundo as indutâncias própria e mútua	68

2.16.1	Equações de malhas com acoplamento magnético	68
2.16.2	Circuitos equivalentes do transformador com as indutâncias própria e mútua	71
2.16.3	Confronto dos dois métodos e relação entre parâmetros	72
2.17	Operação em freqüência constante e variável – solução por modelos de circuitos equivalentes aproximados	74
2.17.1	Transformadores de força, ou de potência	74
2.17.2	Transformadores com freqüência variável	76
2.18	Respostas transitórias dos transformadores	82
2.19	Transformadores em sistemas polifásicos	86
2.20	Medidas de parâmetros, sugestões e questões para laboratório	89
2.20.1	Equipamento e nosso ponto de vista	89
2.20.2	Ensaio em vazio	90
2.20.3	Ensaio em curto-circuito	92
2.20.4	Influência da disposição dos enrolamentos sobre os parâmetros	93
2.20.5	Observação do fluxo mútuo e da corrente magnetizante em vazio e em carga	94
2.20.6	Outras questões e sugestões de medidas	95
2.21	Exercícios	96

Capítulo 3
RELAÇÕES ELETROMECÂNICAS – EXEMPLOS DE COMPONENTES ELETROMECÂNICOS

3.1	Introdução	99
3.2	Relações elétricas e mecânicas	99
3.3	Analogias	103
3.4	Relações eletromecânicas básicas	110
3.4.1	Lei de Ampère, da força mecânica	110
3.4.2	Lei da força mecânica sobre corrente elétrica	111
3.4.3	Lei da força mecânica sobre carga elétrica	114
3.4.4	Força de Lorenz	114
3.4.5	F.e.m. mocional	115
3.4.6	Outros fenômenos físicos que interessam à eletromecânica – alinhamento magnético – piezoeletricidade – magnetostricção	119
3.5	Transdutores para oscilações mecânicas	123
3.5.1	Cápsula dinâmica	123
3.5.2	Cápsula de relutância	126
3.5.3	Cápsula acelerométrica	128
3.6	Transdutores acústicos	136
3.6.1	Alto-falante magnético	136
3.6.2	Microfone de capacitância	141
3.7	Instrumentos de medidas elétricas como transdutores	145
3.8	Transdutores de velocidade angular	145
3.8.1	Tacômetros de tensão alternativa (C.A.)	146
3.8.2	Tacômetros de tensão contínua (C.C.)	148
3.8.3	Tacômetros de indução	151
3.9	Sensores eletromecânicos	152
3.9.1	Sensores de solicitações mecânicas e acústicas	152
3.9.2	Sensores de deslocamento	155
3.10	Sugestões e questões para laboratório	157
3.10.1	Forma de onda de distribuição de induções no entreferro de um conversor rotativo	157
3.10.2	Determinação da constante de um tacômetro linear	158
3.10.3	Verificação de vibrações em estruturas	158
3.10.4	Verificação de nível de ruído em conversores rotativos	161
3.10.5	Verificação de tensão em uma viga	161
3.11	Exercícios	162

Capítulo 4
RELAÇÕES DE ENERGIA – APLICAÇÕES AO CÁLCULO DE FORÇAS E CONJUGADOS DOS CONVERSORES ELETROMECÂNICOS

- 4.1 Introdução 164
- 4.2 Energias armazenadas nas formas: magnética, elétrica e mecânica 164
- 4.2.1 Energia armazenada em campo magnético 165
- 4.2.2 Energia armazenada em campo elétrico 166
- 4.3 Energia dissipada e rendimento dos conversores eletromecânicos 167
- 4.4 Balanço de conversão eletromecânica de energia 171
- 4.5 Energia mecânica em função de indutâncias 177
- 4.6 Equação de força mecânica e conjugado mecânico em função de indutâncias 181
- 4.7 Aplicação da equação de força a um sistema de excitação simples – relação com o princípio da mínima relutância 185
- 4.8 Expressões da força e do conjugado desenvolvidos em função de parâmetros do circuito magnético nos sistemas de excitação única 187
- 4.9 Valores médios e instantâneos da força e do conjugado mecânicos-excitação em C.C. e C.A. 188
- 4.10 Aplicação da equação do conjugado a um sistema de excitação simples – relação com o princípio do alinhamento 193
- 4.11 Conjugado de relutância senoidal – o motor síncrono monofásico de relutância .. 195
- 4.12 Aplicação da equação de força a um sistema de excitação dupla 197
- 4.13 Aplicação da equação de conjugado a um sistema de dupla excitação 199
- 4.13.1 Conjugado exclusivamente de mútua indutância 200
- 4.13.2 Conjugado de mútua e de relutância concomitantes 205
- 4.14 Princípio de funcionamento das principais máquinas elétricas rotativas de dupla excitação 206
- 4.14.1 Máquinas síncronas ou sincrônicas 206
- 4.14.2 Máquinas assíncronas ou assincrônicas 209
- 4.14.3 Máquinas de corrente contínua com comutador 212
- 4.15 Força e conjugado mecânico nos conversores de campo elétrico 214
- 4.16 Sugestões e questões para laboratório 218
- 4.16.1 Eletroímã simples 218
- 4.16.2 Dispositivo de rotação, simples e duplamente excitado 222
- 4.17 Exercícios 224

Volume 2

Capítulo 5
GERADORES E MOTORES SÍNCRONOS POLIFÁSICOS

5.1	Introdução	227
5.2	Princípio de funcionamento	227
5.3	Formas construtivas	227
5.4	F.m.m. intensidade de campo, densidade de fluxo, f.e.m. e fluxo produzidos pelo indutor. Ângulo magnético	228
5.4.1	F.m.m., H e B	228
5.4.2	Fluxo — ângulos magnéticos	229
5.4.3	Fluxo concatenado e f.e.m. do indutor	231
5.5	F.m.m. , intensidade de campo, densidade de fluxo, f.e.m. e fluxo produzidos pelo induzido	233
5.5.1	F.m.m., H, B, f.e.m. e fluxo produzidos por um enrolamento monofásico concentrado em uma única bobina de passo pleno	233
5.5.2	Decomposição das distribuições retangulares de H e B em componentes senoidais	235
5.5.3	f.m.m. H, B, f.e.m. e ϕ_a produzidos por um enrolamento trifásico concentrado, com bobinas de passo pleno — campo rotativo	236
5.6	Indutores e induzidos com mais de dois pólos	243
5.7	Geometria dos enrolamentos de induzidos distribuídos: de simples camada com passo pleno, de dupla camada com passo pleno e de dupla camada com passo encurtado	246
5.8	Influência da distribuição e do encurtamento sobre o fluxo concatenado f.m.m., H, B, e f.e.m. produzidos pelo induzido	249
5.8.1	Encurtamento de passo	249
5.8.2	Distribuição das bobinas de cada fase	252
5.8.3	Distribuição e encurtamento	256
5.9	Representação das máquinas síncronas polifásicas	261
5.10	Fluxos da máquina síncrona e seus efeitos	262
5.11	Reatâncias e resistências equivalentes. Circuito equivalente da máquina síncrona de indutor cilíndrico em regime permanente senoidal	264
5.12	Máquina síncrona em um sistema de potência	266
5.13	Máquina síncrona de indutor cilíndrico, com potência mecânica nula e sem perdas, ligada a barramento infinito	268
5.13.1	Excitação normal ($E_0 = V_a$)	269
5.13.2	Superexcitação ($E_0 > V_a$)	270
5.13.3	Subexcitação ($E_0 < V_a$)	273
5.13.4	Excitação nula ($E_0 = 0$)	275
5.13.5	Curto-circuito nos terminais do induzido ($V_a = 0$)	276
5.14	A máquina síncrona de indutor cilíndrico, sem perdas, ligada a barramento infinito e apresentando potência mecânica	276
5.14.1	Funcionamento como gerador síncrono em regime permanente	277
5.14.2	Funcionamento como motor síncrono em regime permanente	280
5.14.3	Métodos de partida dos motores síncronos	282
5.15	Consideração da resistência por fase de armadura	284
5.16	Diagrama geral de fasores da máquina síncrona de indutor cilíndrico, sem perda, em barramento infinito	285
5.17	Máquina síncrona de pólos salientes-introdução à teoria da dupla reação	290
5.17.1	Considerações sobre as f.m.m., fluxos e indutâncias	290
5.17.2	Definição das reatâncias associadas aos eixos, direto e quadratura	293
5.17.3	Equação das tensões e diagrama de fasores para máquinas de pólos salientes	293

5.18	Potência e conjugado desenvolvidos pela máquina síncrona em função do ângulo de potência	295
5.19	Regulação das máquinas síncronas	296
5.20	Rendimento das máquinas síncronas	298
5.21	Fator de potência das máquinas síncronas	298
5.22	Valores nominais das máquinas síncronas	299
5.23	Gerador de tensão alternativa funcionando isolado do sistema de potência e alimentando carga passiva	299
5.24	Alguns fenômenos transitórios das máquinas síncronas	301
5.24.1	Equação dinâmica da máquina síncrona – estabilidade dinâmica	302
5.24.2	Sincronização dos motores síncronos e a perda de sincronização dos motores e geradores	305
5.24.3	Variação da corrente do induzido – solução do problema por subdivisão do tempo de duração do fenômeno – reatâncias transitória e subtransitória	306
5.25	Máquina síncrona como elemento de comando e controle	308
5.26	Efeito da saturação magnética nas máquinas síncronas	310
5.27	Sugestões e questões para laboratório	310
5.27.1	Equipamento básico para ensaios de máquinas rotativas e sua utilização	310
5.27.2	Curva de magnetização da máquina síncrona – efeito de saturação	313
5.27.3	Verificação da influência da natureza da carga	314
5.27.4	Medida da regulação de gerador síncrono	314
5.27.5	Ensaio em curto-circuito – determinação da reatância síncrona	315
5.27.6	Determinação das reatâncias associadas aos eixos direto e quadratura	317
5.27.7	Partida do motor síncrono e perda de estabilidade	318
5.27.8	Observação do ângulo de potência no motor síncrono	319
5.27.9	Observação da corrente transitória de curto-circuito em um alternador	319
5.27.10	Medida direta do rendimento de um motor síncrono – curvas V	319
5.27.11	Observação do gerador síncrono conectado a um sistema de potência	319
5.27.12	Montagem de um enrolamento trifásico e observação do campo rotativo	320
5.28	Exercícios	320

Capítulo 6

MOTORES E GERADORES ASSÍNCRONOS

6.1	Introdução	323
6.2	Princípios de funcionamento	323
6.3	Formas construtivas	324
6.4	f.m.m. H, B, f.e.m. e fluxo produzido por estatores de dois ou mais pólos	325
6.5	Escorregamento das máquinas assíncronas	325
6.6	Previsão qualitativa das curvas de conjugado e corrente	327
6.7	Aspectos qualitativos da influência da tensão e da resistência rotórica sobre as curvas de corrente e conjugado-aplicações	333
6.8	Máquina assíncrona como modificador de freqüência – fluxos de potência	336
6.9	Fluxos magnéticos da máquina assíncrona	338
6.10	f.e.m. e correntes das máquinas assíncronas – resistências e reatâncias para fins de circuito equivalente	339
6.11	Circuito equivalente da máquina assíncrona em regime permanente senoidal, com escorregamento $s=0$ e $s=1$	340
6.12	Circuito equivalente em regime permanente senoidal, com escorregamentos diferentes de 0 e 1	342
6.13	Diagrama de fasores para a máquina de indução	345
6.14	Solução por modelos de circuitos equivalentes aproximados	345
6.15	Equação do conjugado eletromecânico	346
6.16	Fator de potência, perdas e rendimento dos motores de indução	350
6.17	Independência da quantidade de fases do circuito rotórico	352

6.18 Potência mecânica e perda Joule rotórica em função do escorregamento 353
6.19 Motores de indução monofásicos 354
6.19.1 Princípio de funcionamento 354
6.19.2 Métodos de partida 357
6.20 Máquina assíncrona com elemento de comando e controle 359
6.20.1 Servomotor de indução difásico, autofreante 359
6.20.2 Motor de indução de rotor em lâmina 361
6.20.3 Eixos elétricos polifásicos 362
6.20.4 Eixos elétricos monofásicos 365
6.20.5 Sincros de controle como detetores de erro angular 367
6.20.6 Sincro de controle como detetores de erro de velocidade ou de deslocamento angular 368
6.21 Máquina assíncrona como variador de tensão 369
6.22 Máquina assíncrona como acoplamento entre eixos 371
6.23 Máquina assíncrona plana 371
6.24 Sugestões e questões para laboratório 372
6.24.1 Ensaio em vazio 372
6.24.2 Ensaio com rotor bloqueado 373
6.24.3 Traçado das curvas de conjugado e corrente primária em função de escorregamento, funcionando como motor 373
6.24.4 Verificação da influência da resistência externa secundária sobre o conjugado e a corrente primária de partida 374
6.24.5 Influência da tensão V_1 sobre o conjugado e a corrente de partida 374
6.24.6 Sugestão para medida de escorregamento nominal em motores de anéis 374
6.24.7 Outras questões 374
6.25 Exercícios 375

Capítulo 7
MOTORES E GERADORES DE TENSÃO CONTÍNUA

7.1 Introdução 377
7.2 Princípios de funcionamento 377
7.3 Formas construtivas 377
7.4 f.m.m., intensidade de campo, densidade de fluxo produzido pelo indutor 380
7.5 Enrolamentos de induzido com comutador – ação motora e ação geradora – comutação 382
7.5.1 Ação motora e geradora 382
7.5.2 Funcionamento do enrolamento com comutador 384
7.5.3 Comutação – interpolos 386
7.5.4 Influência da posição das escovas 387
7.6 f.m.m. H, B e ϕ produzidas pelo enrolamento induzido 391
7.7 Distribuições resultantes no entreferro e fluxo resultante – efeito de saturação .. 394
7.8 Interpolos e sua excitação 395
7.9 Enrolamento de compensação 396
7.10 Força eletromotriz entre escovas – valor médio 397
7.11 Conjugado desenvolvido – valor médio 399
7.12 Circuito equivalente da máquina de C.C. – resistência de armadura 400
7.13 Máquina de corrente contínua em linha infinita em regime permanente 403
7.14 Demonstração de quantidade do número de derivações em máquinas com mais de dois pólos 407
7.14.1 Enrolamento embricados 407
7.14.2 Enrolamentos ondulados 409
7.15 Magnetização das máquinas de corrente contínua 412
7.16 Regulação dos motores e geradores de C.C. 414
7.17 Rendimento das máquinas C.C. 415
7.18 Modalidades do auto-excitação no eixo direto 415

7.19	Característica externa dos motores C.C.	417
7.19.1	Motores com excitação independente e excitados em derivação	417
7.19.2	Motores com excitação composta	418
7.19.3	Motores com excitação série	421
7.20	Métodos de ajuste de velocidade nos motores de C.C.	422
7.21	Métodos de partida dos motores C.C.	425
7.22	Características externas dos geradores C.C.	426
7.22.1	Geradores com excitação independente	426
7.22.2	Geradores com auto-excitação em derivação	427
7.22.3	Gerador com auto-excitação composta	430
7.22.4	Gerador auto-excitado em série	431
7.23	Operação dinâmica – alguns fenômenos transitórios nas máquinas C.C.	431
7.23.1	Variação de tensão de excitação de um dínamo	432
7.23.2	Auto-escorvamento dos dínamos auto-excitados – resistência crítica – importância de fenômeno de saturação	434
7.23.3	Variação na tensão de armadura de um motor C.C. – aceleração do motor de excitação independente	435
7.23.4	Aceleração do motor C.C. por aplicação de tensão de excitação em degrau	439
7.23.5	Gerador de C.C. como amplificador eletromecânico	442
7.24	Máquina de C.C. segundo a teoria dos dois eixos	444
7.25	Motor de comutador sob tensão alternativa – motores universais	444
7.26	Máquina de C.C. como elemento de comando e controle	445
7.26.1	Gerador tacométrico de C.C.	445
7.26.2	Motores pilotos de C.C.	445
7.26.3	Geradores amplificadores especiais	445
7.27	Sugestões e questões para laboratório	446
7.27.1	Curva de magnetização da máquina de C.C. – observações da resistência crítica	446
7.27.2	Determinação prática dos eixos diretos ou das posições normais das escovas	447
7.27.3	Influência da posição das escovas em funcionamento	448
7.27.4	Observação das formas de distribuição de B no espaço	448
7.27.5	Curvas características externas dos motores C.C.	448
7.27.6	Variação de velocidade do motor C.C. por variação de V_a e I_{exc}	449
7.27.7	Curva característica externa de geradores C.C.	449
7.27.8	Inversão de velocidade e de polaridade	449
7.28	Exercícios	449

Apêndice 1
SOLUÇÃO DO REGIME SENOIDAL PERMANENTE PELO MÉTODO DOS COMPLEXOS

a)	Respostas transitória e permanente para as excitações senoidais	452
b)	Fasores	453
c)	Transformação de uma equação – impedância complexa	455
d)	Diagrama de fasores	457

Apêndice 2
APLICAÇÕES DA TRANSFORMAÇÃO DE LAPLACE – TIPOS DE EXCITAÇÃO DOS SISTEMAS ELETROMECÂNICOS

a)	Introdução – definições	459
b)	Transformação de uma equação – propriedades	460
c)	Transformação das funções de excitação mais importantes	462
d)	Expansão em frações parciais – teorema de maior interesse	466
d1)	Expansão em frações parciais	466

- d2) Teorema do valor final 469
- d3) Teorema do valor inicial 469
- d4) Teorema da defasagem, ou da translação real 469
- d5) Teorema da translação no campo complexo 469
- e) Tabela de pares para transformação de Laplace 470

Referências 472
Índice 475

CAPÍTULO 1

INTRODUÇÃO À CONVERSÃO ELETROMECÂNICA DE ENERGIA — SISTEMAS ELETROMECÂNICOS

1.1 TRANSDUTORES ELETROMECÂNICOS

Na Conversão Eletromecânica de Energia são estudados os princípios e processos de conversão de energia elétrica em mecânica e vice-versa, e desenvolvem-se meios para se obterem modelos dos transdutores eletromecânicos que podem fazer parte de sistemas eletromecânicos mais complexos.

Transdutores ou conversores são dispositivos que tomam uma forma de energia e a convertem em outra. Nos transdutores eletromecânicos as duas formas de energia são, obviamente, elétrica e mecânica. A quantidade de exemplos de conversores eletromecânicos, com os quais o homem moderno tem contato quase diário, é tão grande que se torna difícil enumerá-los. Lembrando os mais comuns, citaremos os geradores eletromecânicos, que hoje são extensamente diversificados, os eletroímãs, vibradores, alto-falantes, microfones, etc.

É lógico que, sendo impossível o estudo individual de cada conversor, a Conversão Eletromecânica de Energia, ou simplesmente a Eletromecânica, fornece as bases e os métodos de ataque, com exemplos de aplicação, alguns mais desenvolvidos e outro menos, conforme sua importância prática.

De uma maneira geral um transdutor eletromecânico pode ser considerado, resumidamente, como constituído de três partes: uma elétrica, uma mecânica, e uma eletromecânica propriamente dita, simbolizadas pelos retângulos da Fig. 1.1.

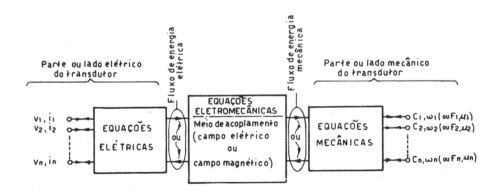

Figura 1.1 Representação em blocos de um transdutor eletromecânico

A energia elétrica em jogo, do lado elétrico, entrando ou saindo do conversor (indicada por setas na Fig. 1.1), é dada num certo intervalo de tempo pela soma algébrica das energias elétricas de cada entrada ou saída parcial, com tensões e correntes, v_1, i_1; v_2, i_2;...;v_n, i_n. Essas entradas ou saídas são as conexões entre os circuitos elétricos do transdutor com o sistema elétrico de tensões: $v_1, v_2, ..., v_n$. Num intervalo de tempo infinitesimal, teremos

$$dE_{elet} = \sum_{i=1}^{n} v_i i_i \, dt. \tag{1.1}$$

As equações que regem o comportamento do lado elétrico do conversor são estabelecidos pelas leis de Kirchhoff das correntes e das tensões ($\Sigma i = 0$, nos nós, e $\Sigma v = 0$, nas malhas).

O mesmo se pode dizer com respeito ao lado mecânico, onde cada entrada ou saída parcial, num certo intervalo de tempo, contribui com uma energia relacionada com o conjugado mecânico e a velocidade angular. Se os movimentos não forem de rotação, mas de translação, as grandezas correspondentes serão força mecânica e velocidade de translação. No movimento de rotação de massas,

$$dE_{mec} = \sum_{i=1}^{n} C_i \Omega_i \, dt. \tag{1.2}$$

Na translação

$$dE_{mec} = \sum_{i=1}^{n} F_i u_i \, dt, \tag{1.3}$$

onde Ω_i são velocidades angulares e u_i as velocidades de translação (o símbolo u adotado para velocidade é para não provocar confusões com tensões elétricas v).

As entradas e saídas, nesse caso, são os acoplamentos mecânicos existentes entre as partes móveis do transdutor e o sistema mecânico externo, e as equações mecânicas a serem consideradas são as estabelecidas pelas leis de Newton da Mecânica Clássica. Nos próximos capítulos esses problemas serão melhor examinados. Por ora lembraremos a lei de Newton análoga às leis de Kirchhoff, e por isso também chamada, na Eletromecânica, de lei de Kirchhoff mecânica: $\Sigma F = 0$; isto é, a soma algébrica nula das forças (de inércia, mais as de atrito de qualquer natureza, mais as de excitação) atuantes num corpo. No movimento de rotação, $\Sigma C = 0$.

Na parte eletromecânica propriamente dita, é onde acontecem os fenômenos da conversão eletromecânica, e seu comportamento é regido por equações que relacionam grandezas de campo elétrico ou magnético — como fluxo de indução magnética, densidades de fluxo — com grandezas puramente elétricas ou mecânicas (forças eletromotrizes (f.e.m.), correntes elétricas, forças mecânicas, velocidade de deslocamento, e os próprios deslocamentos). Durante o desenvolvimento da Eletromecânica, deduziremos uma série de relações eletromecânicas particulares para cada conversor. Como exemplo simples de duas equações eletromecânicas básicas, das quais são deduzidas muitas outras, podemos citar a expressão da f.e.m. mocional, que relaciona f.e.m. com a indução magnética e com a velocidade de um condutor, e a expressão da força de origem magnética estabelecida pela lei de Laplace, que relaciona força mecânica ou conjugado num condutor com a corrente elétrica e com a indução magnética à qual o condutor elétrico está submetido, isto é

$$e = B\ell u, \quad F = B\ell i, \quad C = B\ell i r,$$

onde ℓ é o comprimento do condutor e r, o raio de rotação.
Nos próximos capítulos, essas leis serão focalizadas com mais pormenores.
Vamos configurar, num exemplo simples, cada uma das três partes. Um conversor que deve ser familiar a todo estudante é o alto-falante dinâmico, representado esquematicamente na Fig. 1.2. Esse é um transdutor eletromecânico cujo meio de acoplamento é um campo magnético, embora existam aqueles cujo meio de acoplamento seja um campo elétrico.

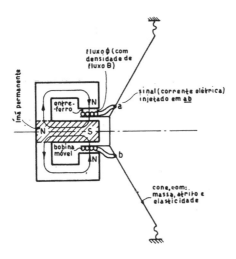

Figura 1.2 Alto-falante dinâmico, magnético. Representação em corte longitudinal esquemático

A bobina móvel, quando vista do lado da fonte elétrica que a alimenta, pode apresentar-se resistiva, indutiva e até mesmo capacitiva; portanto como um circuito que tem resistência, indutância e capacitância, cujo comportamento já deve ser conhecido. O conjunto mecânico formado pela bobina móvel mais o cone de vibração pode apresentar resistência mecânica ao movimento, inércia e reações elásticas às deformações; portanto pode comportar-se como um sistema mecânico que possui atrito, massa e força elástica. No entreferro deve existir um campo radial de induções e, por interação entre a corrente da bobina móvel e o campo, manifesta-se a força mecânica de excitação do sistema bobina e cone. Aí é o centro de conversão eletromecânica desse conversor ou transdutor. O modo de se estabelecer esse campo de induções no entreferro, seja por meio de ímãs permanentes, seja por meio de excitação elétrica, também interessa à conversão eletromecânica e, por isso, o estudante deve ter um certo grau de conhecimento sobre magnetismo e principalmente sobre circuitos magnéticos (6).

Todo conversor eletromecânico real apresenta perdas das mais variadas formas, por exemplo, perdas Joule nas resistências dos circuitos, perdas magnéticas histeréticas e de Foucault, perdas mecânicas de atrito e ventilação. Aos conversores aplica-se o Princípio da Conservação da Energia, a ser representado, no Cap. 4, pela equação do balanço de conversão eletromecânica de energia.

1.2. SISTEMAS ELETROMECÂNICOS

Um sistema físico consiste numa disposição ordenada de componentes e elementos formando um conjunto unificado, projetado e executado para cumprir determinadas finalidades.

Um circuito elétrico serve como exemplo de sistema físico, constituído por fontes de tensão ou de corrente e pela combinação de elementos como capacitores, indutores, resistores, e/ou outros elementos eletrônicos. Os *sistemas elétricos de potência* são também associações ordenadas, porém complexas, de componentes como reservatórios, turbinas, geradores, transformadores, linhas de transmissão, cargas (as mais diversas), e, vistos de uma maneira mais global, também de dispositivos de controle e proteção para segurança do próprio sistema. Dois motores elétricos, cada um acionando uma carga mecânica, porém de um modo sincronizado, por meios elétricos ou eletrônicos, constituem um *sistema de controle* que pode ser chamado de *servomecanismo*.

Muitos dos componentes que constituem um sistema, quando vistos isoladamente, também constituem um sistema parcial. Assim, cada motor ou conversor do último exemplo é um sistema parcial, razoavelmente complexo, com muitas variáveis e parâmetros. Ainda mais, é um sistema físico que pertence à categoria dos sistemas eletromecânicos, nos quais há uma participação de componentes elétricos, magnéticos e mecânicos. Essa divisão parcial de um sistema complexo é, de certo modo, arbitrária, e a extrema subdivisão a que se pode chegar é a do componente com duas variáveis e um parâmetro, que coincide com um elemento, como, por exemplo, um resistor de um circuito elétrico. Para fins de estudo, quanto mais pormenores se deseja, tanto mais subdivisões são introduzidas nos sistemas.

Os sistemas eletromecânicos podem ser classificados em sistemas eletromecânicos de energia (ou de potência) e sistemas de controle (ou de sinal, ou de informação).

É difícil enquadrar com segurança o que pode pertencer a uma ou a outra categoria, principalmente nas fronteiras ou nos limites das mesmas. Na primeira, justamente por envolver grandes quantidades de energia — que também é um conceito relativo — a preocupação do projetista é, não só atender as características de funcionamento, mas também (e às vezes principalmente) ao problema econômico, custo de fabricação e de operação, ou seja, custo inicial e custo das perdas de energia, sendo esta última diretamente ligada ao rendimento do sistema. Porém, às vezes, o rendimento do sistema passa a ter pouca importância face a outras exigências, como, características de ampliação (ganho), máxima transferência de potência, resposta a solicitações transitórias, resposta em largas faixas de freqüência, e, então, esse é certamente o caso da segunda categoria. Em um sistema de controle interessa muito mais uma informação clara e segura do que a energia consumida, e, por isso, um microfone, um alto-falante, um gerador tacométrico, seguramente, pertencem a essa categoria. Um motor de um laminador siderúrgico de alguns milhares de quilowatts ou um grande conjunto de motores de 1 kW de pequenas bombas hidráulicas ou de ventiladores pertencem à categoria de sistemas eletromecânicos de potência.

Podemos ter muitos casos de sistemas da mesma natureza pertencendo a uma ou outra categoria. Por exemplo, se quiséssemos sincronizar o movimento de dois potenciômetros distantes um do outro, poderíamos acoplar mecanicamente a cada um deles, um motor de indução especial, de funcionamento sincronizados entre si, com potência de alguns watts, constituindo o chamado *eixo elétrico*, cuja denominação mais consagrada é *sincro*. Porém, se a intenção de sincronização de movimento fosse nas rodas motrizes de um equipamento de transporte interno (por exemplo, uma ponte rolante ou um pórtico de capacidade de dezenas de toneladas), os motores poderiam ter potências de centenas de quilowatts e ser projetados segundo critérios diferentes de rendimento, confiabilidade e custo. Naturalmente o exemplos extremos são mais fáceis de enquadrar. Nos casos duvidosos, a decisão quanto às diretrizes a serem assumidas fica por conta do projetista e do utilizador do sistema.

1.3 FUNÇÕES DE TRANSFERÊNCIA – SISTEMAS ELETROMECÂNICOS LINEARES E NÃO-LINEARES

O estudo quantitativo de um sistema implica na existência de variáveis de entrada, também chamadas funções de excitação do sistema e variáveis de saída ou variáveis dependentes das excitações.

A relação entre as transformadas de Laplace de uma variável de saída (ou resposta do sistema) e de uma variável de entrada será uma função de transferência (ou transmitância) de um sistema linear, com condições iniciais nulas. As variáveis não necessitam ser dimensionalmente iguais. Em particular, se a relação for entre uma tensão e uma corrente elétrica, poderá ser chamada de impedância de transferência. Nos regimes permanentes, a função de transferência estende-se, às vezes, à relação entre os módulos das grandezas em questão.

Sob o ponto de vista físico, um sistema linear é aquele que permite a aplicação do princípio da superposição. Assim, a resposta do sistema linear a duas ou mais excitações aplicadas no mesmo ponto ou em pontos diferentes é a soma das respostas que deveriam existir se as excitações fossem aplicadas uma de cada vez. Nos sistemas lineares, a resposta é proporcional à excitação, de tal modo que a natureza da resposta não é afetada pelas variações de intensidade das entradas. Nos sistemas não-lineares, não se aplica a superposição, pois suas respostas não são diretamente proporcionais à excitação. Rigorosamente falando, não existem componentes nem elementos de sistemas perfeitamente lineares, porém, para uma grande maioria de problemas, os sistemas eletromecânicos podem, dentro de certas aproximações e em certas faixas de funcionamento, ser considerados lineares.

Matematicamente, os sistemas lineares são aqueles cuja solução envolve equações lineares algébricas ou diferenciais. Um exemplo de relacionamento não-linear, num sistema eletromecânico, pode ser aquele entre a força eletromotriz de um gerador eletromecânico (de corrente alternativa ou de corrente contínua) e sua corrente de excitação. Se a f.e.m. do gerador é diretamente proporcional ao fluxo magnético cujo circuito magnético apresente uma magnetização fluxo = f(f.m.m) não-linear, a relação final f.e.m. = f(f.m.m.), ou f.e.m. = f(corrente de excitação), não será uma constante, mas dependerá da intensidade da corrente de excitação. Felizmente, em alguns tipos de conversores, em muitos problemas de caráter teórico e aproximado, quando a faixa de funcionamento é estreita, pode-se admitir uma linearização da curva de magnetização, tornando o sistema linear, pelo menos nesse aspecto. Aqueles que tiverem um interesse maior pelo assunto aqui tratado, inclusive por exercícios relativos ao mesmo, poderão consultar obras especializadas, entre as quais lembraríamos as referências (2) e (3) do final deste livro.

Sintetizando as propriedades dos sistemas lineares, suponhamos, por exemplo, um sistema G como o da Fig. 1.3, com duas variáveis de entrada, funções de tempo, $x_1(t)$ e $x_2(t)$, e duas de saída $y_1(t)$ e $y_2(t)$, e que exista um modelo matemático representativo do sistema físico que possa ser expresso pelas relações

$$y_1(t) = G[x_1(t)]; y_2(t) = G[x_2(t)], \qquad (1.4)$$

onde G é a operação, ou processamento, que o sistema introduz na variável de entrada,

para produzir a de saída, e se lê $y_1(t)$ é a resposta de G à excitação $x_1(t)$.
O sistema será linear se, dadas duas constantes de proporcionalidade a e b, pudermos escrever

$$ay_1(t) = G[ax_1(t)], \ by_2(t) = G[bx_2(t)] \tag{1.5}$$

e, ainda,

$$ay_1(t) + by_2(t) = G[ax_1(t) + bx_2(t)] \tag{1.6}$$

Além disso, o sistema será não-variante no tempo se, para qualquer acréscimo Δt no tempo e qualquer $x(t)$, tivermos

$$y(t + \Delta t) = G[x(t + \Delta t)], \tag{1.7}$$

Os sistemas podem ainda ser de parâmetros concentrados ou distribuídos. Trataremos apenas dos primeiros e, quando o sistema assim não for, procuraremos modelos aproximados de parâmetros concentrados para fazer o tratamento.

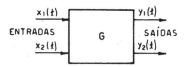

Figura 1.3 · Representação em bloco, de um sistema G

1.4 MEDIDAS E SUGESTÕES PARA LABORATÓRIO

Sugerimos a leitura de 2.20.1, onde estão expostas as diretrizes que pretendemos imprimir nestes itens relativos a laboratório. Neste primeiro capítulo, em particular, pela matéria até aqui exposta, uma aula de laboratório poderá ser suficiente, com caráter puramente qualitativo. Por exemplo, a desmontagem de alguns pequenos sistemas ou conversores eletromecânicos pertencentes ao laboratório ou aos próprios alunos, com a assistência do professor, que poderá classificar o sistema, mostrar os princípios de funcionamento, analisar a função de cada componente, medir as variáveis mais simples, etc. Cartazes demonstrativos, com fotografias e cortes esquemáticos, também são de grande valia. A menos que os alunos já tragam uma boa experiência adquirida em laboratórios anteriores, numa primeira aula de laboratório de uma disciplina, não é conveniente a utilização de equipamentos e instrumentos sofisticados. Assim, podem ser realizadas simples experiências demonstrativas. Por exemplo, a observação da linearidade ou não, de conversores eletromecânicos, realizáveis com pequenas máquinas de corrente contínua, como um antigo dínamo de automóvel. Com uma fonte de tensão contínua ajustável (outro dínamo ou um transformador variador com um retificador) aplicada à armadura do dínamo, já excitado por outra fonte independente (uma bateria por exemplo), pode-se fazê-lo funcionar como um motor de C.C. em vazio (sem carga mecânica no eixo). Medindo-se a freqüência de rotação do eixo, com um tacômetro, pode-se verificar a sua linearidade em função da tensão aplicada à armadura. Por outro lado, acionando-se o eixo do dínamo, fazendo-o funcionar como gerador de C.C. em vazio, pode-se notar a não-proporcionalidade da sua tensão de saída com a corrente de excitação, pelo menos na faixa das correntes mais elevadas.

1.5 EXERCÍCIOS

1. Procure lembrar e descrever pelo menos seis conversores eletromecânicos com os quais já teve contato.
2. Um transformador é um conversor eletromecânico? E um eletroímã? (um exemplo de eletroímã muito comum está nas chaves magnéticas, o qual se constitui de um *eletromagneto* acionador dos contatos elétricos da chave).
3. O eletroímã, após ser fechada sua armadura (após o término do movimento da parte móvel do eletromagneto), ainda continua sendo um conversor? Se não continua, para onde irá a energia que ele certamente continuará absorvendo da fonte de excitação?
4. E um instrumento de medida, como um voltômetro, é um conversor eletromecânico? Sempre?
5. Imagine uma função de transferência importante para o alto-falante da Seç. 1.1. É uma relação entre quais variáveis de entrada e de saída?
6. O alto-falante apresenta resposta linear, no tocante à força, relativamente à corrente injetada? Se a densidade de fluxo B, no entreferro, permanecer constante, o alto-falante será um sistema variante no tempo, ou não-variante, para $i = f(t)$?
7. Se se colocassem duas bobinas presas ao cone do alto-falante da Fig. 1.2 (suponha que não haja mútua indutância entre elas) e se injetassem correntes $i_1(t)$ e $i_2(t)$, o alto-falante ainda seria linear? [Veja a expressão (1.6).]
8. Procure uma expressão que relacione a velocidade de deslocamento da bobina móvel com a corrente de excitação do altofalante. Para isso escreva a equação do movimento do conjunto cone-bobina, supondo a parte mecânica sem elasticidade e com massa desprezível, isto é, apenas com atrito viscoso (força resistente proporcional a velocidade). Para $i(t)$ senoidal de valor máximo I_{max} e freqüência 500 Hz procure a expressão da velocidade média durante meio período da corrente.
9. Se você conhecer as dimensões e a quantidade de espiras da bobina móvel de um alto falante, suponha que a densidade de fluxo no entreferro seja 0,3 Weber/m^2 e calcule a força manifestada (em newton e em grama força) para $I = 10$ mA.

CAPÍTULO 2

TRANSFORMADORES E REATORES

2.1 INTRODUÇÃO E UTILIZAÇÃO

Os transformadores não são conversores eletromecânicos, porém o seu estudo é feito também em Eletromecânica. Quase toda obra versando sobre conversão eletromecânica de energia, por exemplo, as referências (3), (4) e (5), traz um capítulo ou um apêndice sobre transformadores, focalizando seus aspectos básicos, e não os pormenores construtivos e de projeto, que é matéria específica das disciplinas e trabalhos especializados (6), tanto em máquinas elétricas (no caso de transformadores de potência) como em medidas elétricas, controle e comunicações (nos casos de transformadores de medida e de controle).

O transformador, tendo utilização extensa e bastante variada, torna seu estudo obrigatório em todas as áreas da Engenharia Elétrica. Sendo um componente que transfere energia de um circuito elétrico a outro, o transformador toma parte nos sistemas elétricos e eletromecânicos, seja simplesmente para isolar eletricamente os circuitos entre si, seja para ajustar a tensão de saída de um estágio do sistema à tensão de entrada do seguinte, seja para ajustar a impedância do estágio seguinte à impedância do anterior, ou para todas essas finalidades ao mesmo tempo. Vejamos alguns exemplos. Nos chamados sistemas de potência, as tensões apropriadas às máquinas rotativas, aos motores e aos geradores, vão de algumas centenas, até alguns milhares de volts nas grandes máquinas (no máximo 30 kV), tensões essas não apropriadas para as grandes linhas de transmissão (centenas de milhares de volts). Aí o transformador de potência, além de isolar os circuitos, entra como um ajustador de tensões entre geradores e linhas de transmissão, e entre linhas e redes de distribuição e suas cargas.

A saída de um amplificador de audiofreqüência de alta impedância (tensão de saída relativamente alta e corrente relativamente baixa) deve levar um transformador para se poder acoplá-lo a um alto-falante de baixa impedância, conseguindo-se máxima transferência de potência, através do ajuste (ou casamento) das impedâncias.

O transformador comparece, portanto, freqüentemente, nos sistemas eletromecânicos. Além disso, a ação transformadora se faz presente em muitos conversores, como, por exemplo, nas máquinas assíncronas, de tal modo que a teoria desenvolvida para os transformadores monofásicos aplica-se, quase na íntegra, a esses tipos de conversores. Não achamos exagero dizer que a teoria do transformador é imprescindível e básica para as máquinas elétricas de corrente alternada. Essas são as razões pelas quais o estudo do transformador faz parte dos cursos de Eletromecânica Básica. Além disso, neste trabalho, o transformador aparece num dos capítulos iniciais, por ser um componente de ensaios relativamente simples (quando de baixas tensões) podendo mesmo ser construídos em tamanhos reduzidos, servindo como motivação inicial para os alunos. E, assim, aproveitamos este capítulo para introduzir muitos conceitos básicos que utilizaremos nos demais. Esse procedimento, tem se mostrado eficiente nos nossos anos de experiência nas disciplinas de Conversão Eletromecânica de Energia.

A divisão dos transformadores em categorias pode ser análoga à feita para os sistemas e conversores eletromecânicos no capítulo anterior, com as mesmas restrições e comentários: transformadores de potência e transformadores de controle (ou de sinal, ou de comunicações).

Os primeiros normalmente operam, quando em regime permanente, nas freqüências dos sistemas de potência (50 ou 60 Hz). Alguns, mais raros, vão até algumas centenas de hertz, exigidas em alguns processos industriais. Os últimos podem ser feitos para as mais variadas freqüências (desde dezenas de hertz até megahertz), muitas vezes exigindo boa resposta numa larga faixa de freqüência, porém são quase sempre para baixas tensões. Podem se incluir ainda, numa terceira categoria, os transformadores de medição.

2.2 NOMENCLATURA, SÍMBOLOS E TIPOS CONSTRUTIVOS

As representações esquemáticas usuais de transformadores são vistas nas Figs. 2.1(a) e (b), para transformadores com núcleos de material ferromagnético e com núcleo de ar, respectivamente.

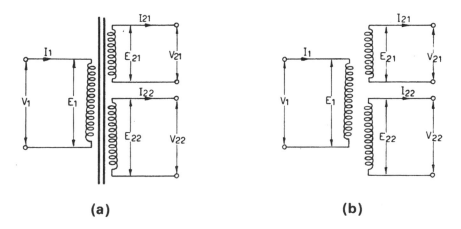

(a)   (b)

Figura 2.1 Representações esquemáticas de transformadores com dois enrolamentos secundários: (a) núcleo ferromagnético (b) núcleo de ar

O transformador tem um enrolamento primário e um ou mais secundários. A escolha do enrolamento primário é arbitrária, de um ponto de vista teórico. Ao transformador podem estar aplicadas fontes de tensão tanto num enrolamento quanto no outro. Nos casos em que a um enrolamento está aplicada uma fonte de tensão ou de corrente e no outro uma carga passiva, o primário é o lado da fonte. As variáveis e parâmetros do lado primário levarão sempre o índice 1 e as do secundário o índice 2. Assim, a tensão e a corrente primárias serão representadas por V_1 e I_1, e as reatâncias e resistências, por

X_1 e R_1. No secundário, tem-se V_2, I_2, X_2, R_2. Quando grandezas ou parâmetros de um dos enrolamentos forem referidos (ou refletidos) para o outro enrolamento (mais adiante será visto com pormenores essa propriedade dos transformadores), os símbolos levarão um apóstrofo (linha). Assim, V'_2, X'_2, R'_2 significam valores do enrolamento secundário referidos ao primário. V'_1, I'_1, X'_1, R'_1 significam valores do primário referidos ao secundário. O usual é o primeiro caso, isto é, referirem-se as grandezas do enrolamento escolhido como secundário, aos níveis daquele escolhido como primário. Preferivelmente as letras maiúsculas serão reservadas para valores eficazes de variáveis senoidais e as minúsculas para valores instantâneos, usualmente indicados como função de tempo, por exemplo, $v(t)$, $i(t)$, etc.

Uma divisão dos transformadores e reatores, quanto aos tipos construtivos, que possa interessar a um curso de Eletromecânica, é dada a seguir.

a) Quanto ao material do núcleo

Transformadores e reatores com núcleo ferromagnético. Os transformadores e reatores de potência são invariavelmente desse tipo. Os materiais ferromagnéticos adequados para esses núcleos devem possuir, além de alta permeabilidade magnética, uma resistividade elétrica relativamente elevada e uma indução residual relativamente baixa quando submetido a uma magnetização cíclica. Essas propriedades implicarão, pela ordem, em baixa relutância e, portanto, em pequena absorção de corrente magnetizante e de potência reativa de magnetização, baixas perdas por correntes parasitas (perda Foucault) e baixa perda histerética. Os aços-silício (ligas de ferro, carbono, silício) são os materiais ferromagnéticos que satisfazem as exigências dos núcleos desses transformadores. Eles são utilizados laminados, com espessura entre 0,25 e 0,5 mm, com as lâminas isoladas, normalmente pelo próprio óxido da laminação siderúrgica, e prensadas para formar o núcleo. Essas providências são tomadas, também, para atenuar as correntes induzidas no núcleo e, portanto, atenuar as perdas Foucault. Nos transformadores maiores, onde se exige bom rendimento, as lâminas são de aço-silício de grãos orientados, que, além de alta permeabilidade quando excitados no sentido da laminação, apresentam baixíssimas perdas magnéticas específicas (watts por unidade de massa). Para mais pormenores, recorra a uma obra especializada como a referência (7). Os transformadores de medida, bem como muitos do tipo de controle, também são construídos com núcleo ferromagnético, seja laminado ou sinterizado, com a intenção de diminuir as perdas e a corrente magnetizante e melhorar o acoplamento magnético.

Transformadores e reatores com núcleo de ar. O núcleo de ar confere uma característica linear ao circuito magnético do transformador ou reator, e não apresenta perdas magnéticas, porém apresenta grande relutância ($\mu_{ar} = \mu_0 = 4\pi\ 10^{-7}$ H/m) e, conseqüentemente, necessidade de maior f.m.m. de excitação. Se a permeabilidade relativa $\mu_r(B) = \mu(B)/\mu_0$ dos aços-silício é da ordem de alguns milhares, para os valores de densidade de fluxo utilizadas nos transformadores (digamos 1,2 Wb/m^2), um milímetro de entreferro num núcleo pode equivaler a metros de material ferromagnético, no que diz respeito a f.m.m. de excitação. Portanto, com núcleos de ar, a corrente magnetizante poderá ser relativamente elevada, a menos que o enrolamento possua uma grande quantidade de espiras ou seja excitado com freqüência elevada, para que ofereça à fonte uma grande reatância.

Por essa razão e pelo fato de as perdas magnéticas nos materiais ferromagnéticos crescerem mais do que proporcionalmente com a freqüência, os núcleos de ar ficam restritos quase que exclusivamente a pequenos transformadores (do tipo de controle) e reatores (indutores) de freqüências mais elevadas que as industriais.

b) Quanto ao número de fases

Transformadores monofásicos e polifásicos. No nosso caso, o interesse pelos polifásicos está praticamente limitado aos difásicos e trifásicos, em especial. A Fig. 2.2 mostra núcleos elementares de transformadores monofásicos e trifásicos, sem preocupação com a disposição relativa entre os enrolamentos primário e secundário.

Os fluxos ϕ_m são os fluxos mútuos, isto é, concatenam-se com o enrolamento primário e secundário, produzindo os fluxos concatenados $\lambda_1 = N_1 \phi_{m1}$ e $\lambda_2 = N_2 \phi_{m2}$. Os fluxos ϕ_{d1} e ϕ_{d2} são fluxos de dispersão, que se concatenam só com o enrolamento primário e só com o enrolamento secundário. Note-se que, no caso trifásico, os fluxos ϕ_{m1}, ϕ_{m2} e ϕ_{m3} e as três f.e.m. são três grandezas alternativas, senoidais no tempo e defasadas 120° entre si.

c) Quanto à forma do núcleo

Transformadores monofásicos, nuclear e encouraçado. O tipo nuclear é aquele apresentado na Fig. 2.2(a), o tipo encouraçado é o da Fig. 2.3. Um transformador trifásico também pode ser feito encouraçado, com o mesmo critério apresentado na Fig. 2.3, para os monofásicos, isto é, com o núcleo ferromagnético envolvendo cada conjunto de bobinas primário-secundário. Note-se que a ocorrência de dispersão de fluxo é menos acentuada nesse caso do que no tipo nuclear.

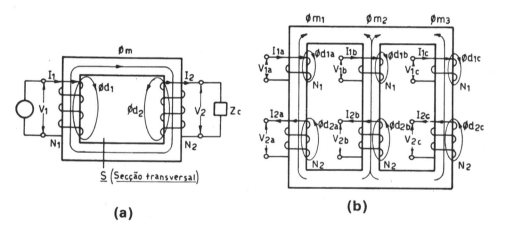

Figura 2.2 Corte esquemático de transformadores (a) monofásico e (b) trifásico. Os índices 1 e 2 referem-se a primário e secundário, e os índices *a*, *b* e *c* às fases *a*, *b* e *c* do sistema trifásico

d) Quanto à disposição relativa dos enrolamentos

Podem ser idealizadas muitas maneiras de se disporem as bobinas relativamente umas às outras. Vamos nos ater apenas a duas maneiras: transformador com enrolamento superposto e com enrolamento em discos alternados.

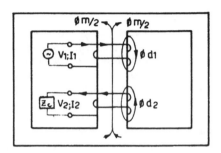

Figura 2.3 Corte de um transformador monofásico do tipo encouraçado

Para se diminuir, o quanto possível, a dispersão de fluxo, procura-se melhorar o acoplamento magnético entre primário e secundário. Essa preocupação em diminuir a dispersão será justificada com pormenores quando, mais adiante, estudarmos o comportamento dos transformadores sob um ponto de vista quantitativo.

Um modo de melhorar esse acoplamento seria não dispor as bobinas em "pernas" distintas, como na Fig. 2.2(a), mas executar um enrolamento superposto ao outro, como na Fig. 2.4(a).

Outra maneira é subdividir os enrolamentos primário e secundário em discos parciais e intercalá-los, como na Fig. 2.4(b). Nota-se que, nessas disposições, grande parte do fluxo que seria considerado disperso no caso da Fig. 2.2(a), nesses casos não será de dispersão, mas será mútuo.

No parágrafo dedicado a laboratório será sugerida uma experiência para se poder observar quantitativamente essas diferenças de dispersão.

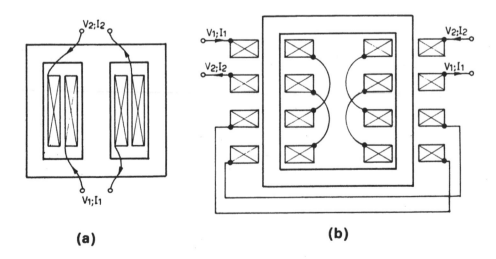

Figura 2.4 Corte esquemático de transformadores (a) encouraçado com enrolamento superposto, (b) nuclear com enrolamento em discos (bobinas) parciais alternados

e) Quanto à proteção e maneira de dissipação de calor

Esse assunto é visto com pormenores nas disciplinas referentes a máquinas elétricas. Por ora vamos nos limitar a dizer que os pequenos transformadores são normalmente abertos com dissipação de suas perdas por convecção e irradiação naturais. Os transformadores de potência, não só por problemas de isolação em altas tensões, como de dissipação, são imersos em óleo isolante, portanto protegidos, isto é, blindados em relação ao meio. Podem ter superfície com aletas, ventilação forçada e sistemas de refrigeração mais complexos com circulação do óleo, trocador de calor, etc. Existe, por assim dizer, uma crescente dificuldade em se dissipar o calor advindo das perdas, à medida que cresce a potência e o tamanho dos transformadores e dos conversores em geral. Esse problema está ligado à lei de crescimento da potência com as dimensões lineares das partes ativas dos conversores e será focalizado sob forma de exercício, no final deste capítulo, para o caso particular dos transformadores.

Nos grandes transformadores existe sempre um sistema de ancoragem das bobinas, para protegê-las contra os elevados esforços que podem aparecer por ocasião de sobrecorrentes, como nos curto-circuitos. Essas forças podem ser bastante elevadas (12).

2.3 REGULAÇÃO DOS TRANSFORMADORES

Existem inevitáveis "quedas" de tensão devido à circulação de corrente nos enrolamentos dos transformadores. Essas quedas são distribuídas nos enrolamentos. São quedas não só de natureza resistiva, devido à resistência ôhmica dos condutores, como também de natureza reativa, devido aos fluxos de dispersão. Por ora vamos nos limitar a aceitá-las como uma realidade física do transformador. Mais adiante, cada uma delas será examinada detidamente.

Por esse motivo, a tensão de saída V_{2_0} de um transformador em vazio é normalmente diferente da tensão em carga V_2. Para a maioria das cargas (resistivas e indutivas), a tensão em carga é menor que em vazio, ou seja, há realmente uma queda de tensão. Somente em cargas fortemente capacitivas pode ocorrer tensão em carga maior que em vazio. Isso se prende ao fato de as "quedas" de tensão em elementos reativos (capac. e indutivos), em regime senoidal, dependerem não só dos módulos das correntes alternativas, mas também dos seus ângulos de fase. Isso será melhor examinado no exemplo 2.4. Veja definições de impedância, ângulos de fase, etc., no Apêndice 1.

Define-se a regulação por unidade (p.u.) como sendo

$$\mathcal{R} = \frac{V_{2_0} - V_2}{V_2}, \qquad (2.1)$$

onde V_{2_0} é a tensão eficaz secundária, com circuito secundário aberto, para tensão V_1 aplicada ao primário, e V_2 é a tensão eficaz secundária, com carga de impedância Z_c, para a mesma tensão primária V_1.

Costuma-se também dar a regulação em valor percentual, bastando multiplicar a relação anterior por 100. A regulação nominal é definida, para os valores nominais (de placa) dos transformadores, como sendo

$$\mathcal{R}_{nom} = \frac{V_{20\,nom} - V_{2\,nom}}{V_{2\,nom}}, \qquad (2.1a)$$

onde $V_{20\,nom}$ é a tensão secundária em aberto, para tensão primária nominal ($V_{1\,nom}$), e $V_{2\,nom}$ é a tensão secundária nominal para $V_1 = V_{1\,nom}$. Essa tensão $V_{2\,nom}$ subsistirá no secundário quando for aplicada uma carga Z_c (Fig. 2.5) que resulte a corrente secundária nominal $(I_{2\ nom})$.

Como já foi dito, as quedas e, portanto, a tensão secundária em carga dependem não só da intensidade da corrente de carga, mas da natureza (indutiva ou capacitiva) dessa corrente; logo, a regulação nominal deverá ser diferente para cada natureza da impedância de carga [resistiva (R), ou indutiva (RL), ou capacitiva (RC)].

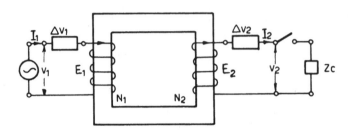

Figura 2.5 Representação esquemática do transformador com as quedas ΔV_1 e ΔV_2 representadas, para maior facilidade, concentradas fora do enrolamento

Em última análise, a regulação nominal dependerá do fator de potência $(\cos \varphi_c)$ da carga,

$$\cos \varphi_c = \frac{R_c}{Z_c} = \frac{R_c}{\sqrt{R_c^2 + X_c^2}}.$$

A regulação nula, isto é, $V_2 = V_{20}$, é um caso ideal de transformador, para cargas resistivas e indutivas. Apenas como idéia geral, pode-se dizer que, em condições nominais, para cargas de fator de potência indutivo da ordem de 0,8, as diferenças entre os valores eficazes de V_2 e V_{20} são da ordem de 5% a 10% de V_2 para os pequenos transformadores com núcleos ferromagnéticos, e da ordem de 1 a 5% ou menos para os transformadores grandes e médios. Um transformador hipotético, sem quedas, teria $\mathcal{R} = 0$.

2.4 PERDAS E RENDIMENTOS DOS TRANSFORMADORES

Mais uma vez desejamos salientar que, sempre que possível, procuraremos focalizar, inicialmente, os aspectos físicos do objeto ou dos componentes em estudo, para introduzir gradativamente a parte analítica, à medida que formos progredindo na matéria. Esse processo, além de dar maior motivação a quem estuda, faz com que o principiante passe a encarar os modelos como elementos auxiliares de cálculo e não como elementos explicativos dos fenômenos físicos dos componentes. Para exemplificar, podemos citar que é quase de praxe iniciar o estudo do transformador com o "transformador ideal", sem perdas e com regulação nula. Após isso, parte-se para o modelo do transformador real e, depois, focaliza-se a regulação e o rendimento. Parece-nos que uma ordem diferente dessa é a aconselhável, visto que todo principiante, antes de chegar a esta disciplina, já utiliza o transformador real com perdas, portanto com aquecimento, corrente magnetizante (permeabilidade finita) e regulação não-nula.

2.4.1 PERDAS MAGNÉTICAS DO NÚCLEO

São também chamadas de perdas no ferro, pelo fato de o núcleo ser ferromagnético. São as perdas Foucault e histerética.

Perda Foucault. Quando se aplica uma tensão alternativa a um dos enrolamentos de um transformador, o mesmo reage com uma f.e.m. alternativa. Para isso deverá aparecer, no núcleo, um fluxo e uma densidade de fluxo alternativas (Fig. 2.6), provocados por uma corrente magnetizante absorvida da fonte, por menor que seja. Essa alternância do fluxo induz f.e.m. e, conseqüentemente, correntes na massa do núcleo, com conseqüentes perdas por efeito Joule. Por isso, os núcleos são normalmente laminados com chapas isoladas entre si. Além disso, quanto maior for a resistividade do material ferromagnético, menores serão essas correntes e menores essas perdas. A adição de silício aos aços-carbono confere aumento de resistividade. Resumidamente, seria

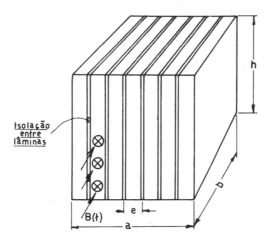

Figura 2.6 Corte transversal de um núcleo laminado submetido a um campo de induções na direção da laminação

$v_1(t)$ enrolamento → $i_{1\,mag}(t)$ enrolamento → $\phi(t)$ núcleo → $B(t)$ núcleo →
→ $e(t)$ núcleo → $i(t)$ núcleo → $p_f(t) = ri^2(t)$ núcleo.

Nos casos de excitação senoidal permanente, onde a densidade média do fluxo no núcleo é dada por

$$B(t) = B_{max} \text{ sen } \omega t = B_{max} \text{ sen } 2\pi ft,$$

o valor médio da potência perdida por correntes parasitas (6), em um núcleo laminado submetido a uma magnetização, na direção da laminação (Fig. 2.6), é dado por

$$p_f = K_f \text{ Vol } (fB_{max}\,e)^2, \qquad (2.2)$$

onde
K_f é a constante que depende do material do núcleo;
 Vol, o volume ativo do núcleo;
 Vol = $K_e \cdot$ (volume geométrico do núcleo) = $K_e abh$; (2.2a)

K_e, é o fator de empilhamento.
Esse fator de empilhamento, nos casos de chapas de 0,35 a 0,5 mm, é da ordem de 0,92 a 0,95 (com isolação entre lâminas do próprio óxido de laminação).

Perda histerética. Sabe-se que a energia por unidade de volume, armazenada numa região de campo magnético de intensidade *H* e indução *B*, é dada pela integral

$$W = \int_{B_1}^{B_2} H \, dB,$$

energia essa absorvida da fonte elétrica de excitação, fonte essa que fornece a corrente de magnetização e, portanto, a f.m.m. necessária ao estabelecimento da intensidade de campo *H*.

Dada uma curva de magnetização de um material ferromagnético, nunca anteriormente magnetizado, como a da Fig. 2.7(a), essa energia é representada, a menos de escalas, pela área hachurada na figura. O acréscimo de intensidade de campo, $H_2 - H_1$, é o necessário para provocar o acréscimo de indução, $B_2 - B_1$.

Os materiais ferromagnéticos, além de serem não-lineares, quando submetidos a uma magnetização cíclica, simétrica em relação à origem, apresentam um ciclo de histerese como o da Fig. 2.7(b). É fácil notar que a integral de *H dB* sobre um ciclo de excitação completo, seria nula se a figura da histerese não tivesse espessura, isto é, se fosse reduzida a uma linha como a da Fig. 2.7(a), porém com extremos $+B_{max}$ e $-B_{max}$. Isso significaria energia perdida nula, ou seja, toda a energia absorvida da fonte de excitação

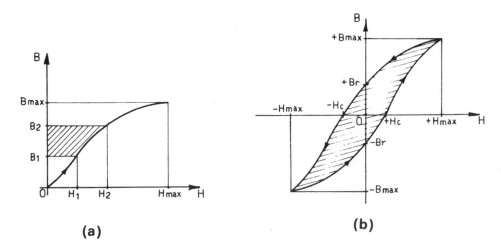

Figura 2.7 (a) Curva de magnetização $B = f(H)$. (b) Ciclo de histerese de um material ferromagnético com induções residuais, $+B_r, -B_r$

para armazenar no campo magnético durante a magnetização (*B* crescente) seria devolvida na desmagnetização (*B* decrescente). Porém, tendo espessura não-nula (curva de magnetização não coincidente com a de desmagnetização) é fácil verificar que a integral anterior não será nula mas será representada pela área hachurada da Fig. 2.7(b). Essa

Transformadores e reatores

energia W_h é a diferença entre a energia absorvida e a devolvida para a fonte num ciclo completo de magnetização. Representa, portanto, a perda por efeito de histerese do material, ou seja, o consumo de energia, irreversível, para vencer a reação interna das partículas do material ferromagnético de se orientarem magneticamente num e noutro sentido, forçados pela excitação externa. Uma forma utilizada para a avaliação de W_h é a expressão empírica

$$W_h = K'_h B^n_{max},$$

proposta por Steinmetz (6), onde K'_h é a constante que depende do material do núcleo;

B_{max}, a máxima densidade de fluxo atingida na magnetização cíclica;

n, o expoente que depende do valor de B_{max} atingido e que varia de 1,5 a 2,5 (da ordem de 1,6 a 1,7 para uma boa parte dos materiais ferromagnéticos utilizados com B_{max} de 1,2 a 1,4 Wb/m²).

Se a magnetização é feita com f ciclos por segundo, a potência perdida em calor num volume Vol, será

$$p_h = \text{Vol} f W_h = K'_h \text{Vol} f B^n_{max}. \tag{2.3}$$

A potência perdida no núcleo é dada pela soma das duas perdas apresentadas, ou seja,

$$p_F = p_f + p_h. \tag{2.4}$$

Os fabricantes de chapas de aço-silício fornecem curvas como a da Fig. 2.7(c), chamadas de perdas específicas no ferro, em watt/quilograma, em função de B_{max} (7). Mais adiante elas serão utilizadas em um exercício.

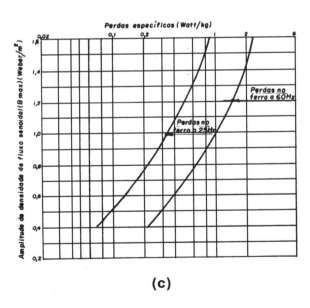

(c)

Figura 2.7(c) Curva típica de perdas no ferro específica, de aço-silício laminado

2.4.2 RESISTÊNCIA EQUIVALENTE DE PERDAS NO NÚCLEO

Embora as perdas histeréticas nas chapas finas sejam a maior parcela, uma aproximação razoável é fazer o expoente n aproximadamente igual a 2. O expoente de B nas perdas Foucault é também 2. Assim, para um determinado aço-silício empregado em lâminas de espessura constante, com excitação em freqüência constante, teremos

$$p_F \cong K B_{max}^2.$$

Sob excitação senoidal, o valor eficaz da f.e.m. induzida pelo fluxo mútuo, no enrolamento de excitação, será proporcional ao valor máximo da densidade de fluxo magnético no núcleo. Reportemo-nos à Fig. 2.2(a). Pela lei de Faraday,

$$e_1(t) = \frac{d\lambda_1}{dt} = \frac{d(N_1 \phi_m)}{dt}.$$

Se

e

$$\phi_m = \phi_{m\ max} \operatorname{sen} \omega t$$

$$e_1(t) = \omega N_1 \phi_{m\ max} \cos \omega t = E_{1\ max} \cos \omega t.$$

Sendo o valor eficaz de e_1 dado por

$$E_1 = \frac{E_{1\ max}}{\sqrt{2}},$$

segue, para $\omega = 2\pi f$,

$$E_1 = \frac{2\pi}{\sqrt{2}} f N_1 \phi_{m\ max} \cong 4{,}44 f N_1 \phi_{m\ max}. \tag{2.5}$$

Se

$$\phi_{m\ max} = S B_{max}, \tag{2.6}$$

segue

$$E_1 = K' B_{max}.$$

Conseqüentemente,

$$p_F \cong K'' E_1^2. \tag{2.7}$$

Então o enrolamento do transformador, ligado à fonte de tensão senoidal v_1, deve absorver uma corrente I_{1p} em fase com E_1 para suprir a potência ativa perdida no núcleo sob forma de calor.

A partir daí, costuma-se definir uma resistência hipotética (que, é lógico, não tem existência real na física do transformador) chamada resistência equivalente de perdas no núcleo e dada pela relação

$$R_{1p} = \frac{E_1^2}{p_F}, \tag{2.8}$$

ou

$$R_{1p} = \frac{E_1}{I_{1p}}.$$

Qual o interesse nessa resistência definida em (2.8)? É que se pode utilizar (exclusivamente para efeito de cálculo) esse parâmetro concentrado, localizado fora do enrolamento de um transformador que não tivesse perdas no ferro (um transformador que fosse "ideal" no que diz respeito às perdas no núcleo) e essa resistência absorveria uma corrente I_{1p} igual à corrente de perdas no núcleo do transformador real.

A resistência equivalente de perdas no ferro R_{1p} é, pois, uma resistência elétrica, hipotética, que dissiparia por efeito Joule ($R_{1p} I_{1p}^2$) uma potência igual às perdas no núcleo do transformador, quando lhe fosse aplicada uma tensão elétrica igual à f.e.m. $e_1(t)$ do transformador. O parâmetro R_{1p} pode ser considerado constante para uma faixa de tensão V_1 para a qual valha, aproximadamente, a relação: perdas no núcleo proporcionais ao quadrado de E_1, ou seja, ao quadrado de B.

Apenas como antecipação podemos dizer que isso sugere um primeiro modelo (de circuito) de um reator ou de um transformador em vazio, ou seja, uma resistência R_{1p} em paralelo com um enrolamento que absorva somente corrente magnetizante sem absorver corrente de perdas no núcleo, como o da Fig. 2.8.

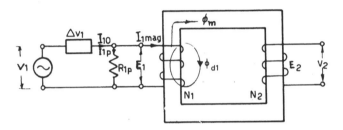

Figura 2.8 Um primeiro passo na introdução do circuito equivalente do transformador em vazio, com núcleo ferromagnético, excitado por tensão senoidal, em regime permanente.

Nota. Não é difícil perceber que, se o transformador fosse alimentado pelo lado 2 com uma tensão V_2 [que resultasse uma f.e.m. E_2 – veja a equação (2.5)] apropriada para dar o mesmo fluxo no núcleo, teríamos

$$E_2 = 4,44 f N_2 \phi_{m\,max}, \qquad (2.9)$$

e a resistência equivalente de perdas no núcleo seria

$$R_{2p} = \frac{E_2^2}{p_F},$$

que guardaria com R_{1p} uma relação igual a $(N_1/N_2)^2$, isto é,

$$R_{1p} = \left(\frac{N_1}{N_2}\right)^2 R_{2p}.$$

Na maioria dos transformadores com núcleo ferromagnético as quedas de tensão (diferenças entre V e E) nos enrolamentos são pequenas, face à tensão V. Nos médios e grandes transformadores, mesmo com carga indutiva, elas não vão além de algumas unidades percentuais. Então, com boa aproximação em carga, e muito boa em vazio, podemos escrever

$$p_F \cong K'' V_1^2. \qquad (2.10)$$

Isso significa que as perdas no núcleo de um transformador praticamente independem da carga aplicada ao mesmo, dependendo quase exclusivamente da tensão aplicada. Conseqüentemente,

$$R_{1p} \cong \frac{V_1^2}{p_F}. \tag{2.11}$$

O transformador ideal no que diz respeito às perdas no núcleo, isto é, a perdas no ferro nulas, teria $R_{1p} = \infty$.

2.4.3 PERDAS JOULE E RESISTÊNCIA ÔHMICA DOS ENROLAMENTOS DOS TRANSFORMADORES

No lado 1, cuja corrente senoidal tenha um valor eficaz I_1, ela é dada por

$$p_{J1} = R_1 I_1^2. \tag{2.12}$$

No lado 2, por

$$\begin{aligned}p_{J2} &= R_2 I_2^2, \\ P_J &= p_{J1} + p_{J2}.\end{aligned} \tag{2.13}$$

Essas resistências ôhmicas R_1 e R_2 são função da temperatura de funcionamento, de acordo com o coeficiente α de aumento de resistividade do material com a temperatura:

$$\rho(\theta_2) = \rho(\theta_1)[1 + \alpha(\theta_2 - \theta_1)],$$

para o cobre, $\alpha = 0{,}0040(°C)^{-1}$; para o alumínio, $\alpha = 0{,}0039(°C)^{-1}$. São valores médios válidos aproximadamente para temperaturas na faixa de 10 °C a 100 °C, com os metais nas purezas usuais das aplicações elétricas. As resistências, em função da temperatura, serão

$$R_1(\theta) = \rho_1(\theta)\frac{L_1}{S_1}, \tag{2.14}$$

$$R_2(\theta) = \rho_2(\theta)\frac{L_2}{S_2}, \tag{2.15}$$

onde L_1 e L_2 são dados pelo produto da quantidade de espiras do enrolamento pelo perímetro médio das espiras e S_1 e S_2 são as áreas das seções transversais dos condutores.

Nos enrolamentos com condutores circulares de pequenos diâmetros os valores das resistências em corrente contínua são bem representativos dos valores de funcionamento em freqüências baixas, industriais. Nos condutores de grande seção o efeito pelicular e os efeitos de adensamento da corrente, devido ao fluxo de dispersão sobre os condutores, já são pronunciados mesmo em 60 Hz. Por isso as perdas Joule em funcionamento, isto é, em C.A. são maiores que em C.C., obrigando a uma correção nos valores de R_1 e R_2, com um acréscimo em relação aos valores de C.C. Essas resistências serão chamadas resistências aparentes em C.A., e dão as perdas Joule em corrente alternativa.

2.4.4 PERDAS SUPLEMENTARES

Além do acréscimo de perdas Joule devido aos efeitos citados no item anterior existem outros efeitos de aumento de perdas num transformador. Vejamos. Se o fluxo ϕ_m concatenado com os dois enrolamentos, por estar contido no material ferromagnético, é o responsável pelas perdas no núcleo p_F, o fluxo de dispersão, sendo alternativo,

Transformadores e reatores

deve também ser responsável por perdas histeréticas e Foucault nas regiões onde se fecham suas "linhas", como estrutura metálica, parafusos, tirantes, caixa de aço e nos próprios condutores. Mais adiante, nos próximos parágrafos veremos que o fluxo ϕ_m é relacionado com a corrente magnetizante $i_{1\,mag}$ e praticamente invariável com as correntes de carga primária e secundária do transformador. Porém os fluxos de dispersão de cada enrolamento dependem de toda a corrente do enrolamento e de uma maneira praticamente proporcional. Como as perdas magnéticas produzidas por um certo fluxo dependem praticamente do quadrado do mesmo, é lógico, então, que as perdas provocadas pelos fluxos de dispersão sejam proporcionais aos quadrados das correntes em cada enrolamento.

Isso significa que essas perdas variam com a corrente da mesma maneira que as perdas Joule. Por isso elas são chamadas, juntamente com as perdas Joule em C.A, de *perdas em carga*, ao passo que as perdas no núcleo são chamadas de *perdas em vazio*.

Outra perda que existe nos transformadores de tensões elevadas são as perdas dielétricas nos isolantes e no óleo no qual ele está imerso. Estas, nos casos mais comuns, são tão pequenas que não serão levadas em conta no nosso curso.

Finalizando, pode-se dizer que, em grande parte dos casos, as perdas devidas ao efeito de aumento aparente da resistência ôhmica, mais as perdas magnéticas dos fluxos de dispersão, mais as perdas dielétricas, são pequenas face às perdas no núcleo mais as perdas Joule. Muitas vezes são até desprezadas. Na falta de conhecimento dessas perdas, uma avaliação segura e até pessimista, para cálculo de rendimento de transformadores bem construídos, seria adotá-las como sendo 5 a 10% das perdas no núcleo mais as perdas Joule em C.C.

Essas perdas devidas aos acréscimos de resistência e aos fluxos de dispersão são difíceis de serem previstas por cálculos, dada a configuração complexa dos fluxos de dispersão nos condutores e na estrutura mecânica do transformador. Para um transformador já construído, essas perdas podem tornar-se conhecidas através do ensaio em curto-circuito realizado com a freqüência nominal do transformador, e que será focalizado na Seç. 2.20 destinada a laboratório.

Com o conhecimento do valor dessas perdas o procedimento comum, para efeito de cálculo, com várias correntes, é admitir os valores ôhmicos das resistências dos enrolamentos maiores do que os de C.C., de tal ordem que, quando se calcularem os valores de $R_1 I_1^2$ e $R_2 \cdot I_2^2$, estes já incluam as perdas magnéticas devidas aos fluxos de dispersão mais os efeitos de acréscimos de perda Joule na freqüência de funcionamento. Esse é o procedimento mais correto. Essas resistências, assim acrescidas, chamaremos de *resistências efetivas* ou *equivalentes*.

2.4.5 RENDIMENTO

Vamos nos deter apenas no rendimento em potência, deixando o de energia para as disciplinas específicas de máquinas elétricas e de sistema de potência. Esse rendimento por unidade é definido como

$$\eta = \frac{P_s}{P_e} = \frac{P_e - \Sigma_p}{P_e} = 1 - \frac{\Sigma_p}{P_e}, \qquad (2.16)$$

onde
P_s é a potência ativa de saída (útil),
P_e, a potência ativa de entrada,
Σ_p, o somatório de todas as perdas internas.

Nos transformadores monofásicos,

$$P_s = P_{a2} \cos \varphi_2 = V_2 I_2 \cos \varphi_2, \qquad (2.17)$$

$$P_e = P_{a1} \cos \varphi_1 = V_1 I_1 \cos \varphi_1. \qquad (2.18)$$

Nos transformadores trifásicos, se P_{a2} for a potência aparente por fase e se V_2 e I_2 forem as tensões e correntes de linha,

$$P_s = 3 P_{a2} \cos \varphi_2 = \sqrt{3} \ V_2 I_2 \cos \varphi_2, \qquad (2.19)$$

$$P_e = 3 P_{a1} \cos \varphi_1 = \sqrt{3} \ V_1 I_1 \cos \varphi_1. \qquad (2.20)$$

Nota.
P = potências ativas = $P_a \cos \varphi$,
Q = potências reativas = $P_a \operatorname{sen} \varphi$,

$$P_a = \text{potências aparentes} = \sqrt{P^2 + Q^2}, \qquad (2.21)$$

$\cos \varphi$ = fator de potência; é o co-seno do ângulo de fase entre a tensão e a corrente senoidais.

Os transformadores são os elementos de sistemas que têm naturalmente rendimentos elevados. Mesmo os pequenos transformadores de potência já apresentam rendimentos acima de 0,9 (ou 90%). Os médios e grandes têm rendimento de 95% a 98% ou mais.

O rendimento de qualquer equipamento tem implicações econômicas não só para o fabricante como para o utilizador. Para o fabricante (por questões de formação de preços em função de material empregado) pequenos acréscimos relativos no rendimento, em torno dos rendimentos usuais, provocam um acréscimo relativo muito maior no custo de fabricação e no preço de venda. Em outras palavras, o custo marginal do transformador, em função do rendimento, torna-se elevado para rendimentos altos, acima dos usuais. Para o utilizador, rendimentos baixos significam custos de perdas de energia (quilowatts-hora consumidos em perdas) elevados, ao passo que rendimentos altos significam menores custos de perdas, porém, maior custo inicial.

Nas grandes potências, o problema do rendimento é importante e torna-se necessário um estudo econômico (6) e ainda com maior ênfase nos componentes e equipamentos de rendimentos mais baixos que os transformadores, como motores e geradores.

Exemplo 2.1. Suponhamos um transformador de 1 000 kVA em que, nas condições nominais, a perda no núcleo seja 4,5 kW e as perdas Joule nas resistências efetivas sejam 13,5 kW.

Vamos calcular: (a) o rendimento para a plena carga, para 1/2 e 1/4 da potência nominal, com fator de potência da carga igual a 0,8, (b) o custo anual de perdas para um regime que será especificado adiante.

Solução

a) Vamos utilizar a terceira forma da expressão (2.16), ou seja,

$$\eta = 1 - \frac{\Sigma_p}{P_e}$$

$$P_s = P_{a2} \cos \varphi_2$$
$$P_e = P_s + \Sigma_p = 1\,000 \times 0,8 + 4,5 + 13,5 = 818 \text{ kW}$$
$$\eta = 1 - \frac{4,5 + 13,5}{818} = 0,978.$$

Para 1/2 e 1/4 de carga, as perdas no núcleo continuarão praticamente as mesmas, porém, na hipótese de I_2 e I_1 serem divididas por 2 e por 4, as chamadas perdas em carga diminuirão com $(1/2)^2$ e com $(1/4)^2$:

$$P_e = 500 \times 0{,}8 + 4{,}5 + \frac{13{,}5}{4} = 407{,}9 \text{ kW},$$

$$\eta_{1/2} = 1 - \frac{4{,}5 + 13{,}5/4}{407{,}9} = 0{,}9806;$$

$$P_e = 250 \times 0{,}8 + 4{,}5 + \frac{13{,}5}{16} = 205{,}3 \text{ kW},$$

$$\eta_{1/4} = 1 - \frac{4{,}5 + 13{,}5/16}{205{,}3} = 0{,}974.$$

Pode-se notar que o transformador, diferentemente das máquinas elétricas rotativas, tem rendimento bastante elevado, mesmo com carga bem reduzida ·

b) Suponhamos que o preço do transformador seja atualmente 2.000 unidades monetárias (u.m.) e o do kWh industrial, médio, em alta-tensão (incluindo consumo e demanda) seja atualmente 0,01 u.m.

Calculemos o custo anual das perdas, relativamente ao custo do transformador, para um funcionamento em plena carga, regime intermitente, de intermitência 50% (por exemplo, funciona 1 h e fica desligado 1 h), durante 20 h diárias e 310 dias por ano.

O preço por unidade (p.u.) do transformador, relativamente ao kWh, é

$$\frac{2.000}{0{,}01} = 200\,000 \text{ p.u.}$$

O custo anual das perdas (C), no regime de funcionamento, será

$$\Sigma_p = 4{,}5 + 13{,}5 = 18 \text{ kW}$$

$$C = 0{,}50(20 \times 310 \times 18 \times 0{,}01) = 558 \text{ u.m.}$$

Esse mesmo custo, por unidade do quilowatt-hora, será

$$C = 0{,}50\left(20 \times 310 \times 18 \times \frac{0{,}01}{0{,}01}\right) = 558 \text{ p.u.}$$

Esse custo anual de perdas, relativamente ao preço do transformador, será

$$\frac{558}{2\,000} \cong 0{,}29 \text{ ou } 29\%.$$

2.5 POTÊNCIA NOMINAL

Valores nominais de potências, tensões, correntes, perdas, etc., são valores de placa de um equipamento, com os quais ele pode funcionar ininterruptamente, no regime para o qual foi concebido, sem sofrer avarias mecânicas ou elétricas e cumprindo uma vida pré-estabelecida. Os regimes de funcionamento podem ser contínuos ou intermitentes.

A vida útil, principalmente dos materiais isolantes, é função da temperatura de funcionamento. Costuma-se, para isso, normalizar [(8) e (9)] os isolantes em classes

A, *B*, *H*, etc. Cada classe de isolação pode suportar uma certa temperatura para se obter uma vida desejada.

Assim, por exemplo, um transformador normal, monofásico, de potência nominal 220 kVA, sob tensão nominal de 220 V e corrente nominal de 1 000 A, em regime contínuo, isolação classe *B*, resfriamento a seco, deve ser feito para poder funcionar continuamente com esses valores, com um acréscimo de temperatura de, no máximo, 90 °C além da temperatura ambiente, que, pelas normas, não deve ser maior que 40 °C.

Se o que provoca a elevação de temperatura do transformador são as perdas de energia (que devem ser dissipadas, não interessando o método de refrigeração utilizado), obteremos a elevação nominal quando tivermos as perdas nominais.

Com boa aproximação pode-se dizer que, nos transformadores, as perdas só dependem da tensão e da corrente e não da natureza da carga, seja ela indutiva, capacitiva ou resistiva. A conclusão é simples: basta lembrar que as perdas no núcleo são proporcionais a E_1^2. Nos transformadores de potência, a diferença entre V_1 e E_1 é pequena, seja a corrente de natureza indutiva ou capacitiva ("quedas" pequenas); logo, as perdas no núcleo são praticamente proporcionais a V_1^2, independentes da natureza da carga. As chamadas perdas em carga (efeito Joule nas resistências efetivas dos enrolamentos) são proporcionais a I^2, independentemente da natureza capacitiva ou indutiva da corrente *I*.

As potências nominais dos transformadores, por esse motivo, são dadas pelo produto da tensão nominal de saída pela corrente nominal de saída, ou seja, são dadas em potência aparente, com unidade volt-ampère (VA), ou múltiplos (kVA, MVA). A potência de entrada será, logicamente, pouco maior. O transformador citado no exemplo acima (220 kVA, com V_1/V_2 aproximadamente igual a 220/110 V, e I_1/I_2 aproximadamente igual a 1 000/2 000 A) poderá estar alimentando uma indutância pura (potência ativa nula na saída) que terá perdas e elevação de temperatura nominais, como se estivesse alimentando uma resistência pura, com potência ativa plena na saída.

2.6 MAGNETIZAÇÃO DO NÚCLEO FERROMAGNÉTICO

Apenas para lembrar, vamos escrever, a seguir, a expressão da lei de Ohm generalizada, aplicada a um tubo de corrente. Vamos escrever, também, a expressão análoga da lei de Ohm, para um tubo de fluxo, que vem da aplicação da lei da circuitação de Ampère ($ni = \oint H\,d\ell$) na Fig. 2.9.

$$ne = \oint \frac{1}{\sigma} \frac{dL}{S} I,$$

$$ni = \oint \frac{1}{\mu} \frac{dL}{S} \phi;$$

ne é a soma algébrica das f.e.m. encontradas ao longo do tubo de corrente (*ne* = *E*);
ni é a soma algébrica das correntes concatenadas com o tubo de fluxo, $n \cdot i = \mathscr{F}$; por analogia com força eletromotriz, $\mathscr{F}$ é chamada força magnetomotriz (f.m.m.);

σ e μ são, respectivamente, a condutividade elétrica e a permeabilidade magnética do meio na porção elementar, de área *S* e comprimento *dL*. Costuma-se definir também a permeabilidade relativa $\mu_r = \mu/\mu_o$, onde μ_o é a permeabilidade magnética do vácuo que, no sistema *MKS* (internacional), vale $4\pi \times 10^{-7}$ H/m.

Se dividirmos o tubo de corrente e o de fluxo da Fig. 2.9 em *n* partes, de comprimento L_i, onde em cada uma a área S_i seja constante e a condutividade e permeabilidade tam-

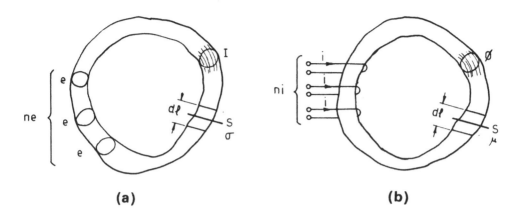

Figura 2.9 Representação dos tubos de corrente (a) e de fluxo (b), com *n* f.e.m. e *n* correntes concatenadas

bém sejam constantes, teremos, em cada parte do tubo de corrente, uma "diferença de potencial elétrico"

$$V_i = \frac{1}{\sigma_1} \frac{L_i}{S_i} I = R_i I = \frac{1}{G_i} I, \quad (2.22)$$

e, em cada parte do tubo de fluxo, uma "diferença de potencial magnético"

$$\mathscr{F}_i = \frac{1}{\mu_i} \frac{L_i}{S_i} \phi = \mathscr{R}_i \phi = \frac{1}{\mathscr{P}_i} \phi, \quad (2.23)$$

onde R_i é a resistência elétrica da parte i, $\mathscr{R}_i$ é a relutância magnética da parte i, G_i é a condutância elétrica, e $\mathscr{P}_i$ é a permeância magnética.

A soma dessas diferenças de potencial elétrico e magnético, ao longo dos tubos, dão a f.e.m. e a f.m.m.

$$E = \sum V_i = I \sum R_i \,; \quad \mathscr{F} = \sum \mathscr{F}_i = \phi \sum \mathscr{R}_i. \quad (2.24)$$

Se numa estrutura magnética com um fluxo ϕ, como o núcleo de um transformador, conseguirmos uma linha de fluxo representativa de todo o tubo de fluxo, poderemos tornar um problema tridimensional em unidimensional, resolvendo-o como se fosse um circuito com os parâmetros (relutâncias) concentrados. É um circuito magnético. Será o nosso procedimento nos núcleos dos transformadores. A linha média do fluxo ϕ_m (suposto distribuído homogeneamente na seção do núcleo), como o da Fig. 2.10(a), pode ser subdividida em duas porções de comprimento L_1 e duas de comprimento L_2, correspondentes às partes de área S_1 e S_2. As relutâncias serão

$$\mathscr{R}_1 = \frac{1}{\mu_1} \frac{L_1}{S_1} \,; \quad \mathscr{R}_2 = \frac{1}{\mu_2} \frac{L_2}{S_2}.$$

A f.m.m. aplicada ao circuito magnético para produzir o fluxo ϕ_m da Fig. 2.10(b) é, segundo a expressão (2.24),

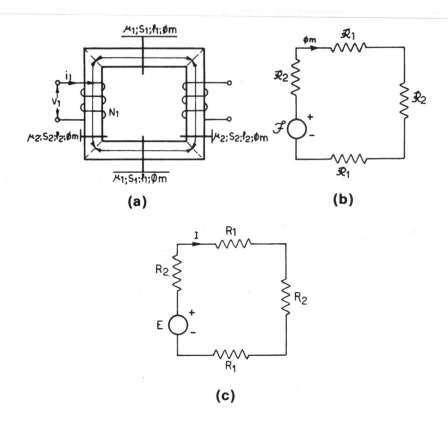

Figura 2.10 (a) Corte de um núcleo ferromagnético; (b) circuito magnético montado sobre a linha média de fluxo; (c) circuito elétrico análogo

$$\mathscr{F} = Ni = (2\mathscr{R}_1 + 2\mathscr{R}_2)\phi_m, \qquad (2.25)$$

$$\mathscr{F} = \mathscr{R}\phi_m = \frac{1}{\mathscr{P}}\phi_m.$$

Se a permeabilidade magnética μ fosse constante nas seções S_1 e S_2 e independente das densidades de fluxo, μ_1 seria igual a μ_2, e as relutâncias só dependeriam da área S e do comprimento L. O circuito magnético seria chamado linear. Isso, porém, só ocorreria, aproximadamente, quando as induções no núcleo variassem em uma faixa em que a curva de magnetização $B = f(H)$ pudesse ser aproximada a uma reta. Veja a Fig. 2.11(a) e (b).

Nos materiais ferromagnéticos, tanto a permeabilidade estática, B/H, como a permeabilidade incremental num ponto, dB/dH, são funções da intensidade de campo magnético, H [Fig. 2.11(b)].

Por outro lado, se $B = \mu(H)H$, chega-se à conclusão de que o caso normal dos núcleos ferromagnéticos é ter a relutância como função da densidade de fluxo B no núcleo.

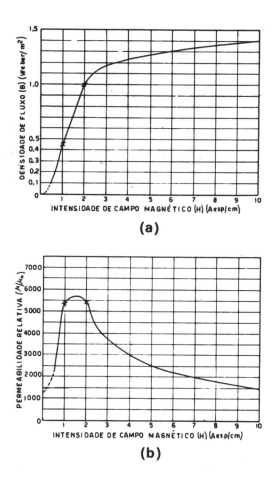

Figura 2.11 (a) Curva de magnetização típica de um aço-silício; (b) curva típica de permeabilidade estática

Os problemas em que há relacionamento $B = f(H)$ não-linear são solucionados com a ajuda das curvas de magnetização fornecidas pelos fabricantes de materiais ferromagnéticos e será focalizado no Exemplo 2.2.

2.6.1 CORRENTE MAGNETIZANTE E CORRENTE DE EXCITAÇÃO

Para uma tensão $v_1(t)$ aplicada no lado 1 de um transformador, descontada a queda de tensão no enrolamento, teremos uma f.e.m. $e_1(t)$ e, obrigatoriamente, um fluxo $\phi_m(t)$ no núcleo. A densidade de fluxo B será

$$B(t) = \frac{\phi(t)}{S}.$$

Por outro lado,

$$B(t) = H(t)\mu(H).$$

No caso de $e_1(t)$ senoidal, teremos, conseqüentemente, $B(t)$ senoidal, e o núcleo fica sujeito a uma magnetização cíclica, como a da Fig. 2.7(b), com a permeabilidade magnética e a relutância variando durante o ciclo, conforme já foi comentado na Seç. 2.6.

Quando se deseja determinar a corrente de magnetização (ou magnetizante) $i_{1\,mag}(t)$, necessária para provocar a densidade de fluxo $B(t)$ no núcleo do transformador, procede-se como a seguir.

1. Nos problemas onde não se deseja maior precisão, funcionando com densidade de fluxo limitadas a valores aquém da saturação do material ferromagnético, pode-se, como primeira aproximação, fazer a relutância constante durante o ciclo de magnetização. Equivale a admitir a curva de magnetização do material como uma reta de inclinação μ entre os extremos $+B_{max}$ e $-B_{max}$ [Fig. 2.12(a)]. Note-se que isso implicaria também em perdas histeréticas nulas. Suponhamos também que o núcleo não apresente nem perdas Foucault. Aproveitando o caso da expressão (2.25), temos

$$i_{1\,mag}(t) = (2\mathscr{R}_1 + 2\mathscr{R}_2)\frac{\phi_m(t)}{N_1},$$

ou

$$i_{1\,mag}(t) = \frac{2\phi_m(t)}{N_1\mu}\left(\frac{L_1}{S_1} + \frac{L_2}{S_2}\right),$$

$$i_{1\,mag}(t) = \frac{2}{\mu N_1}[B_1(t)L_1 + B_2(t)L_2]. \tag{2.25-a}$$

A corrente magnetizante terá, no tempo, a mesma forma de variação de $B(t)$. Portanto, num caso genérico, onde a relutância for constante, $B(t)$ senoidal, teremos [Fig. 2.12(a)]

$$i_{1\,mag}(t) = I_{1\,mag\,max}\,\mathrm{sen}\,\omega t,$$

onde o valor máximo será, considerado $\mathscr{R}_m$ a relutância resultante do núcleo,

$$I_{1\,mag\,max} = \frac{\mathscr{R}_m\phi_{m\,max}}{N_1},$$

ou, em função dos B_{max}, na expressão (2.25-a),

$$I_{1\,mag\,max} = \frac{2}{\mu N_1}[B_{1\,max}L_1 + B_{2\,max}L_2],$$

e o valor eficaz da corrente magnetizante será

$$I_{1\,mag} = \frac{I_{1\,mag\,max}}{\sqrt{2}}.$$

2. Conhecendo-se o ciclo de histerese estático, do material ferromagnético do núcleo, cujo levantamento é feito ponto por ponto, com excitação C.C., entre os extremos $+B_{max}$ e $-B_{max}$, podemos procurar a corrente magnetizante, de uma maneira trabalhosa, mas que elucida bem o fenômeno da magnetização em C.A.

Podemos determinar graficamente a corrente magnetizante segundo a Fig. 2.12, onde a construção (a) foi feita para um núcleo magnético linear e a (b), para o caso real de um ciclo de histerese típico.

Transformadores e reatores

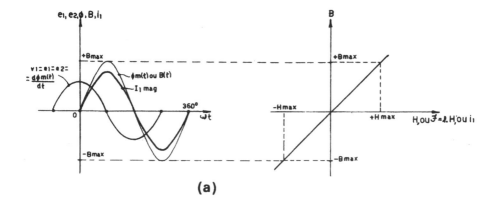

Figura 2.12-a Construção gráfica da forma de onda da corrente de magnetização para um ciclo de magnetização, com $B(t)$ senoidal para um núcleo linear, ideal.

Dado um núcleo excitado com tensão alternativa senoidal, se supusermos inexistente a queda de tensão $Ri(t)$ no enrolamento, teremos

$$v_1(t) = e_1(t).$$

Pela lei de Faraday

$$e_1(t) = \frac{d\lambda(t)}{dt} = \frac{N_1 d\phi_m(t)}{dt}.$$

Se tivermos

$$e_1(t) = E_{1\,max} \cos \omega t,$$

ocorrerá

$$\phi_m(t) = \phi_{max} \operatorname{sen} \omega t$$

$$B(t) = B_{max} \operatorname{sen} \omega t.$$

A f.e.m., sendo a derivada de um fluxo senoidal, está adiantada, em relação a este, 1/4 de período. Conseqüentemente estará adiantada também da corrente que produz o fluxo. É o que veremos a seguir.

Na Fig. 2.12(b), iniciando a construção para o instante $t = 0$, temos $e_1(t) = E_{1\,max}$ e $B(t) = 0$. Isso corresponde ao ponto A na parte ascendente do ciclo de histerese, isto é, a uma intensidade de campo magnético $H(t = 0) = H_c$. Pela lei da circuitação de Ampère,

$$\ell \cdot H(t = 0) = N_1 \cdot i_1(t = 0) = \mathscr{F}_1(t = 0),$$

tem-se o valor de $i_1(t = 0)$ que pode ser marcado, com escala apropriada, pelo ponto A', no mesmo gráfico de $e_1(t)$ e $B(t)$. Continuando, para um instante t em que $e_1(t)$ seja nula, temos

$$e_1(t) = 0 \quad \therefore \quad B(t) = +B_{max} \rightarrow H(t) = +H_{max} \rightarrow i_1(t) = I_{1\,max}.$$

Os pontos correspondentes são B, na curva $B = f(H)$, e B' na curva $i_1 = f(t)$. Assim, sucessivamente, obteremos um ciclo completo de $i_1(t)$. Como era de se esperar, resultou uma onda de corrente deformada, não-senoidal. [Note-se que, se a queda na resistência for muito maior que $e_1(t)$, a corrente é que será senoidal, para um $v_1(t)$ senoidal. O fluxo resultará deformado. Embora não seja esse o caso comum dos transformadores, sugerimos ao leitor meditar sobre o assunto].

Resumindo o caso da corrente magnetizante deformada, podemos fazer algumas considerações, que enumeramos a seguir.

a) Essa corrente $i_1(t)$ é uma função do tempo, periódica, alternante, com simetria de meio-período, comportando apenas componentes harmônicas ímpares, na série de Fourier, e, em particular, com predominância de terceira harmônica. A decomposição dessa onda em harmônicas é bastante trabalhosa (10). Além disso, sendo essa onda uma função nem ímpar e nem par, terá os termos em seno e co-seno:

$$i_1(t) = I'_{1\,max} \cos \omega t + I'_{3\,max} \cos 3\omega t + \ldots + I_{1\,max} \sen \omega t + I_{3\,max} \sen 3\omega t + \ldots$$

b) Para a maior parte dos efeitos práticos, essa corrente $i_1(t)$ pode ser substituída por uma onda senoidal equivalente que tenha mesmo período (mesma freqüência) da componente fundamental e mesmo valor eficaz da onda original, dado pela raiz quadrada da soma dos quadrados dos valores eficazes das componentes harmônicas (6). Essa senoidal fictícia, idealizada apenas para efeito de análise, está representada em pontilhado na Fig. 2.12(b).

Isso possibilita o tratamento dessa corrente como grandeza senoidal, permitindo transformações, diagrama de fasores, etc.

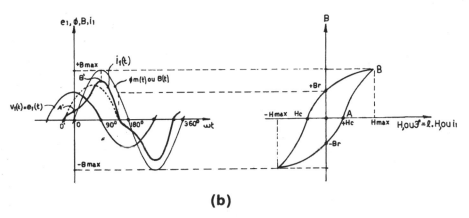

Figura 2.12 (b). Construção da onda de $i_1(t)$ para um núcleo ferromagnético real excitado com tensão senoidal.

c) Nota-se, pela Fig. 2.12(b), que essa senoidal equivalente não está em fase e nem defasada 1/4 de período em relação a $e_1(t)$. Isso significa que $i_1(t)$ comporta duas componentes, uma em fase com $e_1(t)$, que chamaremos $i_{1\,h}(t)$, e outra defasada (em atraso) 1/4 de período, e que chamaremos $i_{1\,mag}(t)$. Na Fig. 2.13 está a representação fasorial dessas duas componentes (senoidais) da senoidal equivalente $i_1(t)$.

d) Como $i_{1\,mag}(t)$ está defasada 1/4 de período em relação a $e_1(t)$, está em fase com $B(t)$ ou $\phi_m(t)$. É essa componente que magnetiza o núcleo, ou seja, é a corrente magnetizante. A corrente que produz o fluxo está em fase com ele e defasada 1/4 de período da f.e.m. Ela acarreta, portanto, uma potência reativa, chamada potência reativa de magnetização do núcleo, dada pelo produto dos valores eficazes de $e_1(t)$ e $i_{1\,mag}(t)$:

$$p_r = E_1 I_{1\,mag}. \qquad (2.26)$$

e) Quanto a $i_{1\,h}(t)$, estando em fase com $e_1(t)$, acarreta uma potência ativa, que nada mais é que a perda histerética do núcleo:

$$p_h = E_1 I_{1\,h}.$$

Essa componente $I_{1\,h}$, em fase com a f.e.m., apareceu pelo fato de o ciclo de histerese ter espessura. Se repetíssemos a construção da Fig. 2.12(b) com o ciclo de histerese reduzido a uma linha curva passando pela origem, obteríamos uma corrente $i_1(t)$ ainda deformada, porém só com componente em fase com $B(t)$, ou seja, somente corrente magnetizante. Se, além disso, a linha fosse uma reta, teríamos o caso da Fig. 2.12(a), sem a componente $I_{1\,h}$ e sem deformação.

f) Na verdade, a chamada corrente total de excitação, que aparece nos reatores e nos transformadores em vazio, é uma corrente $i_{10}(t)$, defasada de $e_1(t)$ por um ângulo entre 0 e 90°, e algo maior que essa $i_1(t)$, pois, no núcleo, existe ainda a perda Foucault, que deve ser absorvida da linha, através de uma corrente $i_{1\,f}(t)$ em fase com $e_1(t)$:

$$p_f = E_1 I_{1\,f}.$$

Se tivéssemos usado um ciclo de histerese $B = f(H)$ dinâmico, isto é, apropriado para C.A., senoidal, de tal modo que, nos valores de $H(t)$ tirados dessa curva, estivessem incluídos, além de $i_{1\,mag}(t)$ e $i_{1\,h}(t)$, também $i_{1\,f}(t)$, teríamos a corrente $i_{10}(t)$. A potência aparente seria o produto do valor eficaz dessa corrente pelo valor eficaz de $e_1(t)$, isto é,

$$p_o = E_1 I_{10}, \qquad (2.27)$$

e incluiria a potência reativa de magnetização, a perda histerética e a perda Foucault. Esta é a potência aparente de excitação, e pode ser escrita sob a forma,

$$p_0 = \sqrt{p_r^2 + (p_h + p_f)^2} = \sqrt{p_r^2 + p_F^2}.$$

Sendo $i_{1\,f}(t)$ também uma componente em fase com $e_1(t)$ e, portanto, com $i_{1\,h}(t)$, o valor da soma será a corrente $i_{1\,p}(t)$ já definida em parágrafos anteriores. Então a corrente de excitação senoidal equivalente será a soma dos fatores (Fig. 2.13 I_{1p} com I_{1mag}):

$$\dot{I}_{10} = \dot{I}_{1\,p} + \dot{I}_{1\,mag}.$$

Se tomarmos, por exemplo, $\dot{E}_1$ como referência, teremos

$$\dot{I}_{10} = I_{1\,p} - jI_{1\,mag} \qquad (2.28)$$

e

$$\dot{\phi}_{m\,max} = -j\phi_{m\,max},$$

onde $\dot{I}_{1\,p}$ é uma corrente em fase com $\dot{E}_1$ e $jI_{1\,mag}$ está atrasada 90° $(-j)$ em relação a $\dot{E}_1$ (Fig. 2.13). O valor eficaz será

$$I_{10} = \sqrt{I_{1\,p}^2 + I_{1\,mag}^2}. \qquad (2.29)$$

Nota. Para aqueles que desejam uma rápida revisão no cálculo simbólico com grandezas senoidais, sugerimos verificar o Apêndice 1, no final deste livro.

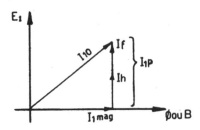

Figura 2.13 Diagrama de fasores para a corrente de excitação I_{10} (referência E_1)

3. Nos cálculos de $i_{1\,mag}$, o mais interessante, do ponto de vista prático, é utilizar certas curvas fornecidas pelos fabricantes de materiais de núcleo, que vamos chamar de curvas de magnetização aparente em C.A., ou curvas de magnetização em valores eficazes.

Imaginemos um corpo de prova de material ferromagnético, de comprimento L e seção de área S, submetido a uma magnetização cíclica com $\phi(t)$ senoidal, por meio de uma bobina de N_1 espiras. A densidade de fluxo $B(t)$ varia entre os extremos $+B_{max}$ e $-B_{max}$ do ciclo de histerese. A f.m.m. de excitação, bem como a intensidade de campo $H(t)$ e a corrente de excitação $i_{10}(t)$ variarão entre os extremos $+H_{max}$, $-H_{max}$ e $+i_{10\,max}$, $-i_{10\,max}$.

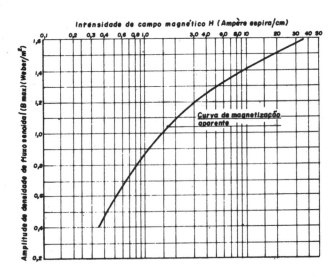

Figura 2.14 Curva típica de magnetização aparente a 60 Hz de aço-silício laminado.

Se, através de instrumentos de medidas adequados (instrumentos de ferro móvel, por exemplo), medirmos o valor eficaz dessa corrente, teremos o valor eficaz da corrente de excitação senoidal equivalente I_{10}. Ainda, se, através das medidas, tomarmos apenas o valor eficaz da componente reativa dessa corrente ($I_{1\,mag}$) poderemos construir uma curva dos valores eficazes da intensidade de campo H em função do valor máximo de $B(t)$, utilizando a relação

$$H_{eficaz} = H_{ef} = \frac{N_1 I_{1\,mag}}{\ell}.$$

Um exemplo de utilização dessas curvas, como a da Fig. 2.14, será visto no Exemplo 2.2.

Quando conhecemos a massa do corpo de prova, podemos traçar uma curva, também muito usada, da potência reativa específica de magnetização em função da amplitude de $B(t)$, ou seja, B_{max}. A Fig. 2.15 ilustra uma curva típica de magnetização em volt-ampère reativo por unidade de massa, para um aço com 4,5% de silício, aproximadamente.

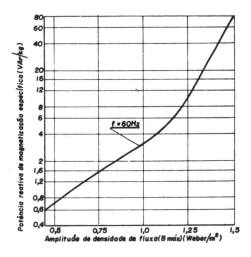

Figura 2.15   Curva típica de potência reativa de magnetização de aço-silício laminado

Basta verificar que não só a potência ativa perdida no núcleo (perda histerética mais a de Foucault) é proporcional ao volume (ou à massa) do mesmo, mas também a potência reativa de magnetização. Para maior simplicidade, façamos

$$v_1(t) = e_1(t).$$

Como já vimos em 2.4.2, o valor eficaz da f.e.m. senoidal é proporcional à freqüência, à quantidade de espiras N_1 e à ϕ_{max}, ou seja,

$$E_1 = K f N_1 B_{max}(Sk_e),$$

onde K_e é o fator de empilhamento do aço-silício laminado (veja 2.4.1). Por outro lado, o valor eficaz da senóide equivalente de $i_{1\,mag}(t)$ é

Sendo [pela expressão (2.26)]

$$I_{1\,mag} = \frac{H_{ef}\ell}{N_1}.$$

$$p_r = E_1 I_{1\,mag}.$$

Substituindo-se E_1 e $I_{1\,mag}$, conclui-se que, para cada freqüência $f = \omega/2\pi$, teremos

$$p_r = K' B_{max} H_{ef} (\ell S k_e),$$

onde

$$\ell S k_e = \text{Vol}$$

Se a cada B_{max} corresponde um H_{ef}, podemos dizer que, para cada B_{max}, a potência reativa de magnetização é proporcional ao volume (ou à massa) do núcleo a magnetizar.
A utilização dessas curvas para determinação de $I_{1\,mag}$ é feita de maneira análoga à anterior.

Se o transformador fosse ideal, no que diz respeito à magnetização, equivaleria a ter permeabilidade $\mu = \infty$ e a corrente $I_{1\,mag}$ seria nula.

Exemplo 2.2. O núcleo mostrado na Fig. 2.16 é o de um transformador que, estando em vazio, pode também ser encarado como um reator. A bobina tem 385 espiras de fio de cobre n.º 18 AWG, (*American Wire Gage*), sendo o comprimento médio das espiras

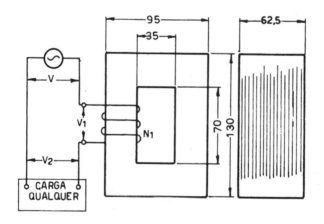

Figura 2.16 Figura auxiliar para o Exemplo 2.2. Todas as medidas da figura em mm.

270 mm. O material do núcleo é aço-silício, laminado, 4,25% de Si, 0,35 mm de espessura e densidade de 7,5 kg/dm^3, cujas características de perdas e de magnetização em C.A., podem ser as das Figs. 2.7 e 2.14. Deseja-se que a f.e.m. induzida seja de 220 V, 60 Hz. Sabe-se ainda, sobre esse reator, que o fluxo que se fecha pelo ar, isto é, aquele não-contido no núcleo ferromagnético, é menor que 0,1% do fluxo total concatenado com a bobina. Calculemos:

a) os valores eficazes da corrente total de excitação e de suas componentes;
b) a queda de tensão V_1 nos terminais quando ele for utilizado como um reator;

Transformadores e reatores

c) a potência reativa de magnetização, a potência aparente de excitação e a potência aparente absorvida da fonte;
d) a potência dissipada pelo reator.

Solução

a) O valor eficaz da f.e.m., E_1:

$$E_1 = 4{,}44 f N_1 \phi_{max},$$

$$\phi_{max} = \frac{220}{4{,}44 \times 60 \times 385} = 2{,}14 \times 10^{-3} \text{ Wb}.$$

O fluxo contido no núcleo ferromagnético seria esse fluxo menos o de dispersão pelo ar, mas, nesse caso, é relativamente tão pequeno que vamos ignorá-lo. É lógico que isso não acontece normalmente nos transformadores em carga, como já foi aludido em 2.4.4, e como veremos com pormenores posteriormente.
Sendo

$$B_{max} = \frac{\phi_{max}}{abk_e}$$

e adotando $K_e = 0{,}93$, temos

$$B_{max} = \frac{2{,}14 \times 10^{-3}}{30 \times 62{,}5 \times 10^{-6} \times 0{,}93} = 1{,}23 \text{ Wb/m}^2$$

Vamos entrar com 1,23 Wb/m² na curva de magnetização aparente (Fig. 2.14) que nos dá o valor eficaz da componente $I_{1\,mag}$, através do valor eficaz de H, ou seja,

$$1{,}23 \text{ Wb/m}^2 \longrightarrow H_{ef} = 3{,}4 \text{ Ae/cm},$$
$$\mathscr{F}_{ef} = H_{ef}\ell = 3{,}4 \times 2(100 + 65) \times 10^{-1} = 112 \text{ Ae},$$
$$I_{1\,mag} = \frac{\mathscr{F}_{ef}}{N_1} = \frac{112}{385} = 0{,}290 \text{ A}.$$

Entrando no gráfico da Fig. 2.7(c),

$$1{,}23 \text{ Wb/m}^2 \longrightarrow P_{esp\,60\,Hz} = 1{,}73 \text{ W/kg},$$
$$p_F = P_{esp}\,60\,\text{Hz} \times G_f = P_{esp\,60\,Hz} \times \text{Vol} \times d.$$

Sendo a densidade $d \cong 7{,}5$ kg/dm³ sem o óxido isolante de laminação, para as chapas descascadas, temos de usar o volume líquido, isto é, com o fator de empilhamento

$$G_F = [2(70 + 95) \times 30 \times 62{,}5 \times 10^{-6} \times 0{,}93] \times 7{,}5 = 4{,}35 \text{ kg},$$
$$p_F = 1{,}73 \times 4{,}35 = 7{,}50 \text{ W},$$
$$I_{1\,p} = \frac{p_F}{E_1} = \frac{7{,}5}{220} = 0{,}034 \text{ A}.$$

Pelas expressões (2.28) e (2.29), teremos

$$\dot{I}_{10} = 0{,}034 - j0{,}290,$$
$$I_{10} = \sqrt{(0{,}034)^2 + (0{,}290)^2} = 0{,}292 \cong 0{,}29 \text{ A}.$$

b) A tensão V_1 nos terminais deve ser a soma da f.e.m. total induzida na bobina (induzida por todo o fluxo concatenado com ela) com a queda na resistência do enrolamento, ou seja,

$$\dot{V}_1 = \dot{E}_1 + R_1 \dot{I}_{10},$$
$$R_1 = L_1 r_1 = N_1 L_{m1} r_1,$$

onde L_{m1} = perímetro médio das espiras = 270×10^{-3} m. Para o fio n.° 18 AWG, $r_1 = 0{,}0255\,\Omega/\text{m}$ a 75 °C. O valor da resistência por metro, a 20 °C, dos fios AWG pode ser encontrado em qualquer manual de eletrotécnica (11) ou nos catálogos dos fabricantes de fios para enrolamento. A correção para 75 °C, que é uma temperatura básica na qual se costuma dar resistências dos enrolamentos, pode ser feita de acordo com o exposto em 2.4.3.

$$R_1 = 385 \times 270 \times 10^{-3} \times 0{,}0255 = 2{,}65\,\Omega.$$

Como foi dado $E_1 = 220$ V, teremos, com referência a $E_1 = 220 + j0$,

$$\dot{V}_1 = 220 + j0 + 2{,}65\,(0{,}034 - j0{,}290),$$
$$\dot{V}_1 = 220{,}09 - j0{,}77,$$
$$V_1 \cong 220{,}15 \text{ V} \cong 220 \text{ V}.$$

Nota-se que, no transformador em vazio, $V_1 \cong E_1$.

c) De acordo com as expressões (2.26) e (2.27), temos

$$P_r = 220 \times 0{,}290 = 63{,}6 \text{ VAr},$$
$$P_0 = 220 \times 0{,}292 = 64{,}0 \text{ VA},$$
$$P_0 = V_1 I_{10} = 220{,}15 \times 0{,}292 \cong 64{,}0 \text{ VA}.$$

Mais uma vez nota-se que, no transformador em vazio, P_r e P_0 são aproximadamente iguais.

d) Como nesse caso nos faltam elementos, no problema, para calcular qualquer outra perda que não seja p_F e p_J, sendo esta para o valor da resistência em C.C., vamos nos limitar a elas apenas:

$$p_J = R_1 I_{10}^2 = 2{,}65 \times (0{,}292)^2 = 0{,}225 \text{ W}.$$

Era de se esperar p_J tão pequena face a p_F, pois, em vazio, a corrente é muito pequena comparada com a do transformador em carga,

$$p = p_F + p_J = 7{,}50 + 0{,}225 = 7{,}725 \text{ W}.$$

O rendimento logicamente é zero, pois a potência útil de saída é nula.

2.6.2 REATÂNCIA EQUIVALENTE DE MAGNETIZAÇÃO

Se é necessário que o transformador absorva uma corrente $I_{1\,mag}$, defasada 90° de E_1, para que ocorra o fluxo ϕ_m com densidade B, podemos, a partir do que já foi exposto, definir um novo parâmetro, nos moldes daquele já definido em 2.4.2 e que era a relação entre a f.e.m. e a corrente de perdas no núcleo. Esse novo parâmetro é dado pela relação entre os valores eficazes de E_1 e $I_{1\,mag}$.

$$X_{1\,mag} = \frac{E_1}{I_{1\,mag}}, \qquad (2.30)$$

ou

$$X_{1\,mag} = \frac{E_1^2}{p_r}. \qquad (2.31)$$

Transformadores e reatores

Devemos notar que esse novo parâmetro é de natureza reativa indutiva, porque absorverá uma corrente $I_{1\,mag}$ atrasada 90° em relação a uma tensão E_1 que lhe foi aplicada. O fato de a corrente $I_{1\,mag}$ ser indutiva já foi enfatizado em 2.6.1(2). Em notação complexa, as relações de módulo e fase ficam

$$\dot{E}_1 = jX_{1\,mag}\dot{I}_{1\,mag}$$
$$E_1 = X_{1\,mag} I_{1\,mag} \underline{|90°}.$$

Chamaremos $X_{1\,mag}$ de *reatância equivalente de magnetização*. Apresenta um interesse semelhante ao do parâmetro $R_{1\,p}$. Tudo se passa, para efeito de cálculo, como um parâmetro concentrado que absorvesse uma corrente $\dot{I}_{1\,mag}$, atrasada 90° em relação a E_1, e fosse localizado fora do enrolamento de um transformador que fosse "ideal" no que diz respeito à magnetização (permeabilidade infinita).

Como segundo passo na introdução do circuito equivalente do transformador, a Fig. 2.17 mostra o circuito equivalente do transformador em vazio, ou seja, uma resistência $R_{1\,p}$ e uma reatância $X_{1\,mag}$ em paralelo com um enrolamento que não absorva nem corrente de perdas no núcleo nem corrente magnetizante.

Aqui valem observações semelhantes às feitas para $R_{1\,p}$.

a) Sendo as quedas de tensão relativamente baixas, podemos escrever, com boa aproximação em carga, e muito boa em vazio,

$$X_{1\,mag} \cong \frac{V_1}{I_{1\,mag}}, \qquad (2.32)$$

ou

$$X_{1\,mag} \cong \frac{V_1^2}{p_r}. \qquad (2.33)$$

b) Sendo não-linear o circuito magnético dos transformadores com núcleo ferromagnético, $I_{1\,mag}$ não varia de modo proporcional a B (ou a ϕ_m); portanto não é proporcional a E_1 ou V_1. Logo, $X_{1\,mag}$ não é constante com a tensão aplicada ao transformador. Como primeira aproximação, costuma-se considerá-la constante, dentro de uma faixa estreita de variação da V_1 para a qual ela foi calculada ou medida.

c) O transformador ideal, no que diz respeito à magnetização, apresenta $i_{1\,mag} = 0$ e, portanto, $X_{1\,mag} = \infty$.

Neste ponto podemos calcular a corrente de excitação I_{10} em função dos parâmetros (Fig. 2.17), ou seja,

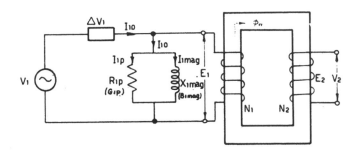

Figura 2.17 Segundo passo na introdução do circuito equivalente do transformador com núcleo ferromagnético e excitado com tensão senoidal

$$\dot{I}_{10} = \dot{E}_1 \left(\frac{1}{R_{1\,p}} + \frac{1}{jX_{1\,mag}} \right) = \dot{E}_1 (G_{1\,p} - jB_{1\,mag}),$$

onde $G_{1\,p}$ é a condutância primária de perdas no núcleo e $B_{1\,mag}$ é a suscetância primária de magnetização do núcleo.

2.6.3 RELAÇÃO ENTRE AS INDUTÂNCIAS DE MAGNETIZAÇÃO VISTAS DO LADO 1 E DO LADO 2

Sejam as expressões já verificadas

a) $\phi_m(t) = \phi_{m\,max} \operatorname{sen} \omega t,$

b) $e_1(t) = N_1 \dfrac{d\phi_m(t)}{dt} = \omega N_1 \emptyset_{m\,max} \cos \omega t$

c) $e_2(t) = N_2 \dfrac{d\phi_m(t)}{dt} = \omega N_2 \emptyset_{m\,max} \cos \omega t$

d) $E_{1\,max} = N_1 \omega \phi_{m\,max},$

e) $E_{2\,max} = N_2 \omega \phi_{m\,max},$

f) $I_{1\,mag\,max} = \dfrac{\mathscr{R}\phi_{m\,max}}{N_1}.$

Sendo $X_{1\,mag}$ a relação entre E_1 e $I_{1\,mag}$, dividindo (d) por (f), temos

$$X_{1\,mag} = \omega \frac{N_1^2}{\mathscr{R}} = 2\pi f L_{1\,mag}, \qquad (2.34)$$

onde

$$L_{1\,mag} = \frac{N_1^2}{\mathscr{R}} \qquad (2.35)$$

é a indutância de magnetização vista do lado 1, e $\mathscr{R}$ é a relutância do circuito magnético, que consideraremos constante, pelo menos numa pequena faixa de variação de V_1. Neste ponto poderia ocorrer a seguinte questão: se um determinado transformador pertencente a um sistema de potência como o transformador T_2 da Fig. 2.18 está transferindo energia do lado 1 para o lado 2 e está trocando sua potência reativa de magnetização com as fontes V_1, o que ocorreria com a sua corrente magnetizante se o circuito fosse aberto no ponto A?

A f.m.m. para magnetizar o núcleo, que será a mesma, seja o transformador excitado pelo lado 1 ou pelo 2, passará a ser produzida por uma corrente $I_{2\,mag}$ absorvida pelo lado 2, quando o circuito 1 for aberto em A.

Pelas expressões

$$\mathscr{F}_1 = N_1 I_{1\,mag} = \mathscr{R}\phi_m$$

e

$$\mathscr{F}_2 = N_2 I_{2\,mag} = \mathscr{R}\phi_m.$$

Conclui-se a relação entre as correntes magnetizantes

$$I_{1\,mag} = \frac{N_2}{N_1} I_{2\,mag}. \qquad (2.36)$$

Transformadores e reatores

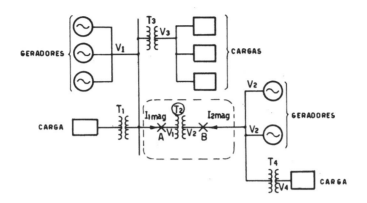

Figura 2.18 Transformador (T_2) de interligação entre duas barras de tensões diferentes

Nos casos de grandes transformadores de força, podemos aproximar V_1 a E_1 e V_2 a E_2, e, pelas expressões (b) e (c), teremos

$$I_{2\,mag} \cong \frac{V_1}{V_2} I_{1\,mag}. \qquad (2.37)$$

Essa é a corrente $I_{2\,mag}$ absorvida das fontes V_2 quando se interrompe o circuito no ponto A. Prossigamos procurando a relação entre $L_{1\,mag}$ e $L_{2\,mag}$. A reatância de magnetização, vista pelo lado 2, pode ser encontrada pelo quociente entre a expressão (e) dada anteriormente e a expressão (g) dada a seguir:

g) $I_{2\,mag\,max} = \dfrac{\mathscr{R}\,\phi_{m\,max}}{N_2}$.

Resulta

$$X_{2\,mag} = \frac{N_2^2}{\mathscr{R}} \omega, \qquad (2.38)$$

onde

$$\frac{N_2^2}{\mathscr{R}} = L_{2\,mag} \qquad (2.39)$$

é a indutância de magnetização vista do lado 2, a qual guarda com $L_{1\,mag}$ a relação

$$L_{1\,mag} = \frac{N_1^2}{N_2^2} L_{2\,mag}. \qquad (2.40)$$

Ainda, mais uma vez, teríamos, aproximadamente,

$$L_{1\,mag} \cong \frac{V_1^2}{V_2^2} L_{2\,mag}. \qquad (2.41)$$

Nota. Essa relação pode ser encontrada pelo mesmo processo da proposição correspondente à nota no final de 2.4.2. Basta usar a definição de $X_{1\,mag}$ correspondente à expressão (2.31), e considerar que a potência reativa de magnetização, $P_r = E_1 I_{1\,mag}$, para o mesmo fluxo ϕ_m num mesmo núcleo, deve ser invariante com o lado da excitação. Isso fica como um exercício.

Exemplo 2.3. Vamos calcular os valores numéricos de $X_{1\,mag}$ e R_{1p} para o transformador do Exemplo 2.2 e desenhar o circuito equivalente utilizando os parâmetros que conseguimos até aqui.

Solução

$$\bar{R}_{1p} = \frac{E_1^2}{p_F} = \frac{(220)^2}{7,5} = 6\,450\,\Omega,$$

$$X_{1\,mag} = \frac{E_1^2}{p_r} = \frac{(220)^2}{63,6} = 760\,\Omega,$$

$$L_{1\,mag} = \frac{X_{1\,mag}}{2\pi f} = \frac{760}{2\pi 60} = 2{,}01\,H.$$

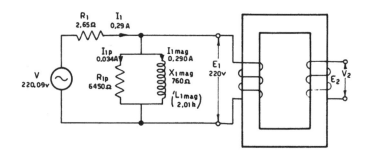

Figura 2.19 Figura auxiliar do Exemplo 2.3.

2.7 RELAÇÕES ENTRE AS f.e.m., ENTRE AS CORRENTES, E ENTRE AS POTÊNCIAS, PRIMÁRIAS E SECUNDÁRIAS

Antes de focalizarmos diretamente essas relações, vamos formular algumas convenções e definições, examinando com atenção a Fig. 2.20, pois ela auxilia bastante o entendimento.

a) Os fluxos no sentido das setas da Fig. 2.20 são considerados positivos.

b) O fluxo positivo é provocado por corrente positiva. Relembrando a regra da mão direita (o dedo indicador alinhado com a corrente e apontado segundo a seta da corrente deve produzir induções no núcleo, no sentido dextrógiro do dedo médio) nota-se que as correntes primária e secundária da Fig. 2.20 são positivas.

c) Colocaremos pontos nos terminais correspondentes dos enrolamentos, isto é, terminais tais que as correntes, entrando por eles, produzam fluxos concordantes. Pode-se também dizer que uma corrente que esteja variando no tempo (por exemplo, crescendo), injetada no terminal marcado de uma bobina, produzirá um fluxo que induzirá nas duas bobinas uma f.e.m. com mesma polaridade nos terminais marcados (por exemplo, positiva no ponto).

Nota. No caso de correntes alternativas os sentidos das setas podem indicar os instantes de valores positivos das correntes e tensões.

d) R_1 e R_2 são as resistências ôhmicas dos enrolamentos que serão encarados como parâmetros concentrados localizados nas entradas desses enrolamentos.

e) O fluxo total produzido pela corrente $i_1(t)$ será

$$\phi_{t1}(t) = \phi_m(t) + \phi_{d1}(t), \tag{2.42}$$

o fluxo total produzido pela corrente $i_2(t)$, será

$$\phi_{t2}(t) = \phi_m(t) + \phi_{d2}(t), \tag{2.43}$$

onde $\phi_m(t)$ é o fluxo mútuo que corresponde aos seguintes fluxos concatenados: com o primário (N_1 espiras),

$$\lambda_{m1}(t) = N_1 \phi_m(t),$$

e com o secundário (N_2 espiras),

$$\lambda_{m2}(t) = N_2 \phi_m(t).$$

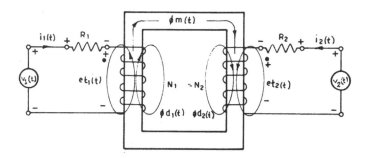

Figura 2.20 Representação esquemática de um transformador com fluxo positivo e correntes positivas

Os fluxos $\phi_{d1}(t)$ e $\phi_{d2}(t)$ são de dispersão. Sendo fluxos ocasionados pelas f.m.m. do primário e do secundário, e que se concatenam, somente com o enrolamento primário e somente com o secundário, eles não possuem um comportamento tão ordenado como o apresentado na Fig. 2.20. Pelo contrário, eles têm uma configuração complexa apresentando "linhas" concatenando-se com algumas espiras, outras linhas com outras espiras, principalmente em bobinas tipo subdividido. O que estamos apresentando é um fluxo disperso equivalente que, uma vez aplicado às quantidades de espiras N_1 e N_2, corresponda a fluxos concatenados com os efeitos de

$$\lambda_{d1}(t) = N_1 \phi_{d1}(t) \quad \text{e} \quad \lambda_{d2}(t) = N_2 \phi_{d2}(t).$$

Os fluxos concatenados totais, com o primário e com o secundário, serão

$$\lambda_{t1}(t) = N_1 \phi_{t1}(t) \quad \text{e} \quad \lambda_{t2}(t) = N_2 \phi_{t2}(t).$$

As relações entre os fluxos ϕ_d, o fluxo ϕ_m e as f.m.m. dos enrolamentos serão melhor examinadas na Seç. 2.8.

f) Se em cada bobina de um transformador, como o da Fig. 2.20, existir um fluxo concatenado $\lambda_t(t)$, que varie no tempo senoidalmente ou não, a lei de Faraday nos dará, quantitativamente, a f.e.m. em cada bobina. A taxa de variação, no tempo, desse fluxo concatenado é

$$e(t) = \frac{d\lambda_t(t)}{dt} = N \frac{d\phi_t(t)}{dt}.$$

A lei de Lenz, por outro lado, nos dá os sentidos (polaridade) dessas f.e.m. O sentido da f.e.m. induzida é tal que se lhe for possível provocar uma corrente num circuito fechado, esta terá um sentido que reagirá contra a variação de fluxo que a provocou. Se, por exemplo, na bobina N_1 da Fig. 2.20, num certo intervalo de tempo Δt, o fluxo positivo $N_1 \phi_{t1}(t)$, provocado pela corrente positiva $i_1(t)$, estiver crescendo, a polaridade de $e_1(t)$ será positiva no terminal superior e tenderá a se opor à causa do acréscimo de fluxo. Pela regra da mão direita percebe-se claramente que a corrente que essa fonte de tensão lançaria no circuito provocaria um fluxo contrário ao produzido por $i_1(t)$. Matematicamente, a combinação da lei de Faraday com a lei de Lenz é expressa pela equação

$$e(t) = - \frac{Nd\phi(t)}{dt}.$$

O sinal negativo significa que $e(t)$ é considerada como fonte de tensão. Se considerarmos essa f.e.m. sem o sinal negativo, ela representará uma queda de tensão no circuito com polaridade oposta à circulação da corrente. É o que faremos a seguir para as f.e.m. nas equações de tensões de transformadores. Isso nos parece suficiente para prosseguir. Aqueles que desejarem mais pormenores sobre as últimas considerações poderão consultar, por exemplo, as referências (6) e (10).

2.7.1 RELAÇÃO ENTRE AS f.e.m. PROVOCADAS PELO FLUXO MÚTUO

Aplicando a lei de Kirchhoff das tensões aos circuitos primários e secundários da Fig. 2.20, obtemos

$$v_1(t) = R_1 i_1(t) + e_{t1}(t) = R_1 i_1(t) + \frac{d\lambda t_1(t)}{dt}, \qquad (2.44)$$

$$v_2(t) = R_2 i_2(t) + e_{t2}(t) = R_2 i_2(t) + \frac{d\lambda t_2(t)}{dt}. \qquad (2.45)$$

Substituindo $\phi_{t1}(t)$ e $\phi_{t2}(t)$, dados por (2.42) e (2.43), obtemos

$$v_1(t) = R_1 i_1(t) + N_1 \frac{d\phi_{d1}(t)}{dt} + N_1 \frac{d\phi_m(t)}{dt}, \qquad (2.46)$$

$$v_2(t) = R_2 i_2(t) + N_2 \frac{d\phi_{d2}(t)}{dt} + N_2 \frac{d\phi_m(t)}{dt}, \qquad (2.47)$$

onde

$$N_1 \frac{d\phi_{d1}(t)}{dt} = e_{d1}(t) \quad \text{e} \quad N_2 \frac{d\phi_{d2}(t)}{dt} = e_{d2}(t) \qquad (2.48)$$

são as f.e.m. induzidas no primário e no secundário pelos fluxos de dispersão primário e secundário;

$$N_1 \frac{d\phi_m(t)}{dt} = e_1(t) \quad \text{e} \quad N_2 \frac{d\phi_m(t)}{dt} = e_2(t) \qquad (2.49)$$

são as f.e.m. induzidas no primário e secundário pelo fluxo mútuo. É fácil notar, pelas expressões (2.44) e seguintes, que as f.e.m. totais $e_{t1}(t)$ e $e_{t2}(t)$, induzidas no primário e no secundário, são a soma das f.e.m. de dispersão e mútua, ou seja,

$$e_{t1}(t) = e_{d1}(t) + e_1(t), \tag{2.50}$$

$$e_{t2}(t) = e_{d2}(t) + e_2(t). \tag{2.51}$$

As relações entre as $e_t(t)$ e $e_d(t)$ não apresentam interesse no momento, porém essas f.e.m. serão muito úteis nos próximos parágrafos. No momento, as relações entre $e_1(t)$ e $e_2(t)$ são importantes para prosseguirmos. Tomando as duas expressões apresentadas em (2.49), obteremos

$$\frac{e_1(t)}{e_2(t)} = \frac{N_1}{N_2} = a. \tag{2.52}$$

Num transformador ideal quanto à dispersão de fluxo, isto é, que não tivesse fluxo disperso, as únicas f.e.m. seriam $e_1(t)$ e $e_2(t)$. Os grandes transformadores de força, e mesmo os pequenos transformadores com núcleo ferromagnético, aproximam-se muito desse caso. E ainda, se não houvesse quedas de tensão nas resistências R_1 e R_2, teríamos

$$\frac{v_1(t)}{v_2(t)} = \frac{N_1}{N_2} = a.$$

No caso de regime senoidal permanente, se tivermos

$$\phi_m(t) = \phi_{m\,max} \, \text{sen} \, \omega t,$$

sendo as f.e.m. dadas, de maneira geral, por:

$$e = N \frac{d\phi}{dt},$$

teremos

$$\dot{E}_1 = j\omega N_1 \dot{\phi} \, , \, e \, , \, \dot{E}_2 = j\omega N_2 \dot{\phi},$$

$$e_1(t) = N_1 \phi_{m\,max} \, \omega \cos \omega t, \tag{2.53}$$

$$e_2(t) = N_2 \phi_{m\,max} \, \omega \cos \omega t, \tag{2.54}$$

onde os valores eficazes de E_1 e E_2 são

$$E_1 = \frac{E_{1\,max}}{\sqrt{2}} = \frac{2\pi}{\sqrt{2}} f N_1 \phi_{m\,max} = 4{,}44 f N_1 \phi_{m\,max}, \tag{2.55}$$

$$E_2 = \frac{E_{2\,max}}{\sqrt{2}} = \frac{2\pi}{\sqrt{2}} f N_2 \phi_{m\,max} = 4{,}44 f N_2 \phi_{m\,max}, \tag{2.56}$$

e, também,

$$\frac{E_1}{E_2} = \frac{N_1}{N_2} = a. \tag{2.57}$$

E, aproximadamente, em grande número de casos, $V_1/V_2 = N_1/N_2 = a$.

Disso tudo resulta uma primeira propriedade do transformador, que é transferir, ou refletir, as tensões de um lado para o outro segundo uma constante a. A relação $V_1/V_2 = N_1/N_2$ justifica o uso do transformador ideal como um elemento de medida (*transformador de tensão* ou *de potencial*). Com ele, pode-se tornar uma alta tensão acessível e segura para um instrumento de medida e para o operador. Quanto mais próximo do ideal, mais preciso será o transformador de medida.

2.7.2 RELAÇÃO ENTRE A CORRENTE SECUNDÁRIA E A COMPONENTE PRIMÁRIA DE CARGA

Suponhamos que o transformador da Fig. 2.20 esteja com o circuito do lado 2 aberto. Não nos importemos com o valor de $v_1(t)$, com as quedas de tensão no enrolamento e com o $e_1(t)$ que possam existir. O que interessa é que exista um fluxo $\phi_m(t)$ no núcleo.

A cada $\phi_m(t)$ no núcleo (ϕ_{m1}, ϕ_{m2}, ϕ_{m3}, ...) corresponderá um $i_{1\,mag}(t)$ pois já vimos que quem magnetiza o núcleo é a componente magnetizante $i_{1\,mag}$ da corrente i_{10}, ou seja, a f.m.m. associada a $i_{1\,mag}(t)$ e aplicada ao núcleo, será, em vazio,

$$\mathscr{F}_{10}(t) = N_1 i_{10}(t).$$

Imaginemos agora que o transformador continue magnetizado pelo lado 1 e que, no circuito 2, circule uma corrente $i_2(t)$, como a da Fig. 2.20, ocasionando uma f.m.m. aplicada ao núcleo, ou seja,

$$\mathscr{F}_2(t) = N_2 i_2(t).$$

Se desejarmos, no núcleo, valores de fluxo ϕ_m, iguais aos existentes anteriormente à circulação da corrente $i_2(t)$: (ϕ_{m1}, ϕ_{m2}, ϕ_{m3}), deverá aparecer no lado 1 uma componente de corrente $i'_2(t)$ que produza uma f.m.m.

$$\mathscr{F}'_1(t) = N_1 i'_2(t),$$

cuja soma com $\mathscr{F}_2(t)$ seja nula, para que os mesmos valores de $\phi_m(t)$ sejam produzidos pelos mesmos valores de $i_{1\,mag}(t)$.

Assim, se o transformador da Fig. 2.20, que apresenta um fluxo $\phi_m(t)$ no núcleo e uma corrente $i_2(t)$, for magnetizado pelo lado 1, a corrente $i_1(t)$ deverá ser

$$i_1(t) = i_{10}(t) + i'_2(t). \tag{2.58}$$

Por outro lado, das afirmações anteriores, resulta

$$N_2 i_2(t) + N_1 i'_2(t) = 0,$$

$$\frac{i'_2(t)}{i_2(t)} = -\frac{N_2}{N_1} = -\frac{1}{a}. \tag{2.59}$$

A corrente i'_2 é chamada componente primária da corrente de carga ou corrente secundária referida ao primário. O sinal negativo resultou do fato de as duas correntes da Fig. 2.20 serem positivas, e significa que se um transformador como o da Fig. 2.21, alimentar uma carga, não pode ter as duas correntes positivas em instante algum, ou seja, se $i_1(t)$ é positiva, a corrente de carga $i_c(t)$ deverá ser negativa ($i_c = -i_2$), resultando

$$\frac{i'_2(t)}{i_c(t)} = \frac{1}{a}. \tag{2.60}$$

Aí se evidencia a segunda grande propriedade do transformador, que é transferir ou referir a corrente secundária para o primário, segundo uma relação inversa daquela das tensões. Essa propriedade é também aproveitada nos chamados *transformadores de corrente*, muito utilizados em medidas elétricas.

Também nos grandes transformadores, sendo a componente em vazio pequena, relativamente à componente de carga, vale, com boa aproximação,

$$\frac{i_1(t)}{i_2(t)} = -\frac{1}{a}, \text{ e, } \frac{i_1(t)}{i_c(t)} = \frac{1}{a}. \tag{2.61}$$

No regime permanente senoidal pode-se apreciar melhor a mecânica do processo de transferência de corrente. É o que faremos no exemplo a seguir.

Suponhamos, por exemplo um transformador cujo fluxo no núcleo seja $\phi_{m\,max} = 2 \times 10^{-3}$ Wb e a f.e.m. $E_1 = 439,5$ V (valor eficaz) quando o primário é conectado a uma rede de tensão alternativa senoidal $V_1 = 440$ V e o secundário é mantido aberto. Suponhamos que a corrente absorvida em vazio seja 0,5 A. Essa corrente engloba a componente magnetizante e a de perdas no núcleo. A relação de espiras é $N_1/N_2 = 4$. Aplicou-se uma carga indutiva R, L no secundário, de tal modo que resultou uma corrente $\dot{I}_c$ atrasada da tensão secundária $\dot{V}_2$, ou seja,

$$\dot{I}_c = 30 - j40,$$

$$I_c = \sqrt{(30)^2 + (40)^2} = 50 \text{ A}$$

O primário passa a absorver da rede (fonte) mais uma componente de corrente, que é para suprir a potência fornecida a essa carga.

É lógico que, com a conseqüente modificação da corrente primária, as quedas de tensão modificaram-se, resultando nova f.e.m. E_1 (digamos, 431 V) e, conseqüentemente, novo ϕ_m [(431,0/439,5) $\times 2 \times 10^{-3} = 1,96 \times 10^{-3}$], pois este está ligado a E_1. (Já vimos que essas diferenças são pequenas nos grandes transformadores de força, e mesmo nos pequenos com núcleo ferromagnético. Em um transformador ideal, sem quedas: $\phi_{m\,carga} = \phi_{m\,vazio}$ e, conseqüentemente, $I_{10\,vazio} = I_{10\,carga}$).

Com a ligeira diminuição de ϕ no núcleo, sabemos que certamente diminuíram tanto I_{1mag} como I_{1p}, dando uma nova corrente I_{10}, digamos igual a 0,49 A. A componente magnetizante dessa corrente é a necessária para manter um ϕ_m de $1,96 \times 10^{-3}$ Wb. Mas, para que o fluxo subsista nesse valor, $1,96 \times 10^{-3}$, com a presença de $I_c = 30 - j40$, é necessário que subsista no primário a componente de carga $\dot{I}'_2$ cuja f.m.m. compense (em módulo e fase) a f.m.m. de $\dot{I}_c$ (verifique os sentidos, ou sinais, das correntes da Fig. 2.21):

$$\dot{\mathscr{F}}_2 = N_2 \dot{I}_c = N_2(30 - j40) = N_1 \dot{I}'_2 = \dot{\mathscr{F}}'_1, \tag{2.62}$$

logo,

$$\dot{I}'_2 = \frac{N_2}{N_1}(30 - j40) = 7,5 + j10, \quad I'_2 = 12,5 \text{ A}.$$

A corrente $\dot{I}_1$, total, será

$$\dot{I}_1 = \dot{I}_{10} + \dot{I}'_2.$$

O enunciado do problema fornece-nos elementos apenas para o valor eficaz de I_{10} em carga, ou seja, 0,49 A. Se conhecêssemos $\dot{I}_{10}$ em sua expressão complexa, somaríamos com $\dot{I}'_2$ e obteríamos o valor numérico de $\dot{I}_1$. Isso será feito em outros exemplos dos próximos parágrafos.

2.7.3 RELAÇÃO ENTRE POTÊNCIAS PRIMÁRIA E SECUNDÁRIA

Neste item, a relação entre as potências totais do primário, $v_1(t) i_1(t)$, e as do secundário, $v_2(t) i_2(t)$, pouco interesse apresenta. O que interessa no momento é que, devido ao suprimento das perdas, num transformador com uma carga como a da Fig. 2.21, a potência ativa de entrada no primário é maior que a transferida para o secundário, e esta é maior que a de saída.

A relação entre as potências, que convencionaremos chamar de internas, pode ser obtida pelo produto das expressões (2.52) e (2.59) deduzidas a partir da Fig. 2.20

$$e_1(t) i'_2(t) = - e_2(t) i_2(t). \tag{2.63}$$

Essa é a potência realmente transferida, através do acoplamento magnético de um lado para outro. É a energia líquida que, por exemplo, o secundário recebe do primário após serem descontadas todas as perdas de energia neste enrolamento e no núcleo. Mais uma vez, devido ao sentido das correntes, nota-se o sinal negativo na expressão (2.63) significando que os fluxos de energia são contrários, isto é, se o lado 1 absorve $e_1(t) i'_2(t)$, o lado 2 fornece $e_2(t) i_2(t)$ e vice-versa, sem armazenagem de energia.

No caso da Fig. 2.21, se $i_c = - i_2$, tem-se

$$e_1(t) i'_2(t) = e_2(t) i_c(t). \tag{2.64}$$

No transformador ideal, obviamente,

$$v_1(t) i_1(t) = v_2(t) i_c(t), \tag{2.65}$$

e, em regime senoidal permanente, as potências aparentes são

$$V_1 I_1 = V_2 I_c,$$

e o quanto de energia reativa o transformador absorve da fonte depende não só de $I_{1\,mag}$, mas da natureza da carga. Isso será visto num exemplo mais adiante.

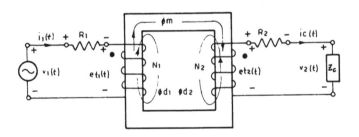

Figura 2.21 O transformador da Fig. 2.20 alimentando uma carga Z_c

2.8 RELACIONAMENTO ENTRE FLUXOS E f.m.m. DO TRANSFORMADOR — INDUTÂNCIA DE DISPERSÃO

Em seções anteriores aludimos a *quedas de tensão* nos transformadores: as quedas resistivas segundo a lei de Ohm ($R \cdot i$) e as quedas reativas que no regime senoidal permanente dependiam da natureza, indutiva ou capacitiva da corrente que percorre o enrolamento. Nesta seção vamos tratar dessa questão definitivamente. Mas, para isso, vamos caracterizar melhor as interdependências entre as f.m.m. e os fluxos que agem no núcleo do transformador e fora dele.

2.8.1 FLUXOS DE DISPERSÃO E FLUXO MÚTUO

A Fig. 2.22 mostra um transformador como o da Fig. 2.20, porém com a corrente $i_2(t) = 0$. Na Fig. 2.22(b) está traçado o circuito magnético e, em (c), o circuito elétrico análogo ao circuito magnético. Este último é apresentado apenas com finalidade auxiliar de entendimento.

Com o transformador em vazio a f.m.m. $\mathscr{F}_{1\,mag}(t)$, aplicada ao núcleo de relutância $\mathscr{R}_m$ (suposta concentrada) e ocasionando o fluxo ϕ_m, é ocasionada por uma certa corrente $i_{1\,mag}$. Essa f.m.m. produz também, embora pequeno, o fluxo equivalente de dispersão ϕ_{d1}, pois ela está também aplicada à relutância $\mathscr{R}_{d1}$. Esta última é a relutância equivalente do circuito magnético de ϕ_{d1}.

Assim

$$\mathscr{F}_{1\,mag}(t) = \mathscr{R}_m \phi_m(t), \text{ ou } \phi_m(t) = \mathscr{P}_m N_1 i_{1\,mag}(t). \quad (2.66)$$

$$\mathscr{F}_{1\,mag}(t) = \mathscr{R}_{d_1} \phi_{d_1}(t); \text{ ou; } \phi_{d_1} = \mathscr{P}_{d_1} N_1 i_{1\,mag}(t). \quad (2.67)$$

No lado 2, a relutância $\mathscr{R}_{d2}$ está magneticamente curto-circuitada.

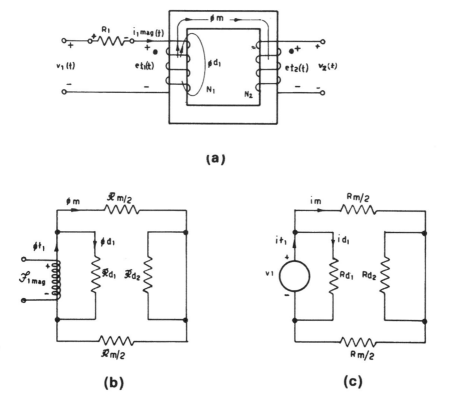

Figura 2.22 (a) Transformador c/ lado 2 em vazio, (b) circuito magnético correspondente com parâmetros concentrados, (c) circuito elétrico análogo ao magnético

Nota. É fácil perceber que, para não complicarmos desnecessariamente o problema e não nos perdermos em excessivos pormenores, algumas afirmações anteriores comportaram aproximações: existe, embora seja pequena, uma queda de potencial magnético $\Delta\mathscr{F}$, devida à circulação de ϕ_m, entre os extremos de $\mathscr{R}_{d1}$ e $\mathscr{R}_{d2}$. Se o material ferromagnético, estiver próximo à saturação, o erro será apreciável. Na grande maioria dos casos de núcleo ferromagnético, $\mathscr{R}_{d1}$ e $\mathscr{R}_{d2}$ podem ser consideradas como as relutâncias apenas da parte externa ao núcleo, nos circuitos magnéticos de ϕ_{d1} e ϕ_{d2}, sendo, portanto, encaradas como parâmetros magnéticos de natureza constante, independentes de saturação, o que não acontece normalmente com $\mathscr{R}_m$. Tanto $\mathscr{R}_{d1}$, como $\mathscr{R}_{d2}$ são da ordem de dezenas ou centenas de vezes maiores que $\mathscr{R}_m$.

No caso de os dois lados apresentarem corrente [Fig. 2.23(a)] já verificamos que há uma compensação de f.m.m., isto é, $\mathscr{F}_1(t) = N_1 i'_2(t)$ compensa $\mathscr{F}_2(t) = N_2 i_2(t)$. Se uma for positiva a outra deverá ser negativa, ou vice-versa. Agora, porém, estamos em condição de dizer que existe essa compensação apenas ao longo do circuito magnético de ϕ_m. Nota-se isso com clareza no circuito análogo da Fig. 2.23(b), onde a corrente i_m não se altera se, por exemplo, a cada tensão v_2, acrescenta-se uma v'_1 igual e contrária. Nos circuitos magnéticos de ϕ_{d1} e ϕ_{d2} isso não ocorre e, pelo fato de terem aparecido $\mathscr{F}_2$ e $\mathscr{F}'_1$, esses fluxos se alteram. Sendo $\mathscr{R}_{d1}$ e $\mathscr{R}_{d2}$ relutâncias constantes, esses fluxos ficam

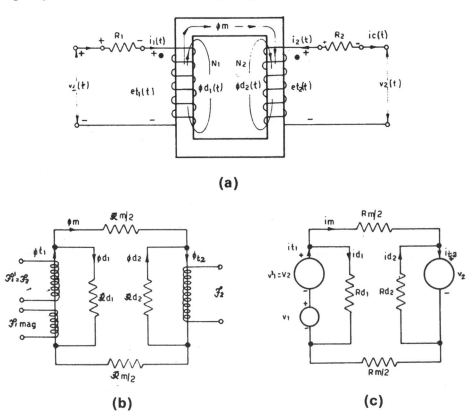

Figura 2.23 (a) Transformador com corrente i_1 e i_2, (b) circuito magnético correspondente, (c) circuito elétrico análogo

Transformadores e reatores

praticamente dependentes da corrente total de cada enrolamento e de maneira proporcional. Justifica-se, assim, a afirmação que fizemos no Exemplo 2.2. Quanto a ϕ_m, pouco ou quase nada depende da corrente total, ou do fato de um transformador de núcleo ferromagnético estar em vazio ou em carga. Então

$$\mathcal{F}_1(t) = \mathcal{R}_{d1}\phi_{d1}(t), \text{ ou, } \phi_{d1}(t) = \mathcal{P}_{d1}N_1 i_1(t), \tag{2.68}$$

$$\mathcal{F}_2(t) = \mathcal{R}_{d2}\phi_{d2}(t), \text{ ou, } \phi_{d2}(t) = \mathcal{P}_{d2}N_2 i_2(t). \tag{2.69}$$

2.8.2 INDUTÂNCIAS E REATÂNCIAS DE DISPERSÃO

De posse dos fluxos de dispersão ϕ_{d1} e ϕ_{d2} e das relutâncias de dispersão $\mathcal{R}_{d1}$ e $\mathcal{R}_{d2}$ podemos associar ao transformador duas novas indutâncias. As indutâncias de dispersão L_{d1} e L_{d2}. Usando a definição de indutância como sendo a taxa de variação do fluxo concatenado com o enrolamento, relativamente à corrente que o produz, podemos escrever

$$L_{d1} = \frac{d\lambda_{d1}(t)}{di_1(t)} = N_1 \frac{d\phi_{d1}(t)}{di_1(t)}. \tag{2.70}$$

Ou, nos sistemas magnéticos lineares,

$$L_{d1} = N_1 \frac{\phi_{d1}}{i_1} = \frac{N_1}{i_1} \frac{N_1 i_1}{\mathcal{R}_{d1}} = \frac{N_1^2}{\mathcal{R}_{d1}} = N_1^2 \mathcal{P}_{d1}. \tag{2.71}$$

Analogamente,

$$L_{d2} = N_2 \frac{d\phi_{d2}(t)}{di_2(t)},$$

ou

$$L_{d2} = N \frac{\phi_{d2}}{i_2} = \frac{N_2^2}{\mathcal{R}_{d2}} = N_2^2 \mathcal{P}_{d2}. \tag{2.72}$$

Na Fig. 2.23(a), se aplicarmos novamente as expressões (2.44), (2.45) (2.50) e (2.51), teremos
$$v_1(t) = R_1 i_1(t) + e_{d1}(t) + e_1(t),$$
$$v_2(t) = R_2 i_2(t) + e_{d2}(t) + e_2(t).$$

Sendo os fluxos de dispersão proporcionais às correntes $i_1(t)$ e $i_2(t)$, esses fluxos são função do tempo através dessas correntes. Logo

$$v_1(t) = R_1 i_1(t) + N_1 \frac{d\phi_{d1}(t)}{di_1(t)} \frac{di_1(t)}{dt} + N_1 \frac{d\phi_m(t)}{dt}$$

$$v_2(t) = R_2 i_2(t) + N_2 \frac{d\phi_{d2}(t)}{di_2(t)} \frac{di_2(t)}{dt} + N_2 \frac{d\phi_m(t)}{dt},$$

substituindo L_{d1} e L_{d2} de (2.70) e (2.72), vem

$$v_1(t) = R_1 i_1(t) + L_{d1} \frac{di_1(t)}{dt} + e_1(t), \tag{2.73}$$

$$v_2(t) = R_2 i_2(t) + L_{d2} \frac{di_2(t)}{dt} + e_2(t). \tag{2.74}$$

No regime senoidal permanente (utilizemos o exposto no Apêndice 1), teremos

$$\dot{V}_1 = R_1 \dot{I}_1 + j\omega L_{d1} \dot{I}_1 + \dot{E}_1, \qquad (2.75)$$
$$\dot{V}_2 = R_2 \dot{I}_2 + j\omega L_{d2} \dot{I}_2 + \dot{E}_2, \qquad (2.76)$$

onde

$$\omega L_{d1} = X_{d1} \quad e \quad \omega L_{d2} = X_{d2}$$

são as reatâncias de dispersão, primária e secundária, do transformador.

Portanto o que fizemos foi encarar as parcelas e_{d1} e e_{d2} (induzidas pelo fluxo de dispersão) como quedas de tensão (veja o final da Seç. 2.7) em parâmetros de circuito (X_{d1} e X_{d2}), concentrados, do tipo reativo indutivo. Pelo fato de serem reatâncias indutivas, justifica-se que as tensões

$$\dot{E}_{d1} = j\omega L_{d1} \dot{I}_1 \quad e \quad \dot{E}_{d2} = j\omega L_{d2} \dot{I}_2$$

sejam adiantadas 90° em relação às correntes $\dot{I}_1$ e $\dot{I}_2$. Também poderia ser lembrado que essas tensões, e_{d1} e e_{d2}, são o resultado das derivadas dos fluxos de dispersão em relação ao tempo; portanto são adiantadas 90° em relação aos fluxos de dispersão e, conseqüentemente, em relação às correntes totais i_1, i_2 que os produziram.

Voltando ao parágrafo 2.6.2, podemos colocar também as f.e.m. $\dot{E}_1$, $\dot{E}_2$ como queda de tensão na reatância de magnetização, lembrando que e_1 está ligada a ϕ_m, que, por sua vez, está ligado apenas a $I_{1\,mag}$, e que $\dot{E}_1/\dot{E}_2 = a$

$$\dot{V}_1 = R_1 \dot{I}_1 + jXd_1 \dot{I}_1 + jX_{1\,mag}\,\dot{I}_{1\,mag},$$
$$\dot{V}_2 = R_2 \dot{I}_2 + jXd_2 \dot{I}_2 + j\tfrac{1}{a}X_{1\,mag}\,\dot{I}_{1\,mag}.$$

Para um transformador funcionando e alimentando uma carga de impedância Z_c, como o da Fig. 2.21, em regime senoidal, podemos reescrever as expressões (2.75) e (2.76) substituindo I_c por $-I_2$, isto é,

$$\dot{V}_1 = (R_1 + jXd_1)\dot{I}_1 + \dot{E}_1, \qquad (2.77)$$
$$\dot{V}_2 = \dot{Z}_c \dot{I}_c = \dot{E}_2 - (R_2 + jX_{d2})\dot{I}_c. \qquad (2.78)$$

2.9 CIRCUITO EQUIVALENTE COMPLETO E DIAGRAMA DE FASORES

Neste ponto podemos dar o terceiro passo em relação ao circuito equivalente do transformador em regime senoidal, alimentando a impedância Z_c. Basta concentrar, externamente a um transformador ideal, todos os parâmetros até agora introduzidos (Fig. 2.24).

Os diagramas de fasores para os lados 1 e 2 (Fig. 2.25), num caso de carga indutiva (R, L), cujo ângulo de atraso da corrente $\dot{I}_c$, em relação à tensão V_2 seja φ_c, podem ser feitos, adotando-se $\dot{V}_2$ como referência e com o auxílio da Fig. 2.24 e das seguintes relações:

Secundário

$$\dot{V}_2 = V_2 \,\underline{|0°},$$
$$\dot{I}_c = I_c \,\underline{|-\varphi_c},$$
$$\dot{I}_2 = -\dot{I}_c,$$
$$\dot{E}_2 = \dot{V}_2 + R_2 \dot{I}_c + jXd_2 I_c,$$
$$\dot{E}_2 = j\omega N_2 \phi_{m\,max};$$

Primário

$$\dot{E}_1 = a\dot{E}_2,$$
$$\dot{I}'_2 = -\tfrac{1}{a}\dot{I}_2 = \tfrac{1}{a}\dot{I}_c,$$
$$\dot{I}_1 = \dot{I}'_2 + \dot{I}_{10},$$
$$\dot{V}_1 = \dot{E}_1 + R_1 \dot{I}_1 + jXd_1 \dot{I}_1,$$
$$\dot{E}_1 = j\omega N_1 \phi_{m\,max}.$$

Transformadores e reatores

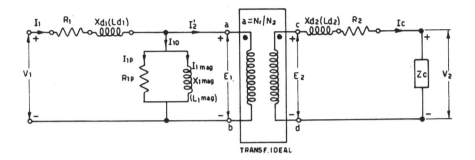

Figura 2.24 Circuito equivalente de um transformador com núcleo ferromagnético, sem referir as grandezas e parâmetros de um a outro lado

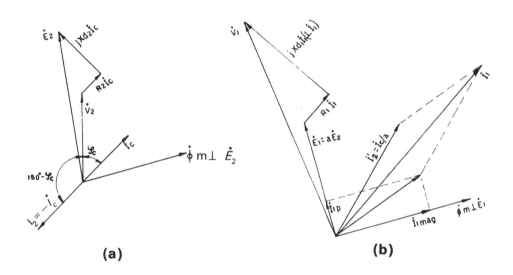

Figura 2.25 Diagrama de fasores para o secundário (a), e o primário (b)

A construção do diagrama é simples e por si só se explica. Basta desenhar o fasor de referência $\dot{V}_2$ com seu comprimento proporcional ao valor eficaz V_2 e, a partir daí, ir colocando $\dot{I}_c$ com seu módulo e sua fase em relação a $\dot{V}_2$, somar $(R_2 + jXd_2)\dot{I}_c$ a $\dot{V}_2$ para obter $\dot{E}_2$. No primário, parte-se de $\dot{E}_1 = a\dot{E}_2$ e de $\dot{I}'_2 = \dot{I}_c/a$, e assim por diante.

Em favor da clareza, na Fig. 2.25, exageramos os valores relativos dos $R\dot{I}$ e dos $jX\dot{I}$, bem como de $I_{1\,mag}$ e $I_{1\,p}$. Nos próximos exemplos verificaremos quantitativamente essas diferenças de módulo e fase entre $\dot{E}_2$ e $\dot{V}_2$, como também entre $\dot{E}_1$ e $\dot{V}_1$ e entre outras tensões e correntes. Veremos, também, o caso de carga capacitiva. Por ora, o próprio aluno poderá fazer o diagrama de fasores para o caso de Z_c tipo R, C com ângulo φ_c em avanço e poderá constatar que, conforme o φ_c da carga, teremos até $E_1 > V_1$.

2.10 RELAÇÃO ENTRE IMPEDÂNCIAS VISTAS DE UM LADO E DE OUTRO DE UM TRANSFORMADOR

Imaginemos que, no circuito do lado 2 da Fig. 2.24, toda a impedância seja englobada no $\dot{Z}_{22} = Z_{22} \, \lfloor \varphi_{22}$.
A corrente secundária $\dot{I}_c$ [Fig. 2.26(a)] é

$$\dot{I}_c = \frac{\dot{E}_2}{\dot{Z}_{22}}.$$

Como a componente primária dessa corrente é $\dot{I}'_2$, a impedância vista dos terminais *ab* do circuito primário é

$$\dot{Z}'_{22} = \frac{\dot{E}_1}{\dot{I}'_2} = \frac{\dot{E}'_2}{\dot{I}'_2},$$

substituindo $\dot{E}'_2$ e $\dot{I}'_2$ por $a\dot{E}_2$ e $\dot{I}_c/a$, vem

$$\dot{Z}'_{22} = a^2 \frac{\dot{E}_2}{\dot{I}_c} = a^2 \dot{Z}_{22} = a^2 Z_{22} \, \lfloor \varphi_{22}. \tag{2.79}$$

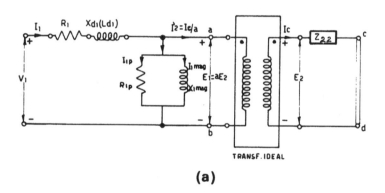

(a)

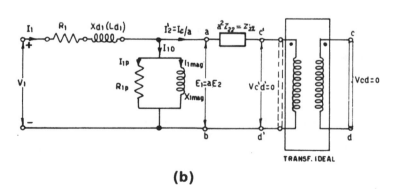

(b)

Figura 2.26 Circuitos equivalentes (a) com impedância secundária total Z_{22} no secundário e (b) com a Z_{22} referida ao primário ($a^2 Z_{22}$)

Essa é a impedância do lado 2 vista ou referida (refletida) para o lado 1. Uma terceira propriedade importante do transformador é referir os valores de módulo e de fase de uma impedância de um lado para o outro (módulo afetado da constante a^2 e o ângulo φ_c inalterado).

Para efeito de circuito, nada se afeta, e tudo se passa como se colocássemos, após os pontos a e b, uma impedância $a^2 Z_{22}$ e curto-circuitássemos o secundário ($V_{cd} = 0$) do transformador ideal.

Por um processo análogo chegaríamos a resultado idêntico com relação aos parâmetros primários vistos do secundário. Essa propriedade justifica o uso do transformador ideal com secundário em curto-circuito (ligado a um amperímetro de baixíssima resistência) como transformador de corrente. No circuito onde é inserido, ele não afeta a impedância existente e a corrente secundária relaciona-se com a corrente a ser medida, segundo a constante N_1/N_2. Na prática, quanto mais próximo do ideal, mais preciso será o transformador de medida.

2.11 CIRCUITO EQUIVALENTE E DIAGRAMA FASORIAL COMPLETOS, REFERIDOS A UM LADO

Se tomarmos o caso da Fig. 2.24 e escrevermos a equação (2.78) das tensões secundárias em regime senoidal, com o cuidado de multiplicar ambos os membros por $a = N_1/N_2$, teremos as expressões (2.80) e (2.81), que são equações das tensões secundárias referidas ao primário, com parâmetros secundários referidos ao primário.

$$a\dot{V}_2 = a^2 \dot{Z}_c \frac{\dot{I}_c}{a} = a\dot{E}_2 - (a^2 R_2 + j a^2 X_{d2}) \frac{\dot{I}_c}{a}, \qquad (2.80)$$

ou

$$\dot{V}'_2 = \dot{Z}'_c \dot{I}'_2 = \dot{E}'_2 - (R'_2 + j X'_{d2}) \dot{I}'_2, \qquad (2.81)$$

onde

$$\dot{E}'_2 = a\dot{E}_2 = \dot{E}_1.$$

R'_2 e X'_{d2} são a resistência ôhmica e a reatância de dispersão do enrolamento secundário, referidas ao primário, isto é, $a^2 R_2$ e $a^2 X_{d2}$.

Então podemos conectar, entre a e b, as impedâncias $R'_2 + jX_{d2}$ e Z'_c, as quais, sob a corrente $\dot{I}'_2$, darão uma tensão igual a $\dot{E}'_2 = \dot{E}_1$. Poderíamos inclusive prescindir do transformador ideal, que transforma a tensão V'_2 em $\dot{V}_2$, e estaria colocado na extremidade do circuito equivalente final da Fig. 2.27(a), pois ele não é mais necessário.

Esse é o circuito referido ao lado 1, que convencionamos, no caso, chamar de primário. O aluno poderá, por processo análogo, fazer o circuito referido ao lado 2, lembrando também as alterações que sofrem $R_{1\,p}$ e $L_{1\,mag}$, quando vistas do secundário, e já examinadas em seções anteriores.

Na Fig. 2.27(b) é visto também o diagrama de fasores completo com grandezas referidas ao primário e tomado V'_2 como referência.

Exemplo 2.4. O transformador apresentado nos Exemplos 2.2 e 2.3 agora é completado com um segundo enrolamento de 210 espiras de fio de cobre nº 16 AWG, cujo perímetro médio mede 320 mm. As indutâncias de dispersão dos enrolamentos resultaram em valores tais que em 60 Hz as reatâncias ficaram $X_{d1} = \omega L_{d1} = 0,20\Omega$ e $X_{d2} = \omega L_{d2} = 0,06\,\Omega$.

O objetivo era conseguir um pequeno transformador de força com potência de saída de 350 VA e tensões $V_1/V_2 = 220/110$ V. Vejamos os resultados conseguidos com carga resistiva nominal. Vamos proceder conforme a ordem dada a seguir.

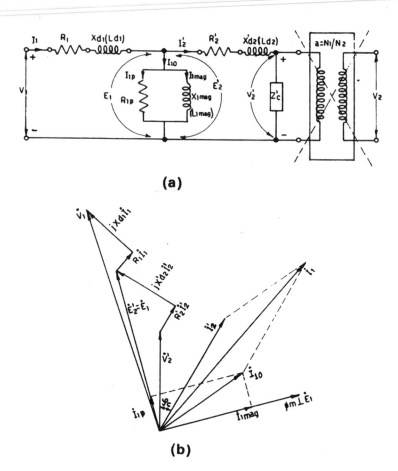

Figura 2.27 (a) Circuito equivalente de transformador com núcleo ferromagnético, referido ao primário, (b) diagrama de fasores para o mesmo circuito

1. Completar o circuito equivalente.

Visto já termos vários parâmetros calculados, seguindo as mesmas seqüência e notações, teremos

$$R_2 = L_2 r_2 = N_2 L_{m2} r_2,$$
$$r_2 = 0,0158 \ \Omega/m \ \text{a} \ 75 \ °C;$$
$$R_2 = 210 \times 320 \times 10^{-3} \times 0,0158 = 1,06 \ \Omega.$$

Resistência de carga nominal, $R_c = \dfrac{V_{2\,nom}^2}{P_{nom}}$,

$$R_c = \frac{(110)^2}{350} = 34,6 \ \Omega.$$

Referindo ao primário,

$$a = \frac{E_1}{E_2} = \frac{N_1}{N_2} = \frac{385}{210} = 1,835.$$

Notas. (a) $V_1/V_2 = 220/110 = 2$ difere, relativamente, bastante de a (da ordem de 9%), isso porque este caso é de um transformador de força de pequeno porte, o qual possui resistências internas e reatâncias de dispersão relativamente grandes; em transformadores de potência algumas vezes maior que essa, isso já não ocorre. (b) As resistências R_1 e R_2 são, neste caso, bem maiores que X_{d1} e X_{d2}. Nos grandes transformadores essa situação se inverte.

Calculando, segue [Fig. 2.27(c)]:

$$R'_2 = (1,835)^2 \times 1,06 = 3,58\ \Omega,$$
$$X'_{d2} = (1,835)^2 \times 0,06 = 0,204\ \Omega,$$
$$R_c = (1,835)^2 \times 34,6 = 116,5\ \Omega.$$

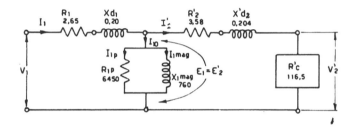

Figura 2.27 (c). Figura auxiliar para o Exemplo 2.4.

Aqui se nota que as reatâncias de dispersão referidas a um mesmo lado (em transformadores que têm os enrolamentos primário e secundário geometricamente quase iguais) são miuto próximas uma das outra. Isso será objeto de um exercício proposto no final deste capítulo.

2. Calcular as correntes e as tensões:

$$I_{c\ nom} = \frac{V_{2\ nom}}{R_{c\ nom}} = \frac{110}{34,6} = 3,18\ \text{A},$$
$$I'_2 = \frac{3,18}{1,835} = 1,73\ \text{A},$$
$$V'_2 = 1,835 \times 110 = 202\ \text{V}.$$

Adotando a referência $\dot{V}'_2 = 202 + j0$, vem $\dot{I}'_2 = 1,73 + j0$. Pela equação (2.81), temos

$$\dot{E}_1 = \dot{E}'_2 = 202 + 1,73\,(3,58 + j0,204) = 208,2 + j0,35,$$
$$E_1 \cong 208,2\ \text{V},$$
$$I_{10} = E_1(G_{1\ p} - jB_{1\ mag}).$$

Suporemos $R_{1\ p}$ e $X_{1\ mag}$ constantes com os valores já calculados no Exemplo 2.3, pois a variação de E_1 foi relativamente pequena, isto é, de 220 para 208 V.

$$\dot{I}_{10} = (208,2 + j0,35)\left(\frac{1}{6450} - j\frac{1}{760}\right) = 0,033 - j0,275,$$

$$I_{10} = 0,279 \text{ A},$$
$$\dot{I}_1 = \dot{I}'_2 + \dot{I}_{10} = 1,73 + 0,033 - j0,275 = 1,763 - j0,275,$$
$$I_1 = 1,78 \text{ A}.$$

Pela expressão (2.77), temos

$$\dot{V}_1 = 208,2 + j0,35 + (1,763 - j0,275)(2,65 + j0,20),$$
$$\dot{V}_1 = 213 - j0,035,$$
$$V_1 \cong 213 \text{ V}.$$

Essa é a tensão que deve ser aplicada ao primário, para se obterem os 110 V no secundário.

Note-se que as diferenças em módulo e fase entre $\dot{V}'_2$ e $\dot{E}_1$ e entre $\dot{E}_1$ e $\dot{V}_1$ resultaram, mesmo nesse caso, relativamente pequenas, ou seja, menores que 3%.

3. Calcular as perdas e o rendimento:

$$p_{J1} = R_1 I_1^2 = 2,65 \times (1,78)^2 = 8,3 \text{ W},$$
$$p_{J2} = R'_2 I'^2_2 = 3,58 \times (1,73)^2 = 10,7 \text{ W},$$

$$p_F = \frac{E_1^2}{R_{1p}} = \frac{(208,2)^2}{6\,450} = 6,7 \text{ W}.$$

Como as resistências R_1 e R'_2 que possuímos não são as efetivas (veja a Seç. 2.44) e faltam-nos elementos para calcular os acréscimos de perdas, elas serão estimadas em 5% das demais, ou seja,

$$P_{supl} = 0,05(8,3 + 10,7 + 6,7) = 1,3 \text{ W},$$
$$\Sigma p = 27 \text{ W}.$$

Como

$$\cos \varphi_c = 1 \text{ e } P_s = 350 \text{ W},$$

$$\eta = 1 - \frac{27}{350 + 27} = 0,928 \text{ ou } 92,8\%.$$

4. Calcular a regulação. Repetindo a expressão (2.1a),

$$\mathscr{R} = \frac{V_{20} - V_2}{V_2}.$$

Para aproveitarmos os valores já calculados, convém reescrever a regulação em função de valores referidos ao primário, ou seja,

$$\mathscr{R} = \frac{V'_{20} - V'_2}{V'_2}.$$

Se abrirmos o circuito secundário, I'_2 será nula e I_1 se limitará a I_{10}. A tensão V'_{20} que aparecerá nos terminais secundários, em vazio, será a própria $E'_2 = E_1$. No Exemplo 2.2 já verificamos que, em vazio, praticamente não há diferença entre V_1 e E_1. Logo,

$$V'_{20} \cong V_1 = 213 \text{ V},$$

$$\mathscr{R}_{nom\,\cos\varphi = 1} \cong \frac{213 - 202}{202} = 0,052 \text{ ou } 5,2\%.$$

Aproveitemos também para calcular a regulação com carga capacitiva pura. Imaginemos que, no lugar do resistor, esteja conectado um capacitor ideal, cuja potência reativa capacitiva seja 350 VAr com 110 V nos terminais. A corrente capacitiva será

$$I_c = \frac{350}{110} = 3,18 \text{ A}; \quad I'_2 = 1,73 \text{ A}.$$

Essa corrente não tem componente em fase com $\dot{V}'_2 = 202$, mas está adiantada 90°, ou seja,

$$\dot{I}'_2 = j1,73,$$

$$\dot{E}_1 = 202 + j1,73\,(3,58 + j0,204) = 201,65 + j6,20,$$

$$\dot{I}_{10} = (201,65 + j6,20)\left(\frac{1}{6,450} - j\frac{1}{760}\right) = 0,040 - j0,27,$$

$$\dot{I}_1 = j1,73 + 0,040 - j0,27 = 0,040 + j1,46,$$

$$\dot{V}_1 = 201,65 + j6,20 + (0,040 + j1,46)(2,65 + j0,2),$$

$$\dot{V}_1 = 201,46 + j10,07,$$

$$V_1 \cong 201,6 \text{ V}.$$

Aplicando o mesmo raciocínio do caso anterior, temos

$$\mathscr{R}_{num}\left[\cos\varphi_c = 0_{capac}\right] \cong \frac{201,6 - 202}{201,6} = -0,0027 \text{ ou } -0,27\%.$$

Como já havíamos comentado, aí está um caso de regulação negativa, quase nula.

Pode existir um valor particular de carga capacitiva pura ou R, C que produza nesse transformador uma regulação nula, isto é, tensão V_2 em carga igual à de vazio.

2.12 O TRANSFORMADOR EM CURTO-CIRCUITO — VALORES p.u.

Se na Fig. 2.27(a) fizermos um curto-circuito nos terminais da impedância Z'_c, poderemos calcular facilmente a corrente de curto-circuito desse transformador por processo análogo ao adotado na solução do Exemplo 2.4. Nos transformadores de bom acoplamento magnético — aqueles que têm baixo fluxo de dispersão, relativamente ao fluxo mútuo, em outras palavras, aqueles que têm as indutâncias de dispersão relativamente pequenas, face a $L_{1\,mag}$ —, essa corrente de curto-circuito pode atingir valores elevados. Nos transformadores de fraco acoplamento, como é o caso de muitos pequenos transformadores de núcleo de ar, pode não haver grande interesse no cálculo dessa corrente, pois ela é relativamente pequena. (O coeficiente de acoplamento será visto em um dos próximos parágrafos.)

Os transformadores de força, de núcleo ferromagnético, mesmo pequenos, (exceção feita a alguns casos de aplicações específicas como certos transformadores de solda), estão no primeiro caso. Por isso mesmo o cálculo da corrente de curto-circuito desses casos comporta uma aproximação muito razoável que é considerar o ramo magnetizante com impedâncias muito grande relativamente a $R'_2 + jX'_{d2}$, de tal modo que I_{10} seja muito pequeno face a $I'_{2\,cc}$. Assim,

$$\dot{I}_{2\,cc} = \frac{\dot{E}_2}{R_2 + jX_{d2}}, \qquad (2.82)$$

$$\dot{I}'_{2\,cc} = \frac{\dot{E}'_2}{R'_2 + jX'_{d2}}, \qquad (2.83)$$

$$\dot{I}_{1cc} = \frac{\dot{V}_1}{(R_1 + R'_2) + j(X_{d1} + X'_{d2})} = \frac{\dot{V}_1}{\dot{Z}_{1cc}}, \qquad (2.84)$$

onde $\dot{Z}_{1cc}$ é praticamente a impedância de curto-circuito do transformador vista do lado 1.

Esses valores de corrente de curto-circuito e muitos outros valores costumam ser apresentados em valores relativos a um "valor-base". Assim os valores por unidade (p.u.) de correntes, perdas de potência, resistências, reatâncias, impedâncias, etc. são o quociente dos seus valores absolutos por certos valores de referência ou base. Para a corrente, por exemplo, pode-se tomar como base a corrente nominal. Sem dúvida, os valores-base do transformador pertencente a um sistema, podem ser outros que não os próprios do transformador. A escolha desses valores de referência depende das conveniências de cada caso. Esses valores por unidade, ou os percentuais, são, normalmente, mais úteis e significativos que os absolutos, principalmente quando o objetivo é comparar, ou saber da adequação de certos parâmetros, ou de certas grandezas, ao tamanho e ao tipo do equipamento. Por exemplo, será estranhável se se disser que dois transformadores de 1 000 kVA, de mesma finalidade, têm correntes de curto-circuito uma o dobro da outra. Certamente isso se prende ao fato de possuírem tensões diferentes. Se fossem dadas as correntes de curto por unidade, ou percentual, certamente elas seriam iguais, ou muito próximas, pelo simples fato de a relação corrente de curto/corrente nominal ser independente de V_1. Além disso, outra vantagem é que os valores por unidade são os mesmos, quer se esteja trabalhando com grandezas referidas a um ou a outro lado do transformador.

Exemplo 2.5. Adotemos, por exemplo, $P_s = 350$ VA, $V_1 = 213$ V e $I_1 = 1{,}78$ A como valores-base de potência, tensão e corrente, do transformador do Exemplo 2.4. Calculemos a corrente de curto-circuito e outros valores por unidade daquele transformador.

Podemos definir a impedância-base como

$$Z_b = \frac{V_b}{I_b} = \frac{213}{1{,}78} = 120 \, \Omega.$$

Sem necessidade de cálculo, nota-se que o ramo magnetizante (R_{1p} em paralelo com $X_{1\,mag}$) tem uma impedância duzentas vezes maior que $R'_2 + jX'_{d2}$. Então, com boa aproximação, temos

$$\dot{Z}_{1cc} = (2{,}65 + 3{,}58) + j(0{,}200 + 0{,}204) = 6{,}23 + j0{,}404,$$

$$Z_{1cc} = \sqrt{(6{,}23)^2 + (0{,}404)^2} = 6{,}25 \, \Omega,$$

$$(Z_{1cc}) = \frac{Z_{1cc}}{Z_b} = \frac{6{,}25}{120} = 0{,}052 \text{ p.u. ou } 5{,}2\%,$$

$$I_{1cc} \cong \frac{V_1}{Z_{1cc}} = \frac{213}{6{,}25} = 33{,}9 \text{ A},$$

$$(I_{1cc}) = \frac{I_{1cc}}{I_b} = \frac{33{,}9}{1{,}78} = 19{,}2 \text{ p.u.}$$

Note-se que o valor de (I_{1cc}) poderia ser calculado diretamente por

$$(I_{1cc}) = \frac{I_{1cc}}{I_b} = \frac{V_1}{Z_{cc} I_b} = \frac{Z_b}{Z_{cc}} = \frac{1}{(Z_{cc})} = 19{,}2 \text{ p.u.}$$

No nosso caso, a potência nominal de saída, a tensão e a corrente de entrada, terão logicamente, valores 1 p.u. Assim, a corrente de curto-circuito por unidade pode ser enca-

Transformadores e reatores

rada como uma tensão de 1 p.u., aplicada a uma impedância de 0,052 p.u., produzindo $1/0{,}052 = 19{,}2$ p.u. Outros valores por unidade desse transformador são

$$(I_{10}) = \frac{0{,}279}{1{,}78} = 0{,}157 \text{ p.u. ou } 15{,}7\%,$$

$$(\Sigma_p) = \frac{27}{350} = 0{,}077 \text{ p.u. ou } 7{,}7\%$$

A manipulação mais intensa com valores por unidade fica para disciplinas e obras mais específicas, posteriores à Eletromecânica.

2.13 O TRANSFORMADOR IDEAL

Até agora sempre nos referimos a algum aspecto ideal de um transformador. Assim, um transformador ideal, no que diz respeito à dispersão de fluxo, seria um transformador com os $\phi_d = 0$ e, portanto, com as $X_d = 0$. Ideal, no que diz respeito à magnetização, seria um transformador com corrente magnetizante nula, portanto com relutância magnética do núcleo nula e permeabilidade relativa infinita, e assim por diante.

Sumário comparativo entre o transformador real e o transformador ideal

Variáveis e parâmetros	Transformador real	Transformador ideal
Resistências ôhmicas dos enrolamentos	Não-nulas	Nulas
Fluxo ϕ_m em carga	a) Ligeiramente diferente do existente em vazio, nos transformadores de forte acoplamento magnético b) Bastante diferente nos de fraco acoplamento, como muitos transformadores de núcleo de ar	Igual ao de vazio
Fluxos de dispersão	a) Pequenos nos casos de forte acoplamento b) Relativamente grandes nos de fraco acoplamento	Inexistentes
Indutâncias de dispersão dos enrolamentos	Não-nulas; relacionadas diretamente com o item anterior	Nulas
F.e.m. e_1 e e_2	$e_1 \neq v_1$; $e_2 \neq v_2$ $\dfrac{e_1}{e_2} = \dfrac{N_1}{N_2}$; $\dfrac{v_1}{v_2} \neq \dfrac{N_1}{N_2}$ $v_1 \neq v_2'$	$e_1 = v_1$; $e_2 = v_2$ $\dfrac{e_1}{e_2} = \dfrac{N_1}{N_2}$; $\dfrac{v_1}{v_2} = \dfrac{N_1}{N_2}$ $v_1 = v_2'$
Permeabilidade magnética do núcleo	Finita	Infinita

Corrente magnetizante	a) Pequena nos casos de núcleos ferromagnéticos b) Alta nos núcleos não ferromagnéticos (ar, por exemplo)	Nula
Capacitância entre espiras e de enrolamento para massa	Desprezível nos regimes permanentes de freqüência baixa, mas considerável em fenômenos transitórios rápidos e em regime de freqüências altas (será objeto de futuros itens)	Nula
Perdas Joule	Proporcionais às resistências efetivas dos enrolamentos	Inexistentes
Perdas no núcleo	a) Diferentes de zero, embora relativamente pequenas nos casos de chapas de silício especiais b) Inexistentes nos casos de núcleo de ar. R_{1p} pode ser infinita (portanto não considerada em paralelo com $L_{1\,mag}$), no caso de núcleo de ar	Inexistentes
Circuito equivalente completo		
Impedância interna	Diferente de zero	Nula
Corrente de curto-circuito	Finita	Infinita

Afinal, qual a importância desse ente hipotético, o transformador ideal? Serve, muitas vezes, para o desenvolvimento da teoria do transformador real. Parte-se do aspecto totalmente ideal, introduzindo-se, gradativamente, os fenômenos reais de perdas, de magnetização de núcleo, etc. Serve também como elemento de pré-cálculo e de anteprojeto, seja para o utilizador, seja para o projetista de médios e grandes transformadores de força, pois estes se aproximam bastante do transformador ideal, principalmente quando outros componentes do sistema possuam, relativamente a ele, maiores perdas, impedâncias, etc.

Transformadores e reatores

2.14 O TRANSFORMADOR LIGADO COMO AUTOTRANSFORMADOR

Em um transformador com dois enrolamentos (por fase, se por polifásico), nada impede que se faça conexão elétrica entre seus enrolamentos de modo a se obter, na saída, uma soma ou uma subtração de tensões.

Vejamos a Fig. 2.28. Convencionemos chamar uma das tensões disponíveis de *tensão de entrada*, V_e, e a outra de *tensão de saída*, V_s. Se fosse feito

$$V_e = V_1 \text{ e } V_s = V_1 + V_2,$$

teríamos um autotransformador elevador, enviando corrente I_c a uma carga que estivesse conectada entre *a* e *c*. Se a entrada fosse o lado de $V_1 + V_2$, teríamos

$$V_e = V_1 + V_2 \text{ e } V_s = V_1$$

e o autotransformador se chamaria abaixador e estaria recebendo I_c do lado de $V_1 + V_2$ e enviando $I_1 + I_c$ do lado de V_1.

É lógico que a isolação de ambos os enrolamentos tem de ser adequada para a tensão maior do transformador, o que é feito no transformador já construído para ser autotransformador. Nesse fato de não existir isolação elétrica entre os enrolamentos reside uma desvantagem, ou melhor, uma limitação na utilização do autotransformador. Por isso ele é usado sem problemas nos casos em que a tensão de entrada é mais ou menos próxima da de saída, pois o nível de isolação e de segurança dos equipamentos ligados a montante e a jusante é o mesmo. Digamos, por exemplo, um caso de conexão entre dois barramentos de 88 kV e 66 kV. O mesmo não se pode dizer de um caso de 13 200/220 V.

A grande vantagem do autotransformador está na economia de material ativo, isto é, material condutor e ferromagnético, notadamente nos casos onde a tensão de entrada é próxima da de saída. Em outras palavras, com as dimensões de um transformador, consegue-se, como autotransformador, uma potência passante muito maior. Isso se prende ao fato de uma parte da energia transferida de um lado a outro fluir diretamente através da porção de enrolamento que fica em série, entre a fonte e a carga [Fig. 2.28(b)]. Outra parcela de energia flui através do acoplamento magnético. E é apenas para essa parcela que o núcleo ferromagnético deve ser dimensionado. Vejamos isso de uma maneira mais concreta, através do Exemplo 2.6.

Exemplo 2.6. Deseja-se elevar a tensão de uma linha, de 13,2 kV para 15,4 kV. Para isso foi utilizado um transformador de 50 kVA, 13 200/2 200 V, ligado como autotransformador elevador. Suponha que o enrolamento de 2,2 kV tenha isolação suficiente e que o transformador seja muito próximo do ideal.

Qual a potência passante que se conseguirá na ligação como autotransformador? Qual o rendimento nessas condições, sabendo-se que o rendimento no transformador real era 0,97 quando a potência de saída era 50 kW.

Solução

Para isso vamos procurar uma expressão genérica da potência passante, na ligação como autotransformador (P_{aut}), em função da potência transferida através do acoplamento magnético, isto é, da potência transferida como transformador (P_{tr}).

Lembremos que, como autotransformador, deveremos manter as características do transformador, seja com relação às tensões V_1 e V_2, seja com relação às correntes I_1 e I_2 (ou I_c). Mantendo-se, em cada enrolamento, as tensões e as correntes do transformador, teremos as mesmas perdas na ligação como autotransformador e, portanto, o mesmo acréscimo de temperatura no regime de funcionamento estipulado.

No nosso caso, sendo ideal, temos

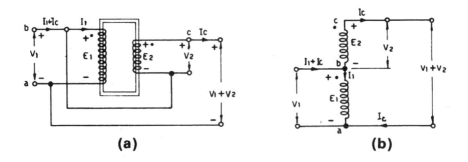

Figura 2.28 (a) Ligação de um transformador ideal como autotransformador, (b) esquema correspondente

$$E_1 = V_1; \quad E_2 = V_2; \quad \frac{V_1}{V_2} = a; \quad \frac{I_1}{I_c} = \frac{1}{a};$$

na Fig. 2.28(b),

$$V_e = V_1,$$
$$V_s = V_1 + V_2 = aV_2 + V_2 = (1 + a)V_2, \quad (2.85)$$
$$P_{tr} = V_1 I_1 = V_2 I_c$$

A potência como autotransformador será

$$P_{aut} = V_1(I_1 + I_c) = (V_1 + V_2)I_c = V_s I_c$$

Substituindo V_s nessa expressão, temos

$$P_{aut} = (1 + a)V_2 I_c = (1 + a)P_{tr} \quad (2.86)$$

Numericamente,

$$P_{aut} = \left(1 + \frac{13\,200}{2\,200}\right) 50 = 350 \text{ kVA}!$$

Note-se que a) os enrolamentos primário e secundário, continuam com as correntes do transformador I_1 e I_c, bem como com as tensões V_1 e V_2; a potência transferida através do acoplamento magnético continua a mesma, isto é, $P_{tr} = 50$ kVA; porém, diretamente da entrada para a saída, através da conexão elétrica, passa a restante, isto é, $a \cdot P_{tr} = 6 \times 50 = 300$ kVA;

b) imaginando-se a relação $a = N_1/N_2$ tendendo para infinito, a tensão V_2 tenderia para zero; no limite teríamos $V_s = V_e$; a potência passante seria infinita, isto é, teríamos uma conexão direta entre a entrada e a saída; entre os terminais do enrolamento primário, o qual se comportaria como um reator, teríamos apenas a corrente de vazio I_{10}.

As perdas, relativamente à potência passante, ficam reduzidas consideravelmente, pois elas foram conservadas em valor absoluto.

Sendo

$$\eta = \frac{P_s}{P_e} = 1 - \frac{\Sigma_p}{P_e},$$

vem, para as perdas:

$$\Sigma_p = (1 - \eta) P_e = \frac{1 - \eta}{\eta} P_s,$$

$$\Sigma_p = \frac{1 - 0,97}{0,97} \times 50\,000 = 1\,550 \text{ W}.$$

No caso dos 350 kVA serem ativos (350 kW), o novo rendimento, para toda a potência passante, será

$$\eta_{aut} = 1 - \frac{1\,550}{350\,000} = 0,995.!$$

Em pequenas e médias potências, tanto em circuitos trifásicos como monofásicos, é comum a utilização de autotransformadores com enrolamento único e com tensão de saída ajustável. Eles possuem um cursor, como os de reostato, que desliza sobre as espiras do enrolamento, dispostas em uma camada apenas, podendo ajustar-se à tensão de saída entre zero e um valor máximo.

Quase sempre apresentam, além da parte abaixadora de tensão [terminais a, b, da Fig. 2.29(b)], um pequeno apêndice (entre b e c). Os monofásicos, de pequena potência (até alguns kVA), são normalmente enrolados sobre um núcleo ferromagnético circular (toroidal) como o da Fig. 2.29(a). São os chamados *variadores de tensão*, de grande utilização em laboratórios de Eletrônica e Eletrotécnica. Os de média potência e os trifásicos são normalmente executados em núcleos retangulares. Um dado importante desses autotransformadores é a tensão entre espiras vizinhas ($V_N = V_e/N_{ab}$), curto-circuitadas pelo cursor. Supondo, para maior simplicidade, o autotransformador como ideal, a máxima tensão possível na saída será, de acordo com a Fig. 2.29(b):

$$V_{s\,max} = V_N (N_{ab} + N_{bc}) = \frac{N_{ab} + N_{bc}}{N_{ab}} V_e.$$

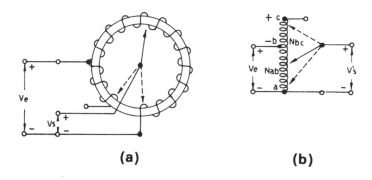

Figura 2.29 (a) Autotransformador ajustável de enrolamento único, (b) esquema correspondente

Um tipo muito utilizado de autotransformador ajustável, de dois enrolamentos, é o chamado *regulador de tensão do tipo indução*. Esse nome advém do fato de sua construção lembrar as máquinas rotativas do tipo assíncrono, também chamadas *de indução*, que serão estudadas em capítulos posteriores. Embora sejam de custo mais elevado esses autotransformadores são mais seguros e confiáveis que os do tipo de cursor, notadamente nas potências médias para cima, possibilitando sua construção mesmo em grandes potências. Permite ainda a execução em tensões relativamente altas, de alguns quilovolts, tanto polifásicas como monofásicas. Apresentam obrigatoriamente um entreferro no circuito magnético implicando num aumento de potência reativa de magnetização relativamente a outros tipos, o que, todavia, não chega a ser uma desvantagem.

A exposição do princípio de funcionamento dos reguladores de indução trifásicos, embora não seja necessário, convém ser deixada para depois da apresentação das máquinas assíncronas. Vamos, por ora, expor, de maneira sucinta, a construção monofásica. Consta, em princípio, de dois cilindros concêntricos de material ferromagnético, laminado (aço-silício) sobre os quais são colocadas longitudinalmente as espiras do enrolamento primário (N_1) e do secundário (N_2), as quais são vistas em corte transversal na Fig. 2.30(a). Um mecanismo relativamente simples possibilita girar o cilindro interno relativamente ao externo, para se poder ajustar a posição relativa entre os eixos das bobinas. Seja V_1 a tensão aplicada ao enrolamento 1. Quando os eixos dos enrolamentos estão cruzados (ângulo entre os eixos, $\theta = 90°$), como mostra a posição desenhada da Fig. 2.30(a), a f.e.m. E_2, induzida no enrolamento 2, é nula, pois o fluxo produzido pelo enrolamento 1 (segundo o eixo do enrolamento 1) não se concatena com o enrolamento 2. A tensão de saída, considerando o caso ideal, é então

$$V_s = V_e = V_1.$$

Quando as bobinas estiverem com eixos coincidentes ($\theta = 0$), o acoplamento magnético entre elas será o melhor possível. Considerando o caso ideal, todo o fluxo será concatenado com o enrolamento 2, e teremos em 2 uma f.e.m. $E_2 = V_2 = (N_1/N_2)\,V_1$, em fase com V_1, e com o maior valor possível. Para V_s também teríamos o máximo valor possível, ou seja,

$$V_s \text{ máximo} = V_1 + V_2.$$

Com o movimento do eixo do enrolamento 2, de 0 a 90°, passamos desde a posição de fluxo concatenado nulo até máximo, com V_2 variando de zero a um máximo. Se girarmos

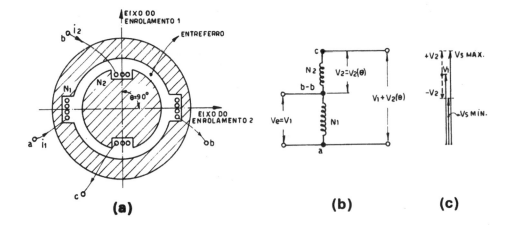

Figura 2.30 (a) Corte transversal esquemático de um regulador de indução monofásico, (b) esquema de ligações correspondente, (c) diagrama fasorial para um caso de $a = 3$

Transformadores e reatores

a bobina N_2 até a posição de $\theta = 180°$ (invertida em relação à posição $\theta = 0$), teremos o mesmo valor máximo para V_2, porem em oposição de fase em relação ao caso anterior, ou seja, $-V_2$. Para V_s teríamos

$$V_s \text{ mínima} = V_1 - V_2.$$

Resumidamente, a tensão de saída seria uma função do ângulo θ, com máximos em θ igual a 0° e mínimo em θ igual a 180°.

$$V_s(\theta) = V_1 + V_2(\theta). \tag{2.86a}$$

A Fig. 2.30(c) mostra o diagrama de fasores para os valores extremos de V_s. Não nos preocupamos, no momento, com o modo de variação de V_2 em função do ângulo θ, nem com enrolamentos auxiliares de compensação, necessários ao funcionamento do regulador monofásico de indução. Esses são pormenores que pouco nos poderão ser úteis por ora. Os interessados poderão consultar uma obra especializada, como a referência (12).

2.15 INDUTÂNCIAS PRÓPRIA E MÚTUA – GRAUS DE ACOPLAMENTO MAGNÉTICO

Dizemos que duas bobinas estão magneticamente acopladas quando linhas de fluxo de indução de uma delas atravessa a outra. O acoplamento ideal ou perfeito, também chamado, na prática, de *muito forte*, existiria quando todo o fluxo produzido por uma delas se concatenasse com a outra, e vice-versa. Se existe acoplamento entre as bobinas, dizemos que existe entre elas uma indutância mútua, cujo simbolo M está apresentado na Fig. 2.31(a).

No parágrafo 2.8.2 já definimos indutância de uma maneira geral e apresentamos as indutâncias de dispersão, isto é,

$$L_{d1} = N_1 \frac{d\phi_{d1}(t)}{di_1(t)} \; ; \; L_{d2} = N_2 \frac{d\phi_{d2}(t)}{di_2(t)}$$

ou

$$L_{d1} = \frac{N_1 \phi_{d1}}{i_1} = N_1^2 \mathscr{P}_{d1} \; ; \; L_{d2} = N_2 \frac{\phi_{d2}}{i_2} = N_2^2 \mathscr{P}_{d2}.$$

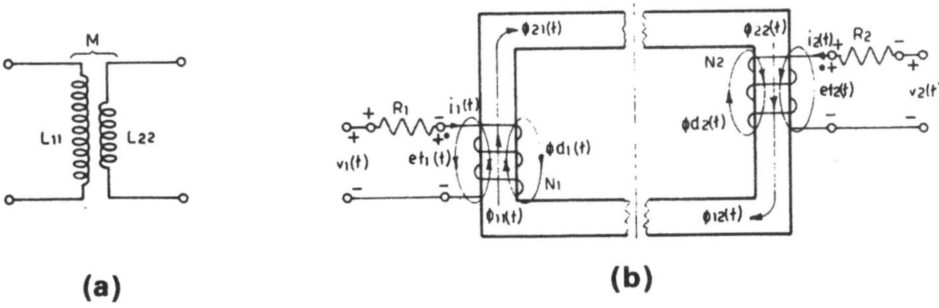

(a)

(b)

Figura 2.31 (a) Representação esquemática de bobinas com mútua indutância, (b) transformador com núcleo magnético linear, ao qual se aplica uma corrente de cada vez

De uma maneira análoga podemos apresentar as indutâncias próprias ou coeficientes de auto-indução, L_{11} e L_{22}, dos enrolamentos 1 e 2 do transformador, bem como os coeficientes de mútua indução, L_{12} e L_{21}.

Examinemos a Fig. 2.31(b) onde representamos o núcleo dividido em duas metades. Tomemos a metade esquerda. Suponhamos, de início, que a corrente no enrolamento 1 seja $i_1(t) \neq 0$ e no enrolamento 2 seja $i_2(t) = 0$. Seja $\phi_{11}(t)$ o fluxo produzido por essa corrente $i_1(t)$. Se pelo menos uma parcela $\phi_{21}(t)$ daquele fluxo ligar-se com o enrolamento 2, produzindo um fluxo concatenado com esse enrolamento e igual a $\lambda_{21}(t)$, o coeficiente L_{21} será a taxa de variação desse fluxo concatenado, relativamente à corrente $i_1(t)$,

$$L_{21} = \frac{d\lambda_{21}(t)}{di_1(t)} = N_2 \frac{d\phi_{21}(t)}{di_1(t)}, \qquad (2.87)$$

ou, nos sistemas magnéticos lineares,

$$L_{21} = N_2 \frac{\phi_{21}}{i_1} = \frac{N_2}{i_1} \cdot \frac{N_1 i_1}{\mathscr{R}_m} = \frac{N_2 N_1}{\mathscr{R}_m} = N_2 N_1 \mathscr{P}_m, \qquad (2.88)$$

onde $\mathscr{R}_m$ é a mesma relutância do circuito magnético de ϕ_m e já definida. Podemos definir ainda a indutância própria L_{11} como

$$L_{11} = \frac{d\lambda_{11}(t)}{di_1(t)} = N_1 \frac{d\phi_{11}(t)}{di_1(t)}, \qquad (2.89)$$

ou, nos casos lineares,

$$L_{11} = N_1 \frac{\phi_{11}}{i_1} = \frac{N_1}{i_1} \cdot \frac{N_1 i_1}{\mathscr{R}_{11}} = \frac{N_1^2}{\mathscr{R}_{11}} = N_1^2 \mathscr{P}_{11}, \qquad (2.90)$$

onde $\mathscr{R}_{11}$ é uma relutância magnética equivalente tal que, se lhe fosse aplicada a f.m.m. $N_1 i_1$, produziria ϕ_{11}, portanto é uma relutância menor que $\mathscr{R}_m$.

Nossa atenção volta-se para um ponto, que nos parece poder trazer alguma confusão. Note-se que os fluxos ϕ_{11} e ϕ_{21} nada tem a ver com ϕ_{t1} e ϕ_m, já apresentados em parágrafos anteriores. ϕ_{11} e ϕ_{21} seriam fluxos produzidos por uma corrente primária total i_1 que agisse sozinha, através da quantidade de espiras N_1.

Analogamente podemos apresentar coeficiente de mútua indutância do enrolamento 2 com relação ao enrolamento 1, ou seja L_{12}. Façamos agora a corrente $i_1(t) = 0$ e ajustemos a corrente $i_2(t)$ a um valor i_2 que produza um fluxo ϕ_{12} igual ao anterior ϕ_{21} [Veja a Fig. 2.31(b)]. Essa imposição de igualdade não é necessária à definição das indutâncias, mas nos será útil nas conclusões sobre o coeficiente de acoplamento. Então o fluxo concatenado com o enrolamento 1 será $\lambda_{12} = N_1 \phi_{12}$. Dessa maneira L_{12} será

$$L_{12} = \frac{d\lambda_{12}(t)}{di_2(t)}, \text{ ou } L_{12} = \frac{N_1 \phi_{12}}{i_2} = \frac{N_1 N_2}{\mathscr{R}_m} = N_1 N_2 \mathscr{P}_m. \qquad (2.91)$$

De maneira análoga a L_{11}, podemos definir L_{22}

$$L_{22} = \frac{d\lambda_{22}(t)}{di_2(t)}, \text{ ou } L_{22} = \frac{N_2 \phi_{22}}{i_2} = \frac{N_2^2}{\mathscr{R}_{22}} = N_2^2 \mathscr{P}_{22}. \qquad (2.92)$$

Sabe-se de uma demonstração básica do eletromagnetismo [consultar, por exemplo, a referência (13)] que $L_{12} = L_{21}$. No nosso caso, basta-nos comparar a expressão (2.88)

Transformadores e reatores

com a (2.91) e chegamos a essa conclusão. Chamemos de mútua indutância ao coeficiente M:

$$M = L_{12} = L_{21}. \qquad (2.93)$$

De posse de tudo o que foi exposto acima podemos escrever as expressões dos fluxos concatenados com o enrolamento 1 e com o 2:

$$N_1\phi_{11} = L_{11}i_1 \text{ e } N_2\phi_{21} = Mi_1,$$
$$N_2\phi_{22} = L_{22}i_2 \text{ e } N_1\phi_{12} = Mi_2.$$

Observemos que

$$\phi_{11} = \phi_{21} + \phi_{d1},$$
$$\phi_{22} = \phi_{12} + \phi_{d2},$$

Então a corrente i_1 fez com que um fluxo ϕ_{21}, que é uma parcela de ϕ_{11}, se ligasse ao enrolamento 2, e a corrente i_2 fez com que um fluxo ϕ_{12}, que é uma parcela de ϕ_{22}, se ligasse ao enrolamento 1. Como impusemos a condição de produzir $\phi_{21} = \phi_{12} = \phi$, concluímos, imediatamente, para os fluxos concatenados, que

$$L_{11}i_1 = N_1\phi_{11} > N_1\phi = Mi_2, \qquad (2.94)$$

$$L_{22}i_2 = N_2\phi_{22} > N_2\phi = Mi_1. \qquad (2.95)$$

Multiplicando membro a membro essas desigualdades, vem

$$M^2 < L_{11}L_{22}.$$

Para o transformador ideal, no qual $\phi_{d1} = \phi_{d2} = 0$, teríamos concluído que

$$M^2 = L_{11}L_{22}.$$

Costuma-se definir, para os transformadores reais, um coeficiente k, chamado *de acoplamento*, o qual é uma constante menor que 1, tal que

$$M^2 = k^2 L_{11}L_{22} \qquad (2.96)$$

ou

$$k = \frac{M}{\sqrt{L_{11}L_{22}}}. \qquad (2.97)$$

No transformador ideal $k = 1$; os transformadores com núcleo ferromagnético de forte acoplamento têm esse coeficiente próximo de 1, ou seja, 0,97 ou 0,98. Os com núcleo de ar de forte acoplamento têm k da ordem de 0,5, ao passo que os de fraco acoplamento estão abaixo de 0,1. Deixamos a cargo do leitor, colocar esse coeficiente em função das permeâncias $\mathcal{P}_m$, $\mathcal{P}_{11}$ e $\mathcal{P}_{22}$. Dessa maneira pode-se observar melhor a influência dos núcleos de baixa permeabilidade sobre o valor de k. Note-se que consideramos apenas o valor positivo da raiz quadrada de L_{11}, L_{22}, pois focalizamos o caso de enrolamentos concordes, isto é, enrolamento que produzem fluxos ϕ_{21} e ϕ_{12} concordantes, quando excitados com correntes de mesmo sinal, ambas positivas ou ambas negativas (veja a convenção das correntes no início da Seç. 2.7). Portanto, uma vez estipulados e marcados os terminais correspondentes, podem ser conferidos sinais às mútuas indutâncias: positivas, se ambas as correntes entrarem pelos terminais marcados, e negativas, em caso contrário (14). Nos casos mais simples de dois enrolamentos apenas, seria preferível considerar a mútua sempre $M > 0$, como se ambas as correntes fossem concordantes, e, nas equações de malha, dar o sinal negativo ao termo de tensão de mútua, quando uma das correntes discordar. É o que faremos no próximo parágrafo [Para mais pormenores consulte um livro sobre Circuitos, como a ref. (14)].

Como a qualidade de um acoplamento entre dois enrolamentos mede-se também pela quantidade relativa de fluxo disperso, podemos definir ainda o coeficiente de dispersão σ como

$$\sigma = 1 - k^2 = 1 - \frac{M^2}{L_{11}L_{22}}. \qquad (2.98)$$

2.16 O TRANSFORMADOR ANALISADO SEGUNDO AS INDUTÂNCIAS PRÓPRIA E MÚTUA

2.16.1 EQUAÇÕES DE MALHAS COM ACOPLAMENTO MAGNÉTICO

Retomemos o caso da Fig. 2.31(b) do parágrafo anterior. O que acontecerá se considerarmos o caso da existência simultânea das correntes $i_1(t)$ e $i_2(t)$? Podemos dizer que o enrolamento 1 sofrerá "reações" da corrente $i_2(t)$ que atua no enrolamento 2, e vice-versa, desde que exista uma mútua indutância entre eles. O fluxo magnético que persistirá no núcleo não será mais $\phi_{21}(t)$ nem $\phi_{12}(t)$, mas a sua soma [soma algébrica, dependendo dos sentidos da corrente $i_1(t)$ relativamente a $i_2(t)$; veja Fig. 2.32].

$$\phi_{n\acute{u}cleo}(t) = \phi_{21}(t) + \phi_{12}(t). \qquad (2.99)$$

O fluxo ligado com o enrolamento 1 também não é mais $\phi_{11}(t)$, mas sim a sua soma algébrica com o "fluxo enviado" pelo enrolamento 2, isto é, com o fluxo ϕ_{12}

$$\begin{aligned}\phi_1(t) &= \phi_{11}(t) + \phi_{12}(t), \\ \phi_1(t) &= \phi_{21}(t) + \phi_{d1}(t) + \phi_{12}(t).\end{aligned} \qquad (2.100)$$

Analogamente o fluxo ligado com o enrolamento 2 passará a ser $\phi_{22}(t)$ mais o fluxo enviado pelo enrolamento 1, ou seja,

$$\begin{aligned}\phi_2(t) &= \phi_{22}(t) + \phi_{21}(t), \\ \phi_2(t) &= \phi_{12}(t) + \phi_{d2}(t) + \phi_{21}(t).\end{aligned} \qquad (2.101)$$

Imaginemos o caso de um núcleo sem perdas (ar, por exemplo) e apliquemos a lei de Kirchhoff, das tensões, aos circuitos dos enrolamentos 1 e 2, considerando os sentidos e sinais das correntes e tensões da Fig. 2.32. Daí obtemos

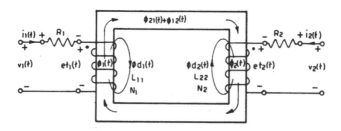

Figura 2.32 Transformador de núcleo linear e sem perdas com correntes $i_1(t)$ e $i_2(t)$ simultâneas

$$v_1(t) = R_1 i_1(t) + e_{t1}(t),$$
$$v_2(t) = R_2 i_2(t) + e_{t2}(t).$$

Substituindo e_{t1} e e_{t2} pelas derivadas dos fluxos concatenados com os enrolamentos 1 e 2, temos

$$v_1(t) = R_1 i_1(t) + N_1 \frac{d}{dt} [\phi_{11}(t) + \phi_{12}(t)], \qquad (2.102)$$

$$v_2(t) = R_2 i_2(t) + N_2 \frac{d}{dt} [\phi_{22}(t) + \phi_{21}(t)].$$

Considerando que esses fluxos são funções do tempo através das correntes $i_1(t)$ e $i_2(t)$ e aplicando as definições das indutâncias [expressões (2.87), (2.89), (2.91) e (2.92)], por um procedimento análogo ao adotado no parágrafo 2.8.2, obtemos as equações das duas malhas como

$$v_1(t) = R_1 i_1(t) + L_{11} \frac{di_1(t)}{dt} + M \frac{di_2(t)}{dt}, \qquad (2.103)$$

$$v_2(t) = R_2 i_2(t) + L_{22} \frac{di_2(t)}{dt} + M \cdot \frac{di_1(t)}{dt}.$$

Utilizando a forma matricial para esse par de equações, e adotando o símbolo p como um operador que execute a derivação d/dt, teremos

$$\begin{bmatrix} v_1(t) \\ v_2(t) \end{bmatrix} = \begin{bmatrix} R_1 + L_{11}p & Mp \\ Mp & R_2 + L_{22}p \end{bmatrix} \begin{bmatrix} i_1(t) \\ i_2(t) \end{bmatrix}. \qquad (2.104)$$

No regime senoidal permanente essas expressões transformam-se em

$$\dot{V}_1 = R_1 \dot{I}_1 + j\omega L_{11} \dot{I}_1 + j\omega M \dot{I}_2, \qquad (2.105)$$

$$\dot{V}_2 = j\omega M \dot{I}_1 + R_2 \dot{I}_2 + j\omega L_{22} \dot{I}_2, \qquad (2.106)$$

ou

$$\begin{bmatrix} \dot{V}_1 \\ \dot{V}_2 \end{bmatrix} = \begin{bmatrix} R_1 + j\omega L_{11} & j\omega M \\ j\omega M & R_2 + j\omega L_{22} \end{bmatrix} \begin{bmatrix} \dot{I}_1 \\ \dot{I}_2 \end{bmatrix}. \qquad (2.107)$$

Suponhamos agora o transformador da Fig. 2.32, alimentando uma impedância de carga $\dot{Z}_c$ e fornecendo uma $\dot{I}_c = -\dot{I}_2$. Teremos o caso da Fig. 2.33, e, conforme o estipulado no final da Seç. 2.15 para os sinais dos termos das mútuas indutâncias, obteremos as equações (2.105 e 6) modificadas para

$$\dot{V}_1 = R_1 \dot{I}_1 + j\omega L_{11} \dot{I}_1 - j\omega M \dot{I}_c, \qquad (2.108)$$
$$\dot{V}_2 = \dot{Z}_c \dot{I}_c = j\omega M \dot{I}_1 - R_2 \dot{I}_c - j\omega L_{22} \dot{I}_c.$$

Passando o termo $\dot{Z}_c \dot{I}_c$ para o segundo membro e multiplicando a segunda equação por -1, tornamos as equações simétricas com respeito aos sinais dos termos de auto e mútua indutância

$$\dot{V}_1 = (R_1 + j\omega L_{11}) \dot{I}_1 - j\omega M \dot{I}_c, \qquad (2.109)$$
$$0 = -j\omega M \dot{I}_1 + (R_2 + j\omega L_{22} + Z_c) \dot{I}_c.$$

Se a corrente discordante tivesse sido I_1 em vez de $\dot{I}_2$, isto é, se o transformador estivesse ligado à fonte de tensão pelo lado 2 e alimentando uma carga pelo lado 1, deveríamos atribuir sinal negativo ao termo da mútua indutância na segunda equação de

(2.108) e modificar a primeira, da mesma maneira como fizemos com a segunda. Acabaríamos ficando com a mesma disposição das equações de (2.109).

Então, como regra prática, quando as correntes forem discordantes, basta dar sinal negativo aos termos da mútua e conservar positivo todos os outros. Sob forma matricial, fica

$$\begin{bmatrix} \dot{V}_1 \\ 0 \end{bmatrix} = \begin{bmatrix} R_1 + j\omega L_{11} & -j\omega M \\ -j\omega M & R_2 + j\omega L_{22} + \dot{Z}_c \end{bmatrix} \begin{bmatrix} \dot{I}_1 \\ \dot{I}_c \end{bmatrix}. \qquad (2.110)$$

Exemplo 2.7. Um pequeno transformador de núcleo de ar apresenta indutâncias próprias, isto é, do primário igual a 30 mH e do secundário, 10 mH, e apresenta um coeficiente de acoplamento avaliado em 0,4. Avaliar a tensão nos terminais de uma carga resistiva de 20 Ω, quando se aplica ao primário uma tensão alternativa senoidal de valor eficaz de 2 V e freqüência de 2 kHz.

Vamos utilizar a Fig. 2.33 e as relações (2.109). Podemos tomar $\dot{V}_1$ como referência, ou seja, $\dot{V}_1 = V_1 \underline{|0°} = 2 + j0$. Como não são dadas pelo problema, as resistências internas R_1 e R_2 devem ser suficientemente pequenas para serem desprezadas. Aplicando-se a definição do coeficiente de acoplamento calcula-se a mútua indutância, ou seja,

$$M = 0{,}4\sqrt{30 \times 10} \cong 6{,}9 \text{ mH}; \quad \omega = 2\pi \times 2\,000,$$
$$2 = j2\pi 2\,000 \times 30 \times 10^{-3}\dot{I}_1 - j2\pi \times 2\,000 \times 6{,}9 \times 10^{-3}\dot{I}_2,$$
$$0 = -j2\pi 2\,000 \times 6{,}9 \times 10^{-3}\dot{I}_1 + (20 + j2\pi \times 2\,000 \times 10 \times 10^{-3})\dot{I}_2,$$

$$\frac{2}{4\pi} = j30\dot{I}_1 - j6{,}9\dot{I}_2.$$

$$0 = -j6{,}9\dot{I}_1 + \left(\frac{20}{4\pi} + j10\right)\dot{I}_2.$$

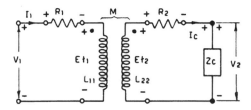

Figura 2.33 Transformador alimentando uma carga Z_c

A solução simultânea dessas equações, para $\dot{I}_2$, é obtida facilmente por adição, multiplicando-se a segunda equação por 30/6,9. Assim,

$$I_2 \cong 4{,}3 \text{ mA}.$$

A tensão nos terminais da carga será

$$V_2 = 20 \times 4{,}3 = 86 \text{ mV}.$$

2.16.2 CIRCUITOS EQUIVALENTES DO TRANSFORMADOR, COM AS INDUTÂNCIAS PRÓPRIA E MÚTUA

Tomemos novamente as equações de (2.103). Se somarmos e subtrairmos M $[di_1(t)]/dt$ no segundo membro da primeira equação e $M\,[di_2(t)/dt]$ no segundo membro da segunda equação, as soluções não se alterarão e teremos

$$v_1(t) = R_1 i_1(t) + (L_{11} - M)\frac{di_1(t)}{dt} + M\frac{di_1(t)}{dt} + M\frac{di_2(t)}{dt},$$

$$v_2(t) = R_2 i_2(t) + (L_{22} - M)\frac{di_2(t)}{dt} + M\frac{di_2(t)}{dt} + M\frac{di_1(t)}{dt}.$$

No caso do transformador com uma excitação $v_1(t)$ senoidal, fornecendo uma corrente $\dot{I}_c = -\dot{I}_2$ a uma impedância $\dot{Z}_c$, essas equações transformam-se em

$$\begin{aligned}\dot{V}_1 &= R_1 \dot{I}_1 + j\omega(L_{11} - M)\dot{I}_1 + j\omega M(\dot{I}_1 - \dot{I}_c), \\ \dot{Z}_c \dot{I}_c &= \dot{V}_2 = -R_2 \dot{I}_e - j\omega(L_{22} - M)\dot{I}_c + j\omega M(\dot{I}_1 - \dot{I}_c).\end{aligned} \quad (2.111)$$

Essas equações apresentam as mesmas soluções que as de (2.108), e, além disso, são formalmente as mesmas de um circuito que tenha duas malhas que possuam uma resistência (R_1 e R_2) e uma indutância ($L_1 = L_{11} - M$ e $L_2 = L_{22} - M$) e apresentem em comum uma indutância L_m de valor igual a M. A Fig. 2.34 apresenta esse circuito com as reatâncias X_1, X_2 e X_m.

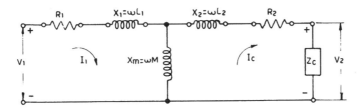

Figura 2.34 Circuito equivalente para regime senoidal, de duas bobinas magneticamente acopladas, num meio sem perdas histeréticas e Foucault

Observamos, e não é difícil concluir, que nos casos de forte acoplamento (transformadores de núcleo de ferro) teremos quase sempre uma ou outra ($L_1 = L_{11} - M$ ou $L_2 = L_{22} - M$) negativa. Mesmo que isso possa ser um problema físico de exeqüibilidade, matematicamente essa indutância negativa não traz problema na solução do circuito. Nos casos de baixo coeficiente de acoplamento (núcleo de ar, por exemplo) elas são, mais comumente, ambas positivas. É o caso do exemplo 2.7, onde M resultou menor que L_{11} e L_{22}.

Nota-se ainda que os parâmetros e variáveis desse circuito não são referidos a nenhum dos lados. V_1; I_1 e V_2; I_2 são os valores verdadeiros do primário e secundário.

Podemos ainda conseguir mais dois modelos de circuito equivalente, um referido ao lado 1 e outro ao lado 2. Vamos procurar o primeiro.

Tomemos um circuito como o da Fig. 2.34 porém com parâmetros do lado 2 multiplicados por $a^2 = (N_1/N_2)^2$ e a indutância comum multiplicada por a. A tensão $\dot{V}_2$

e a corrente I_c, respectivamente, multiplicada e dividida por a. Resulta no circuito da Fig. 2.35, que é um circuito equivalente do transformador com auto e mútua indutâncias, pois é regido por equações, que com algumas simplificações se reduzem exatamente às equações de malha dadas em (2.108), já demonstradas. Se não, vejamos, aplicando a lei de Kirchhoff no lado 1, vem

$$\dot{V}_1 = R_1 \dot{I}_1 + j\omega(L_{11} - aM)\dot{I}_1 + j\omega aM \left(\dot{I}_1 - \frac{\dot{I}_c}{a}\right),$$

simplificando,

$$\dot{V}_1 = R_1 \dot{I}_1 + j\omega L_{11} \dot{I}_1 - j\omega M \dot{I}_c;$$

no lado 2, vem

$$a^2 \dot{Z}_c \frac{\dot{I}_c}{a} = a\dot{V}_2, \quad a\dot{V}_2 = -a^2 R_2 \frac{\dot{I}_c}{a} - j\omega a^2 \left(L_{22} - \frac{M}{a}\right) \frac{\dot{I}_c}{a} + j\omega aM \left(\dot{I}_1 - \frac{\dot{I}_c}{a}\right).$$

Dividindo por a e simplificando, obtemos

$$\dot{Z}_c \dot{I}_c = \dot{V}_2 = -R_2 \dot{I}_c - j\omega L_{22} \dot{I}_c + j\omega M \dot{I}_1.$$

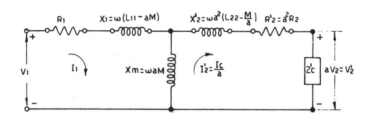

Figura 2.35 Circuito equivalente referido ao primário

2.16.3 CONFRONTO DOS DOIS MÉTODOS E RELAÇÃO ENTRE PARÂMETROS

O primeiro método de análise do transformador, que utilizamos até a Seç. 2.12, consistiu em estabelecer as chamadas equações de funcionamento do transformador [expressões (2.73), (2.74), (2.77) e (2.78)] a partir de dois fluxos de indução relacionados com cada enrolamento, sendo esses fluxos o de dispersão e o mútuo resultante no núcleo. Através desses fluxos introduzimos as indutâncias de dispersão e de magnetização. Por isso esse método é chamado por alguns autores de *análise do ponto de vista dos fluxos mútuo e de dispersão*, ou ainda *de ponto de vista de sistemas de potências*, por ser mais usual e preferível para os transformadores de força ou potência, com núcleos ferromagnéticos.

Na Seç. 2.16 e seguintes utilizamos o método chamado *do ponto de vista das indutâncias próprias e mútuas*, ou *do ponto de vista de circuitos* por ser preferido para cálculo de circuitos e para os pequenos transformadores, para os quais a componente de corrente de perdas no núcleo é desprezada face à corrente de magnetização, pois os núcleos são considerados, praticamente, como isentos de perdas. Esse método consistiu em estabelecer as equações de funcionamento [expressões (2.103) e (2.106)] a partir de dois fluxos relacionados com cada enrolamento, ou seja, o fluxo que seria produzido pela corrente de um enrolamento agindo isoladamente e o fluxo que seria enviado pelo outro enrolamento e que se soma algebricamente ao primeiro. E, através desses fluxos, introduzimos as indutâncias próprias e mútua.

Esses métodos não são mutuamente exclusivos e levam aos mesmos resultados, quer seja nas equações de funcionamento, quer seja nos circuitos equivalentes.

Voltando atrás, para lembrar que num transformador em funcionamento a resultante de fluxo no núcleo é ϕ_m, a expressão (2.99) se reduz a

$$\phi_{núcleo}(t) = \phi_{21}(t) + \phi_{12}(t) = \phi_m(t)$$

e, por outro lado, o fluxo concatenado com o enrolamento 1 será, de acordo com (2.100),

$$\phi_1(t) = \phi_{11}(t) + \phi_{12}(t) = \phi_{d1}(t) + \phi_m(t).$$

Para o enrolamento 2 o processo é análogo.

Se substituirmos a soma de fluxos das expressões (2.102) por somas do tipo dessa anterior, obteremos

$$v_1(t) = R_1 i_1(t) + N_1 \frac{d\phi_{d1}(t)}{dt} + N_1 \frac{d\phi_m(t)}{dt},$$

$$v_2(t) = R_2 i_2(t) + N_2 \frac{d\phi_{d2}(t)}{dt} + N_2 \frac{d\phi_m(t)}{dt},$$

que levam aos mesmos resultados das expressões (2.73), (2.74), (2.77) e (2.78).

A correspondência do circuito equivalente da Fig. 2.27 com o da Fig. 2.35 pode ser verificada pelas relações entre L_{d1}, L_{d2}, L_{11}, L_{22}, M e $L_{1\,mag}$, através de suas definições. Acreditamos que seria mais interessante uma verificação pelas equações que regem ambos os circuitos.

Tomemos um transformador cujas perdas no núcleo possam ser desprezadas. Para que o circuito equivalente da Fig. 2.27(a) seja representativo desse transformador, basta retirar dali a resistência R_{1p}. Ora, o circuito da Fig. 2.35 também é o equivalente desse transformador e tem exatamente a mesma forma na colocação dos parâmetros resistências e indutâncias. Vamos reescrever a equação para o lado 1 desse circuito da Fig. 2.35, ou seja,

$$\dot{V}_1 = [R_1 + j\omega(L_{11} - aM)]\dot{I}_1 + j\omega aM \left(\dot{I}_1 - \frac{\dot{I}_c}{a}\right). \tag{I}$$

Note-se, porém, que nesta equação (I)

a) a resistência R_1 é a mesma nos dois circuitos,

b) $\dot{I}_1 - \dot{I}'_2 = \dot{I}_1 - \dfrac{\dot{I}_c}{a} = \dot{I}_{1\,mag}$,

c) a indutância aM é numericamente igual a $L_{1\,mag}$, o que se vê facilmente; basta tomarmos esse transformador e aplicarmos, no seu enrolamento 1, uma tensão alternativa senoidal de valor $\dot{V}_1$, conservando o enrolamento 2 em aberto, e ele absorverá $\dot{I}_{1\,mag}$. A f.e.m. induzida no enrolamento 1 será

$$\dot{E}_1 = j\omega L_{1\,mag}\,\dot{I}_{1\,mag}.$$

A f.e.m. induzida no enrolamento 2 pode ser escrita em função da mútua indutância entre os dois enrolamentos e da corrente no enrolamento 1, ou seja,

$$\dot{E}_2 = j\omega M \dot{I}_1 = j\omega M \dot{I}_{1\,mag}.$$

Relacionando $\dot{E}_1$ com $\dot{E}_2$, obtemos

$$a = \frac{L_{1\,mag}}{M}, \text{ ou } L_{1\,mag} = aM. \tag{2.112}$$

d) o último termo dessa equação se reduz a $j\omega L_{1\,mag} \dot{I}_{1\,mag}$.

Vamos reescrever, para o lado 1 do circuito da Fig. 2.27, a equação

$$\dot{V}_1 = (R_1 + j\omega L_{d1})\dot{I}_1 + j\omega L_{1\,mag} \dot{I}_{1\,mag}.$$

Pela igualdade termo a termo desta equação com a equação (I), conclui-se também que

$$L_{d1} = L_{11} - aM, \tag{2.113}$$

ou seja, a indutância de dispersão primária é igual à diferença entre a indutância própria e a mútua indutância multiplicada pela relação de transformação N_1/N_2. Não vamos fazer a demonstração para o secundário. Quem o fizer concluirá que

$$L_{d2} = L_{22} - \frac{M}{a}. \tag{2.114}$$

E concluirá, portanto, que os dois circuitos equivalentes são na verdade idênticos. Além disso, o circuito da Fig. 2.35 pode representar também um transformador com perdas no núcleo, bastando para isso acrescentar-lhe a resistência $R_{1\,p}$.

A maneira de se obter ou medir os parâmetros L_{d1} e $L_{1\,mag}$ ou L_{11}, L_{22} e M, para se construir um ou outro circuito, será focalizado no final deste capítulo, sob o título de Sugestões para Laboratório.

2.17 OPERAÇÃO EM FREQÜÊNCIA CONSTANTE E VARIÁVEL – SOLUÇÃO POR MODELOS DE CIRCUITOS EQUIVALENTES APROXIMADOS

É conveniente, para transformadores com núcleo ferromagnético, fazer aproximações, desde que razoáveis, nos circuitos equivalentes. A principal finalidade é poupar trabalho e complexidade onde a precisão não é o principal requisito.

2.17.1 TRANSFORMADORES DE FORÇA, OU DE POTÊNCIA

Essa categoria de transformadores funciona com freqüência e tensão constantes, ou com uma variação irrelevante, no que diz respeito a sua influência sobre os parâmetros. Esses transformadores operam na grande maioria dos casos nos valores mais baixos das freqüências industriais, ou seja 50 ou 60 Hz. Nessas freqüências, mesmo nas altas--tensões, o efeito capacitivo, ou capacidade entre espiras, entre enrolamento e terra não chegam a ser necessariamente considerados. Por isso mesmo elas não foram levadas em conta nas deduções dos circuitos equivalentes feitas até aqui. Em certos fenômenos transitórios de curta duração, como surtos de sobretensão na entrada dos enrolamentos devido a chaveamento e descargas atmosféricas, essas capacidades também têm papel importante (12). Os valores dados a seguir são, porém, para as freqüências de operação permanente.

Resumindo-se o que foi exposto até aqui, pode-se dizer que, nesses transformadores (excessão feita aos de muito pequena potência), a corrente total de excitação não vai além dos limites de 0,03 a 0,1 p.u., sendo a corrente de perdas no ferro entre 0,005 e 0,03 p.u. As resistências equivalentes ou efetivas, devem estar entre 0,005 e 0,03 e as reatâncias de dispersão entre 0,03 e 0,1 p.u. Não vamos levar em consideração o fato de que, devido a problemas construtivos e de dimensionamento, esses valores percentuais não são rigorosamente constantes (principalmente a dispersão) com a tensão para a qual o transformador é construído. Porém confirmamos que, para uma mesma tensão, de um modo geral, as perdas percentuais decrescem com o aumento das dimensões e da potência.

Portanto, comparando-se os valores acima, dependendo da finalidade do cálculo que se deseja efetuar e do tamanho do transformador, podemos idealizar uma série crescente de aproximações como as das Figs. 2.36(a), (b), (c) e (d). Na Fig. 2.36(a) o ramo magnetizante é levado a uma das extremidades do circuito.

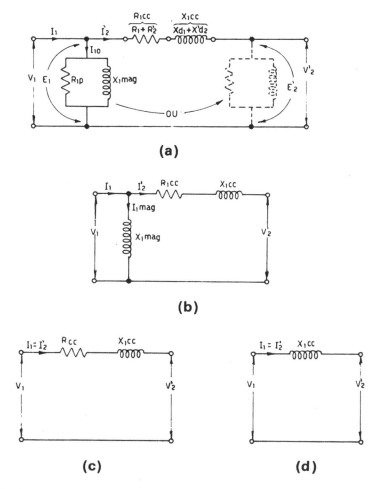

Figura 2.36 Circuitos equivalentes aproximados para transformadores de potência.

Significa fazer a tensão do ramo magnetizante igual a V_1 ou igual a V'_2. Na Fig. 2.36(b) foi desprezada I_{1p} face à $I_{1\,mag}$. Na Fig. 2.36(c) foi desprezada $\dot{I}_{10}$ face a $\dot{I}_1$ ou a $\dot{I}_2$ e, na Fig. 2.36(d), foram desprezadas as resistências efetivas face às reatâncias de dispersão. A próxima aproximação, além dessa, será considerar o transformador ideal ($V_1 = V'_2$ e $I_1 = I'_2$). As equações de funcionamento são facilmente adaptáveis aos circuitos da Fig. 2.36.

2.17.2 TRANSFORMADORES COM FREQÜÊNCIA VARIÁVEL

A maioria, mas não a totalidade, desses casos está restrito a pequenos transformadores, sejam com núcleo ferromagnético ou de ar. No tratamento que se segue, o transformador será considerado linear sob todos os aspectos.

Existem transformadores de núcleo ferromagnético que devem operar numa faixa de freqüência relativamente ampla. Isso não quer dizer que esses transformadores devam funcionar sempre com excitações alternativas senoidais que tenham, dentro de uma faixa prevista, ora uma freqüência, ora outra. Podem também ser excitados por tensões que sejam funções periódicas de tempo, expressas por uma série de Fourier de ondas senoidais, ou que sejam transitórias ou não-periódicas, que podem ser resolvidas segundo um espectro contínuo de componentes harmônicas senoidais pelo método de análise da integral de Fourier (10). E o tratamento ficará, formalmente, o mesmo do regime senoidal permanente.

Um exemplo típico é o caso dos transformadores de audiofreqüência, cuja tensão de excitação (sinal ampliado de vibração acústica, tomada através de microfone) é quase sempre uma função complexa de tempo, comportando uma faixa de freqüências bastante ampla. O que interessa no transformador de áudio é o seu comportamento na faixa das freqüências audíveis, digamos, de 15 Hz a 20 000 Hz. Existem casos de análise de vibrações mecânicas que podem requerer boa resposta em freqüências acima das audíveis.

Uma maneira precisa de se resolver um caso de transformador numa larga faixa de freqüência, seja ele de áudio ou de outro qualquer, é escrever as equações de funcionamento com todos os parâmetros de circuito e alguns deles como função da freqüência. Com a particularização da solução para cada freqüência, podemos traçar as curvas de resposta em freqüência chamadas *característica de freqüência*, ou *característica amplitude-freqüência*, e *fase-freqüência*. A primeira delas é a representação gráfica de uma relação de tensões de entrada e de saída do transformador e a segunda do ângulo de fase entre a tensão de saída e a de entrada, ambas em função da freqüência. Mais adiante serão apresentadas essas curvas, porém, para mais pormenores, podemos sugerir a referência (6).

Nos problemas de engenharia, porém, uma maneira, menos matemática e mais prática que a anterior, pois resulta em expressões mais simples para fins de interpretação, é a que utiliza circuitos equivalentes aproximados.

Se, para certas classes de aplicações de transformadores, conhecermos de antemão o comportamento dos parâmetros do circuito equivalente com a freqüência, podemos fazer vários circuitos simplificados, cada um sendo razoavelmente válido para um certo trecho da faixa de freqüência. O comportamento em toda a faixa, que é obtido pelo agrupamento das soluções de cada trecho, tem precisão suficiente para os casos práticos.

A seguir, como exemplo, procuraremos os circuitos aproximados dos transformadores de áudio, normais.

a) Como todo transformador ele apresenta capacitância distribuída, seja entre espiras, entre camadas de espiras ou entre enrolamentos. O procedimento para se considerar essas capacidades nos circuitos equivalentes, de parâmetros concentrados, é introduzir, nos circuitos completos já conhecidos, uma capacidade C_{11} concentrada entre terminais do primário, uma C_{22} nos terminais secundários e uma C_{12} entre o primário e o secundário [Fig. 2.37(a)]. Às vezes, para maior simplificação, introduz-se no circuito equivalente referido ao primário, apenas uma capacidade C_1 na entrada. Acontece, porém, que nos transformadores de áudiofreqüência, de construção normal, enrolados com condutores redondos, com isolação relativamente espessas, essas capacidades são baixas e a reatância capacitiva só começa a ter efeito considerável em freqüências acima das audíveis. Por esse motivo não a consideraremos.

b) Além de propiciar o ajuste de impedância entre gerador e carga (normalmente saída de amplificador de áudio e alto-falante), o primário desse transformador deve servir de meio de circulação da componente contínua da corrente de saída do amplificador, o que provoca uma componente contínua de indução no núcleo. Esta é geralmente mantida a um valor baixo, para que os extremos atingidos pela componente alternativa ainda estejam longe da saturação, de modo a não provocar distorsões de formas de onda. Além de baixas densidades de fluxo, os núcleos são invariavelmente de aço-silício de baixas perdas específicas. Isso faz com que as perdas no núcleo sejam normalmente desprezíveis, face à potência nominal, mesmo nas freqüências mais altas da faixa. Portanto R_{1p} é normalmente bastante grande, e, por estar em derivação no circuito, ela será omitida. (Veja Fig. 2.37).

c) Quanto aos demais parâmetros torna-se necessário subdividir a faixa de freqüência em pelo menos três trechos: baixas, de 10 a 15 Hz até 100 ou 200 Hz; médias, de 200 Hz até 2 000 ou 5 000 Hz, e altas, de 2 000 Hz até 15 000 ou 20 000 Hz. Sendo um caso de transformador pequeno, e construído com a preocupação de baixa dispersão, as resistências R_1 e R'_2 são normalmente bem maiores que as reatâncias de dispersão $X_{d1} = \omega L_{d1}$ e $X'_{d2} = \omega L'_{d2}$. Isso ocorre nas baixas e até mesmo nas médias freqüências. Por isso L_{d1} e L_{d2} foram omitidas nos circuitos (b) e (c) da Fig. 2.37. Nas altas freqüências elas são consideráveis, porém não o bastante para se poder desprezar R_1 e $a^2 R_2$ [Fig. 2.37(d)].

Nas médias e altas freqüências a reatância de magnetização $X_{1\,mag} = \omega L_{1\,mag}$ é bastante grande, de tal modo que a corrente magnetizante pode ser desprezada em confronto com a corrente de carga. Nas baixas freqüências, porém, $X_{1\,mag}$ é pequena, e suficiente para produzir um efeito em derivação, apreciável. Por isso ela foi omitida nos casos (c) e (d) da Fig. 2.37 e foi considerada no caso (b). Na verdade, embora pequena, existe também uma variação das resistências equivalentes (R_1 e R_2) com a freqüência, devido aos fenômenos já vistos no parágrafo 2.4.3. De posse desses três circuitos, vamos fazer a seguir um exemplo de aplicação com o traçado da curva de resposta em freqüência normalizada. A carga de um transformador de áudio, quando opera com um alto-falante, não é resistiva pura e nem mesmo constante. (Veremos em capítulos posteriores o comportamento dos alto-falantes dinâmicos de campo magnético). Porém, para não tornar o problema tão complexo, a ponto de perder a finalidade didática, consideraremos não somente a carga como resistiva, mas também a fonte de alimentação do transformador como reduzida a um gerador equivalente com f.e.m. e resistência interna (E_G, R_G), como nas Figs. 2.37(a), (b), (c) e (d).

Exemplo 2.8. Pela solução dos três circuitos aproximados, trace as curvas de resposta em freqüência normalizadas ou universais, para um transformador de audiofreqüência. Em seguida, procure a freqüência central e as freqüências correspondentes à metade da potência fornecida nas freqüências médias (também o número de oitavas correspondentes) para um caso em que $R_G = 2\,000\,\Omega$, $R_1 = 150\,\Omega$, $R_2 = 0,6\,\Omega$, $L_{1\,mag} = 12,0$ H, $L_{d1} + a^2 L_{d2} = 0,060$ H, $R_c = 8,00\,\Omega$, $a = 16$.

78

ELETROMECÂNICA

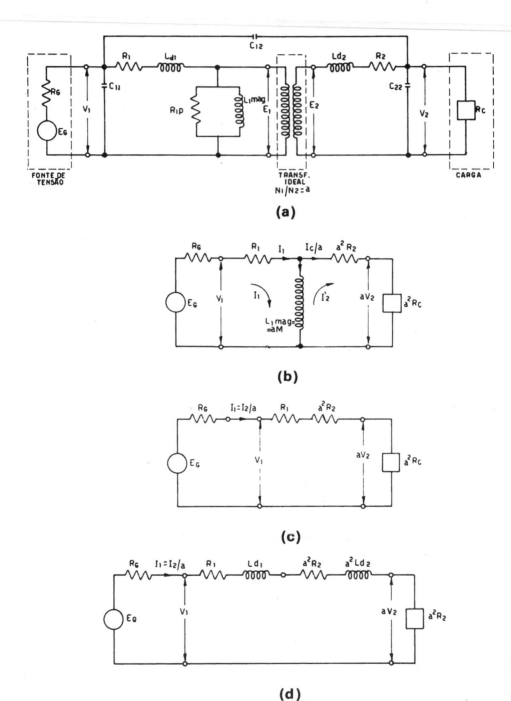

Figura 2.37 (a) Circuito equivalente completo de um transformador de audio, com capacitâncias concentradas, (b) (c) e (d) circuitos aproximados, referidos ao lado 1, para os trechos de freqüências: baixas, médias, e altas, respectivamente

As curvas características amplitude-freqüência e fase-freqüência, ditas normalizadas ou universais, são traçadas com variáveis que são relações adimensionais. A variável independente é uma relação entre reatância indutiva (que é proporcional à freqüência) e resistência ôhmica. A outra variável, ou seja, a medida da resposta, é dada por uma relação de valores relativos da tensão de saída. Em outras palavras, procuram-se nas baixas, médias e altas freqüências os valores relativos da tensão de saída V_2 com respeito à f.e.m. da fonte E_G. Em seguida, relacionamos, ou normalizamos, os valores obtidos para as baixas e as altas freqüências com os obtidos para as médias freqüências.

Freqüências médias. Fazendo um divisor de tensão no circuito da Fig. 2.37(c), obteremos a relação V_2/E_G

$$\frac{a\,V_2}{E_G} = \frac{a^2 R_c}{R_G + R_1 + a^2 R_2^2 + a^2 R_c} = \frac{a^2 R_c}{R'_s},$$

R'_s é a resistência série equivalente.

$$r_m = \frac{V_2}{E_G} = a\,\frac{R_c}{R'_s} \qquad (2.115)$$

Como era de se esperar, a resposta, ou seja, a relação V_2/E_G, não depende da freqüência, por ser este caso um circuito de resistências puras e constantes. A resposta será tanto melhor quanto menor for a resistência interna R'_s relativamente à resistência da carga R_c. Além disso, $\dot{V}_c$ e $\dot{E}_G$ estão em fase.

Freqüências altas. Resolvendo o circuito da Fig. 2.37(d) em regime senoidal permanente, obtemos

$$\frac{a\,\dot{V}_2}{\dot{E}_G} = \frac{a^2 R_c}{R'_s + j\omega(L_{d1} + a^2 L_{d2})}, \qquad (2.116)$$

onde $L_{d1} + a^2 L_{d2} = L'_s$ = indutância série equivalente,

$$r_a = \left|\frac{V_2}{\dot{E}_G}\right| = \frac{aR_c}{\sqrt{R'^2_s + \omega^2 L'^2_s}},$$

ou

$$r_a = \frac{aR_c}{R'_s} \cdot \frac{1}{\sqrt{1 + \left(\dfrac{\omega L'_s}{R'_s}\right)^2}}. \qquad (2.117)$$

Aqui a resposta é função da freqüência $\omega = 2\pi f$. Essa resposta tende para zero quando ω tende para infinito, e tende para o caso anterior ($r_a \to r_m$) quando ω tende para zero. Na prática, com os valores usuais de L'_s e R'_s, teremos r_a aproximadamente igual a r_m, para freqüências já de 0,2 a 5 kHz. Abaixo de 0,2 a (2.117) não tem validade.

O ângulo de fase entre $\dot{V}_2$ e $\dot{E}_G$ é obtido pela expressão (2.116). Se $\dot{E}_G$ for a referência, concluir-se-á que $\dot{V}_2$ está atrasada em relação a $\dot{E}_G$. A tangente desse ângulo, em atraso, é dada pela relação da parte imaginária pela parte real de (2.116), ou seja,

$$\theta_a = -\,\mathrm{tg}^{-1}\left(\frac{\omega L'_s}{R'_s}\right). \qquad (2.118)$$

Para $\omega \to \infty$, $\theta_a \to 90°$ e para $\omega \to 0$, $\theta_a \to \theta$, coincidindo com o caso anterior. A relação normalizada é obtida dividindo-se (2.117) por (2.115), ou seja,

$$R_a = \frac{r_a}{r_m} = \frac{1}{\sqrt{1 + \left(\dfrac{\omega L'_s}{R'_s}\right)^2}}. \qquad (2.119)$$

Freqüências baixas. Resolvendo o circuito da Fig. 2.37(b), obtemos

$$\dot{E}_G = (R_G + R_1 + j\omega L_{1\,mag})\dot{I}_1 - j\omega L_{1\,mag}\dot{I}'_2,$$
$$0 = -j\omega L_{1\,mag}\dot{I}_1 + (a^2 R_2 + a^2 R_c + j\omega L_{1\,mag})\dot{I}'_2.$$

Resolvendo essas equações para I'_2 e notando que $a^2 R_c I'_2 = aV_2$, teremos, finalmente,

$$\frac{a\dot{V}_2}{\dot{E}_G} = \frac{(j\omega L_{1\,mag})a^2 R_c}{(R_G + R_1)(a^2 R_2 + a^2 R_c) + j\omega L_{1\,mag} R'_s}.$$

Dividindo o numerador e o denominador por $(j\omega L_{1\,mag})R'_s$, obtemos

$$\frac{\dot{V}_2}{\dot{E}_G} = \frac{aR_c}{R'_s} \cdot \frac{1}{\dfrac{(R_G + R_1)(a^2 R_2 + a^2 R_c)}{R'_s (j\omega L_{1\,mag})} + 1},$$

onde $(R_G + R_1)(a^2 R_2 + a^2 R_c)/R'_s = R'_p$ = resistência paralela equivalente, pois formalmente, essa expressão é a do paralelismo de $(R_G + R_1)$ com $(a^2 R_2 + a^2 R_c)$

$$\frac{\dot{V}_2}{\dot{E}_G} = \frac{aR_c}{R'_s} \frac{1}{1 - j\left(\dfrac{R'_p}{\omega L_{1\,mag}}\right)}, \qquad (2.120)$$

donde

$$r_b = \left|\frac{\dot{V}_2}{\dot{E}_G}\right| = \frac{aR_c}{R'_s} \frac{1}{\sqrt{1 + \left(\dfrac{R'_p}{\omega L_{1\,mag}}\right)^2}} \qquad (2.121)$$

para a relação normalizada

$$R_b = \frac{r_b}{r_m} = \frac{1}{\sqrt{1 + \left(\dfrac{R'_p}{\omega L_{1\,mag}}\right)^2}}. \qquad (2.122)$$

Conclui-se pela (2.120), por processo análogo ao do caso anterior, que $\dot{V}_2$ está adiantada em relação a $\dot{E}_G$, e esse ângulo em avanço é dado por

$$\theta_b = t_g^{-1}\left(\frac{R_p}{\omega L_{1\,mag}}\right). \qquad (2.123)$$

Aqui as observações são análogas às do caso anterior, porém de uma maneira invertida em relação ao mesmo, pois agora temos $1/\omega$ no denominador. Para ω muito baixos, $X_{1\,mag}$ tende a curto-circuitar $a^2 R_2 + a^2 R_c$, fazendo V_2 e, portanto, também r_b e R_b tenderem para zero. Nos casos mais comuns, com freqüências da ordem do limite superior que estabelecemos para as freqüências baixas (100 ou 200 Hz), já teremos r_b da ordem de r_m e θ_b próximo de zero.

A curva típica de amplitude-freqüência da Fig. 2.38 é obtida, ponto por ponto, pelas expressões (2.119), (2.122) e (2.118), (2.123), dando valores à variável $x_a = \omega L'_s/R'_s$

Transformadores e reatores

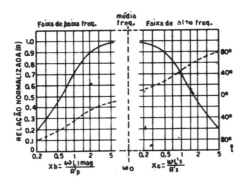

Figura 2.38 Curvas universais, típicas, de amplitude-freqüência e fase-freqüência

e ao inverso de $R'_p/\omega L_{1\,mag}$, que simbolizaremos por x_b. Com esse procedimento obtemos uma curva simétrica em relação ao trecho das freqüências médias. Como a faixa da variável é muito ampla, essa curva é sempre traçada com abcissa logarítmica. Assim sendo, a freqüência angular central ω_o é obtida pela média geométrica de duas quaisquer freqüências simétricas ω_a e ω_b.

Tomemos, por facilidade, os pontos simétricos $x_a = 1$ e $x_b = 1$. As freqüências angulares nesses pontos serão

$$\omega_a = \frac{R'_s}{L'_s}, \quad (2.124)$$

$$\omega_b = \frac{R'_p}{L_{1\,mag}}, \quad (2.125)$$

$$\omega_o = \sqrt{\omega_a \omega_b} = \sqrt{\frac{R'_s}{L'_s} \cdot \frac{R'_p}{L_{1\,mag}}}. \quad (2.126)$$

Substituindo numericamente, pelos valores do enunciado, vem:

$$R'_s = 2\,000 + 150 + (16)^2 (0,6 + 8) \cong 4\,350\,\Omega,$$

$$R'_p = \frac{(2\,000 + 150)(16)^2 (0,6 + 8)}{4\,350} \cong 1\,090\,\Omega,$$

$$f_o = \frac{1}{2\pi} \sqrt{\frac{4\,350}{0,060} \times \frac{1\,090}{12}} \cong 410\,\text{Hz}.$$

Note-se que, tanto em ω_a como em ω_b, temos $R_a = R_b = R = 1/\sqrt{2} \cong 0,707$. Basta fazer, na expressão (2.119), $\omega = R'_s/L'_s$, e, na (2.122), $\omega = R'_p/L_{1\,mag}$. Isso significa que nessas freqüências, para um certo valor de E_G, a tensão de saída é $1/\sqrt{2}$ daquela que se obtém nas freqüências médias ($R = 1$) para um mesmo E_G. Logo, a potência, que varia com V_2^2, será metade.

$$f_a = \frac{\omega_a}{2\pi} = \frac{1}{2\pi} \cdot \frac{4\,350}{0,060} \cong 11.540\,\text{Hz},$$

$$f_b = \frac{\omega_h}{2\pi} = \frac{1}{2\pi} \cdot \frac{1\,090}{12} \cong 15 \text{ Hz}.$$

Verifica-se facilmente que as defasagens entre V_2 e E_G, a essas freqüências, são

$$+\frac{\pi}{4} \text{ e } -\frac{\pi}{4}.$$

Nota. Essa relação de potência costuma ser dada também em decibéis (dB) e chamada ganho ou atenuação conforme seja positiva ou negativa:

$$g \text{ (em dB)} = 10 \log_{10} \frac{P_1}{P_2}. \qquad (2.127)$$

Fazendo P_1 igual à potência fornecida na freqüência f_a e f_b e P_2 a potência fornecida nas médias freqüências, teremos

$$g_a = g_b = 10 \log_{10} \frac{1}{2} \cong -3,$$

ou seja, uma atenuação de 3 dB. Essas freqüências são também chamadas freqüências de corte.

Sendo o número de oitavas igual ao número n de fatores 2 (dois) contidos na faixa de freqüência, então, no nosso caso, entre as duas freqüências de corte, teremos

$$\frac{f_a}{f_b} = 2^n. \qquad (2.128)$$

Substituindo, vem

$$n = \frac{\log_{10}(f_a/f_b)}{\log_{10} 2} = 3{,}32 \log_{10} 770 \cong 9{,}5.$$

2.18 RESPOSTAS TRANSITÓRIAS DOS TRANSFORMADORES

Consideremos um transformador linear com parâmetros constantes, como o do circuito da Fig. 2.39, cujas equações, no domínio do tempo, são

$$v_1(t) = R_1 i_1(t) + L_{11} \frac{di_1(t)}{dt} - M \frac{di_2(t)}{dt}$$
$$0 = -M \frac{di_1(t)}{dt} + (R_2 + R_c) i_2(t) + L_{22} \frac{di_2(t)}{dt}. \qquad (2.129)$$

Transformando segundo Laplace (veja o apêndice 2), supondo o sistema em condições iniciais nulas:

$$\left. \begin{array}{l} V_1(s) = (R_1 + sL_{11})I_1(s) - sMI_2(s) \\ 0 = -sMI_1(s) + (sL_{22} + R_2 + R_c)I_2(s) \end{array} \right\} \qquad (2.130)$$

Uma solução genérica, para uma excitação genérica, para uma análise das funções de transferência, pode ser vista em S. Seely (15). Preferimos, em favor da clareza física e

Transformadores e reatores

da simplicidade matemática, analisar alguns casos particulares de maior interesse como

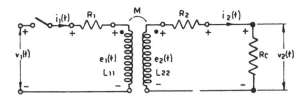

Figura 2.39 Transformador linear com parâmetros constantes

os fenômenos que seguem a ligação dos transformadores em curto-circuito e a dos transformadores em vazio. No primeiro caso, a solução para a corrente $i_1(t)$ consiste em se resolver as equações transformadas (2.130) em relação a $I_2(s)$ e $I_1(s)$ e depois antitransformá-la, em geral fazendo algumas aproximações. As conclusões a que se chega são de relativo interesse e já chegamos a elas por outras vias na teoria dos transformadores.
O segundo caso é mais interessante.

Suponhamos o transformador da Fig. 2.39 com o secundário em aberto. Vamos verificar o que ocorre com a corrente primária e com a tensão secundária. A primeira se limitará apenas à corrente $i_{1\,mag}$. Assim sendo, não precisamos, inicialmente, considerar a segunda equação (2.130) nem o termo $sMI_2(s)$ da primeira, que mede os efeitos da corrente secundária sobre o primário. Consideremos por ora que o transformador seja linear, com L_{11} constante, independente da corrente

$$I_1(s) = \frac{V_1(s)}{R_1 + sL_{11}} = \frac{V_1(s)}{L_{11}\left(\dfrac{1}{\tau_1} + s\right)}, \qquad (2.131)$$

onde $\tau_1 = L_{11}/R_1$ é a constante de tempo do primário.

a) Vamos excitar o primário (fechando à chave em $t = 0$) com uma tensão senoidal, tal que $v_1(t) = 0$ para $t < 0$. Para $t > 0$, a tensão será senoidal de freqüência angular ω, isto é,

$$v_1(t) = V_{1\,max}\,\text{sen}\,\omega t.$$

Substituindo em (2.131) a transformada de Lapace de $V_{max}\,\text{sen}\,\omega t$ (tabela do apêndice 2), vem

$$I_1(s) = \frac{V_{1\,max}\,\omega}{L_{11}} \cdot \frac{1}{(s^2 + \omega^2)\left(s + \dfrac{1}{\tau_1}\right)}. \qquad (2.132)$$

Na mesma tabela encontramos a antitransformada e obtemos

$$i_1(t) = \frac{V_{1\,max}}{L_{11}} \frac{\text{sen}\,(\omega t - \varphi) + e^{-t/\tau_1}\,\text{sen}\,\varphi}{\sqrt{(1/\tau_1)^2 + \omega^2}}$$

ou

$$i_1(t) = \frac{V_{1\,max}}{\sqrt{R_1^2 + (\omega L_{11})^2}}\left[\text{sen}\,(\omega t - \varphi) + e^{-t/\tau_1}\,\text{sen}\,\varphi\right], \qquad (2.133)$$

onde

$$\sqrt{R_1^2 + (\omega L_{11})^2} = Z_1, \text{ é a impedância do primário}$$

e $\varphi = \text{tg}^{-1} \omega \tau_1 = \text{tg}^{-1} \omega L_{11}/R_1$ é o ângulo de fase entre a tensão e a corrente.

Esse resultado, que, acreditamos, já conhecido no estudo dos transitórios em circuitos R, L série, mostra que a corrente no tempo apresenta duas parcelas: uma componente alternativa senoidal, defasada um valor φ da tensão, e uma componente chamada contínua, amortecida exponencialmente [Fig. 2.40(a)]. Dada a imposição de condições iniciais nulas, se fizermos $t = 0$ em (2.133) teremos $i_1(t) = 0$. Nota-se, ainda, que a componente contínua depende de φ e, nos instantes $t > 0$, ela será tanto menor quanto mais resistivo for o circuito. Para o caso de resistência pura ($\varphi = 0$), a corrente inicia-se no regime senoidal em fase com a tensão.

Reescrevendo (2.133) com $i_1(t) = i_{1\,mag}(t)$, obtemos

$$i_{1\,mag}(t) = I_{1\,mag\,max} \left[\text{sen}\,(\omega t - \varphi) + e^{-t/\tau_1} \text{sen}\,\varphi \right]. \tag{2.134}$$

Nos casos de grandes transformadores, R_1 normalmente é bastante pequena. Além disso, $\omega L_{11} \gg R_1$ para as freqüências usuais desses transformadores. Vamos supor que $R_1 = 0$, o que equivale supor $1/\tau_1 = 0$ e $\varphi = \pi/2$. A componente contínua torna-se máxima, sem amortecimento, e igual a $I_{1\,mag\,max}$. A componente senoidal fica defasada de $\pi/2$ da tensão. A corrente $i_{1\,mag}(t)$ chega a atingir, então, um valor que é o dobro de

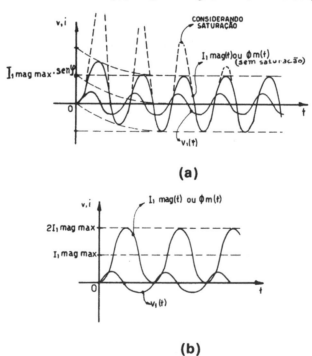

Figura 2.40 Representação gráfica de $i_1(t)$ para ligação no instante em que $v_1(t) = 0$, a) considerado R_1 e L_{11}, b) desprezando R_1

$V_{1\,max}/\omega L_{11}$ [Fig. 240(b)]. Essa aproximação representa bem esses transformadores, pelo menos nos primeiros ciclos da magnetização.

Devemos notar que, no instante da ligação ($t = 0$), a tensão $v_1(t)$ está passando por zero, pois varia com sen ωt. Essa é realmente a pior condição. Para qualquer outro valor inicial da tensão alternativa, entre 0 e V_{max}, a situação é mais favorável, dando uma componente contínua menor que $I_{1\,mag\,max}$, sem alterar o valor máximo da componente senoidal. Isso pode ser verificado analiticamente deduzindo-se a expressão de $i_{1\,mag}(t)$ para uma tensão de excitação $v_1(t) = V_{1\,max}$ sen $(\omega t + \alpha)$, onde α dá a medida do valor de $v_1(t)$, no instante $t = 0$ da ligação.

Podemos, porém, analisando fisicamente o transformador, chegar à seguinte conclusão: consideremos o núcleo inicialmente desmagnetizado e vamos supor o enrolamento sem resistência. Teremos

$$v_1(t) = e_1(t) = L_{11} \frac{di_{1\,mag}(t)}{dt}.$$

Reportemo-nos à Fig. 2.12(a). Quando a f.e.m. passa pelo seu valor máximo, por exemplo, $+V_{max}$ o fluxo no núcleo e a corrente de magnetização são nulos, mas estão com a maior taxa de variação no tempo. A seguir, a tensão $v_1(t) = e_1(t)$ começa decrescer e o fluxo a crescer (e com ele a corrente magnetizante), segundo as taxas necessárias aos fenômenos da indução eletromagnética. Se a chave fosse fechada precisamente nesse instante da tensão, o fluxo $\phi_m(t)$ e a corrente $i_{1\,mag}(t)$ não passariam por fenômeno algum de transição, mas entrariam de imediato no regime senoidal permanente, com seus valores máximos e de fases adequados a um circuito indutivo puro. Por outro lado verifica-se, ainda na Fig. 2.12(a), que, quando a f.e.m. passa por zero no sentido crescente, o fluxo deve ser crescente (a partir de $-\phi_{m\,max}$) durante todo o primeiro período considerado da tensão $v_1(t) = e_1(t)$. Assim, se fecharmos a chave no instante em que $v_1(t) = 0$, encontramos o núcleo com $\phi_m = 0$ e a corrente magnetizante no circuito também nula, quando para o regime permanente seria necessário encontrá-los com $-\phi_{m\,max}$ e $-I_{1\,mag\,max}$ respectivamente. Para satisfazer a lei da indução o fluxo terá que ser então crescente, a partir de zero, durante todo o primeiro período da tensão, para, no segundo meio-período, decrescer. Isso significa deslocar a senóide do fluxo e a da corrente magnetizante por um valor constante (componente contínua) igual à sua amplitude, ou seja, essa corrente atingirá o valor $2I_{1\,mag\,max}$. Esse é o caso da Fig. 2.40(b). Não é difícil concluir que os casos intermediários são mais favoráveis.

Para os transformadores com núcleo ferromagnético projetados com densidades de fluxo de 1,2 a 1,4 Wb/m², apresentando uma corrente magnetizante de regime de algumas unidades percentuais, esse fato não deveria trazer problema. Acontece que, com esse aumento considerável de fluxo, o núcleo satura-se, com grande diminuição da permeabilidade magnética, ou em outras palavras, com grande diminuição de L_{11}. Examinando as curvas de magnetização dos aços silícios, nota-se que, com densidades de fluxo 50 ou 60% maiores do que aquelas, já temos permeabilidade dezenas de vezes menor e, conseqüentemente, indutâncias igualmente menores. Isso significa uma corrente de início dezenas de vezes maior que a magnetização de regime e, conseqüentemente, algumas vezes maior que a própria corrente nominal do transformador. Ela é vista em pontilhado na Fig. 2.40(a). É lógico que com correntes tão altas a resistência ôhmica e a reatância de dispersão do enrolamento já provocam quedas de tensão apreciáveis, diminuindo a f.e.m. (conseqüentemente o fluxo) e contribuindo para limitar essa corrente inicial. Esse transitório é chamado, nas técnicas de sistemas de potência e máquinas elétricas, de *transitórios de ligação* ou "*inrush current*" e é importante no projeto das ancoragens das bobinas, contra esforços mecânicos, e no dimensionamento das chaves disjuntoras que precedem transformadores.

A tensão secundária em vazio,

$$v_2(t) = e_2(t) = M \frac{di_{1\,mag}(t)}{dt}$$

pode ser deduzida, por derivação, da expressão (2.133), pelo menos dentro dos limites da corrente em que L_{11} seja independente de saturação.

b) Se excitarmos o primário por uma tensão degrau de amplitude V_1, tal que $v_1(t) = 0$ para $t < 0$ e $v_1(t) = V_1$ para $t > 0$, teremos com o secundário aberto (ou, aproximadamente, com uma alta resistência de carga) uma resposta típica de circuito R, L série, no que diz respeito à corrente. Basta substituir, em (2.131), $V_1(s)$ por V_1/s, antitransformar e obteremos um resultado, que, acreditamos, é bastante conhecido, isto é, uma corrente crescente exponencialmente tendendo para o valor V_1/R_1,

$$i_1(t) = \frac{V_1}{R_1}(1 - e^{-t/\tau_1}). \tag{2.135}$$

Nos terminais secundários em aberto, temos

$$e_2(t) = v_2(t) = M \frac{di_1(t)}{dt}, \quad v_2(t) = \frac{V_1 M}{R_1}\left(\frac{1}{\tau_1} e^{-t/\tau_1}\right) = V_1 \frac{M}{L_{11}} e^{-t/\tau_1}. \tag{2.136}$$

Isso significa que a tensão, no secundário, passa de zero a um valor $V_1 M/L_{11}$ e cai exponencialmente. Se tivermos uma constante de tempo pequena, no primário, e $L_{11} \ll M$, a resposta do secundário será praticamente impulsiva.

Note-se ainda que se tivermos acoplamento perfeito ($k = 1$), o fluxo que induz $e_2(t)$ no secundário será o mesmo que induz $e_1(t)$ no primário, pois não haverá dispersão. A f.e.m. primária é dada por

$$e_1(t) = v_1(t) - R_1 i_1(t) = L_{11} \frac{di_1(t)}{dt}.$$

Substituindo $i_1(t)$, dado por (2.135), e derivando, obtemos

$$e_1(t) = V_1 e^{-t/\tau_1}$$

cuja relação com $e_2(t)$, dada por (2.136), é

$$\frac{e_2(t)}{e_1(t)} = \frac{M}{L_{11}}.$$

Mas, demonstra-se facilmente pelas definições de M e L_{11} [expressões (2.88) e (2.90)] que, com $k = 1$, a relação M/L_{11} é igual a N_2/N_1, nos casos sem dispersão.

2.19 TRANSFORMADORES EM SISTEMAS POLIFÁSICOS

Salvo as aplicações de pequena potência, as instalações domésticas e pequenas oficinas, os sistemas elétricos são sempre trifásicos, principalmente por motivos econômicos.

Nos sistemas de potência e nas instalações industriais, podem ocorrer tanto transformadores trifásicos como bancos de três transformadores monofásicos. Os sistemas difásicos e os de mais de três fases são menos freqüentes e destinados a aplicações muito específicas. O transformador trifásico, se for linear e perfeitamente simétrico e equilibrado, não deve diferir do banco de monofásicos no que diz respeito ao comportamento. Embora seja um assunto específico de disciplinas especializadas não podemos deixar de fazer uma introdução, para fornecer alguns elementos necessários à manipulação de transformadores em sistemas trifásicos, sem contudo considerar pormenores como defasagem entre primário e secundário conforme o tipo de conexão, problemas de paralelismo, de harmônicas e deformação de tensão e corrente, etc. Para esses casos consultar, por exemplo, a referência (6). Consideraremos apenas os sistemas trifásicos simétricos e equilibrados, em regime permanente, portanto com três tensões (e três correntes) senoidais, com mesmo valor eficaz, mesma freqüência e defasadas entre si de 120° (Fig. 2.41). As impedâncias das cargas serão consideradas iguais nas três fases.

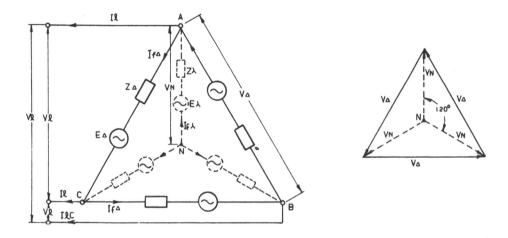

Figura 2.41 Transformação $\Delta \to \curlywedge$ e diagrama de fasores para representação da relação entre valores das tensões do Δ e da $\curlywedge$

O tratamento dos transformadores nesses casos será, portanto, feito por fase do transformador, cada uma contribuindo com um terço da potência total, quer os enrolamentos estejam conectados em Δ (triângulo) ou em $\curlywedge$ (estrela). Acontece, porém, que pode ocorrer um sistema de ligações variadas, com cargas, geradores e transformadores ligados em Δ ou $\curlywedge$. Por isso é conveniente, para a solução dos problemas com circuitos equivalentes, reduzir ou transformar todos os elementos do sistema para a ligação $\curlywedge$ e resolver por fase da $\curlywedge$ equivalente. Após a solução global do problema, se desejarmos os valores verdadeiros em cada elemento, faremos a transformação inversa. Assim sendo, vamos apresentar a seguir a transformação $\Delta \to \curlywedge$.

Tomemos três fontes de tensão E_Δ (com impedância Z_Δ), podemos ser três geradores monofásicos ou três secundários de transformadores, ligados em Δ (Fig. 2.41). As tensões e as correntes de linha ($V\ell$ e $I\ell$) e a potência fornecida à linha ($P\ell = \sqrt{3}\, V\ell\, I\ell$) em nada serão afetadas, se aquelas fontes forem substituídas por outras três dispostas em $\curlywedge$ e cumprirem as relações dadas a seguir.

Sobre a disposição Δ da Fig. 2.41, para linha aberta ($I\ell = If = 0$), teremos $V\ell = E_\Delta$.

Já é conhecido que $V\ell = \sqrt{3}\, V_N$. Então, para que a disposição $\curlywedge$ produza a mesma tensão de linha aberta, a f.e.m. $E \curlywedge$ deverá ser:

$$E_{\curlywedge} = \frac{1}{\sqrt{3}} E_\Delta. \qquad (2.137)$$

Suponhamos a linha em carga, com corrente $I\ell$. Já se conhece também que $I\ell = \sqrt{3}\, I_f \Delta$. Então a corrente por fase da disposição $\curlywedge (I_f \curlywedge)$ que produza a mesma corrente de linha (I_ℓ) de uma disposição Δ $(I_f \Delta)$ deverá ser:

$$I_{f\curlywedge} = \sqrt{3}\, I_{f\Delta}. \qquad (2.138)$$

As impedâncias de uma $\curlywedge$ equivalente, além de ser de mesma natureza das impedâncias do Δ, devem produzir as mesmas quedas de tensão relativas ao gerador, em cada fase. Assim,

$$Z_{\curlywedge} I_{\curlywedge} = KE_{\curlywedge},$$
$$Z_\Delta I_\Delta = KE_\Delta.$$

Relacionando essas expressões e utilizando (2.137) e (2.138), obtemos

$$Z_{\curlywedge} = \frac{1}{3} Z_\Delta. \qquad (2.139)$$

Assim, resumidamente, considerando-se a tensão, a corrente e a potência de linha como não-variantes, a transformação dos Δ de geradores ou de impedâncias nas suas $\curlywedge$ equivalentes é feita multiplicando-se as correntes de fase por $\sqrt{3}$ dividindo-se as tensões de fase por $\sqrt{3}$ e dividindo-se as impedâncias por 3.

Consideremos um sistema como o da Fig. 2.42, composto de um banco de transformadores com os primários em Δ e secundários em $\curlywedge$, alimentando uma linha de natureza indutiva de impedância por fase, $Z_\ell = R_\ell + jx_\ell$, em cujos terminais encontra-se outro banco Δ/Δ que alimenta uma carga resistiva conectada em $\curlywedge$. Transformaremos cada Δ na $\curlywedge$ equivalente e suporemos todos os seus neutros (N) interligados. Isolaremos então uma fase do sistema, que está compreendida no retângulo da Fig. 2.42. Podemos montar um circuito equivalente por fase, desse sistema (que, por conveniência, é desejável, no caso, que seja referido ao lado da linha de transmissão) com todos os valores transformados para a $\curlywedge$ equivalente. Para isso basta tomar no primeiro banco de transformadores, o circuito equivalente por fase, referido ao secundário, e no segundo banco, o circuito equivalente referido ao primário. Sendo esses casos, normalmente, de grandes

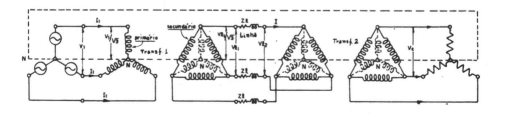

Figura 2.42 Transformação de um sistema trifásico a $\curlywedge$ equivalente

transformadores, os circuitos equivalentes aproximados com o ramo magnetizante numa das extremidades, satisfazem. Resulta no circuito da Fig. 2.43 onde a_1 e a_2 são as relações $N_1/N_2 \cong V_1/V_2$ do primeiro e do segundo banco. Sugerimos resolver o exercício 9, no final deste capítulo.

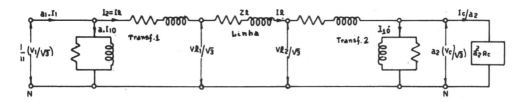

Figura 2.43 Circuito equivalente, por fase da $\curlywedge$ equivalente, para o sistema da Fig. 2.42

2.20 MEDIDAS DE PARÂMETROS, SUGESTÕES E QUESTÕES PARA LABORATÓRIO

2.20.1 EQUIPAMENTO E NOSSO PONTO DE VISTA

Este parágrafo será apresentado de forma resumida, de modo a não transformar o tema laboratório em algo rígido e dirigido que tolha a criatividade do estudante.

Apresentaremos de forma mais prolongada alguns ensaios clássicos. No restante procuraremos sugerir, mais do que exaurir as soluções dos problemas. Para os ensaios de transformadores numa disciplina não especializada, mas básica, como Conversão Eletromecânica de Energia, a nossa sugestão é que não se manipulem transformadores de grandes potências nem de altas-tensões, não só por questão de segurança pessoal, mas também de disponibilidade de equipamentos específicos. Sendo a disciplina de caráter fundamental, convém que se tenha a possibilidade de acesso fácil, de arranjos e modificações de ligações durante a experiência, por exemplo, para se demonstrar a influência da disposição geométrica dos enrolamentos sobre a dispersão. A rigor, qualquer transformador, monofásico ou trifásico, serve para realizarmos os ensaios fundamentais que iremos sugerir, porém para alguns outros ensaios, convém, se possível, possuir transformadores com maior versatilidade. A Fig. 2.44 mostra o transformador monofásico que faz parte do módulo do nosso laboratório de conversão. Ele foi idealizado pelo Prof. Dr. R. G. Jordão e por nós construído. Possui dois enrolamentos, dispostos um em cada perna do núcleo ferromagnético. Cada um deles está subdividido em quatro bobinas parciais com seus dois terminais acessíveis, para tensão nominal de 110 V, 60 Hz. Isso possibilita ligação do primário e também do secundário em 110 V ou 220 V ou 440 V, bastando ligar adequadamente as quatro bobinas parciais entre si (paralelo, série-paralelo e série). Além disso permite localizar primário e secundário em pernas separadas (alta dispersão de fluxo) ou primário e secundário em discos alternados (baixa dispersão). Pode-se ainda utilizar duas ou três bobinas primárias e duas ou três secundárias para o funcionamento como transformador, reservando uma ou duas como bobinas exploratrizes para ensaios específicos. A potência desse transformador, com todo o enrolamento em uso, é da ordem de 1 kVA e seu peso, com placas, bornes, etc., é da ordem de 15 kg. Podem-se utilizar também modelos de 0,5 kVA, mais leves e baratos.

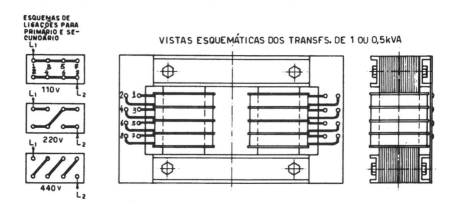

Figura 2.44 Vistas esquemáticas de um transformador de laboratório, específico para ensino (Desenho cedido por Equacional — Elétrica e Mecânica Ltda.)

O executante dos ensaios devem.planejar a experiência por si próprio e estar apto a tomar decisões. Escolher fontes com potência adequada em função das perdas esperadas no núcleo, em um ensaio em vazio, e em função das tensões esperadas e correntes de curto-circuito, em um ensaio de curto-circuito, escolher instrumentos de medida com escalas adequadas aos valores de potência, de tensões e de correntes desses e de outros ensaios, são tarefas que deixamos aos cuidados do estudante, que a esta altura do curso já tem elementos, fornecidos pelos capítulos anteriores, para fazer essas previsões em função do tipo, do tamanho ou dos valores nominais do transformador. O mesmo deve decidir também sobre a precisão, consumo e correção das leituras dos instrumentos de medida.

Somos de opinião que, em uma disciplina como a Conversão Eletromecânica básica, o laboratório deve ser mais qualitativo que quantitativo. E essa é a tendência atual no ensino da Eletromecânica, que está bem configurado no artigo de E. Gross e C. Summers (24), o qual sugerimos aos interessados. Dentro desse espírito o estudante deve concentrar-se mais intensamente no fenômeno físico do objeto da experiência, sem contudo descurar do aspecto da medida, para não correr o risco de obter valores que prejudiquem a interpretação dos resultados.

2.20.2 ENSAIO EM VAZIO

Este ensaio, além de servir para a determinação da mútua indutância, da resistência equivalente de perda no núcleo e da reatância equivalente de magnetização, que são parâmetros do circuito equivalente, possibilita a apreciação do estado de saturação dos núcleos, nos transformadores de núcleo ferromagnético.

Consiste em se alimentar um dos lados do transformador por uma fonte de tensão, preferivelmente ajustável [Fig. 2.45(a)] para que as medidas de potência, corrente e tensão não sejam feitas apenas nos valores nominais, mas numa faixa mais ou menos larga para possibilitar o levantamento das curvas $I_{10} = f(V_{10})$ e $P_{10} = f(V_{10})$ da Fig. 2.45(c).

A freqüência da fonte de tensão alternativa senoidal deve ser mantida na nominal do transformador.

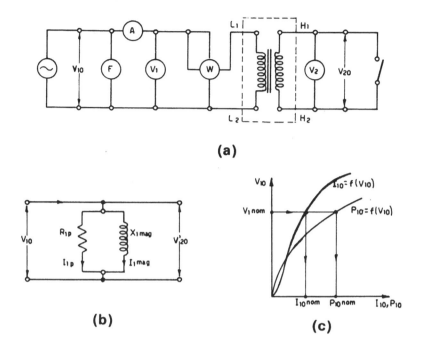

Figura 2.45 (a) Fonte ajustável, freqüenciômetro (prescindível se a freqüência for constante e conhecida), amperômetro, voltômetro e wattômetro; (b) circuito equivalente aproximado para o ensaio em vazio de um transformador de núcleo ferromagnético; (c) aspecto típico das curvas obtidas

Quando o transformador possuir um dos lados de tensão considerada baixa, é preferível, por questão de segurança e disponibilidade de fontes e instrumentos de medida, alimentá-lo desse lado, mantendo-se isolados e inacessíveis ao operador os terminais da alta tensão. É claro que a corrente nominal do lado da baixa tensão de um transformador de força, bem como a potência, podem ser elevadas, mas P_{10} e I_{10} são parcelas tão pequenas dos valores nominais, que quase sempre se encontra num laboratório de Eletrotécnica, instrumentos de medidas adequadas a esses valores.

O modelo aproximado, sem R_1 e Xd_1, do circuito equivalente apresentado na Fig. 2.45(b) é plenamente justificável para os transformadores normais de núcleo ferromagnético. A curva de excitação $I_{10} = f(V_{10})$ lembra o aspecto da curva de magnetização, em corrente alternativa, do material do núcleo, pois normalmente, $I_{1\,mag}$ é bem maior que $I_{1\,p}$, e V_{10} é praticamente igual a E_{10}, que é proporcional ao fluxo. Por sua vez $P_{10} = f(V_{10})$ é aproximadamente parabólica, pois P_{10} é praticamente igual às perdas no núcleo, que variam aproximadamente com V_{10}^2.

Assim sendo, considerando o circuito aproximado, a manipulação dos resultados das medidas é simples. Entrando nas curvas da Fig. 2.45(c), para a tensão nominal:

$$R_{1\,p} \cong \frac{V_{1\,nom}^2}{P_{10\,nom}},$$

$$X_{1\,mag} \cong \frac{V_{1\,nom}}{I_{1\,mag}},$$

onde
$$I_{1\,mag} = I_{10}\,\text{sen}\,\varphi.$$

Basta lembrar que
$$\dot{I}_{10} = I_{1\,p} - jI_{1\,mag},$$
$$\dot{I}_{10} = I_{10}\cos\varphi - jI_{10}\,\text{sen}\,\varphi.$$

e que
$$\text{sen}\,\varphi = \sqrt{1 - \cos^2\varphi} = \sqrt{1 - \left[\frac{P_{10\,nom}}{V_{10\,nom}I_{10\,nom}}\right]^2}.$$

Se não for conhecida e desejarmos a relação de transformação e a mútua indutância, basta medir a tensão em vazio V_{20}. Se o transformador for de tensão alta, além das usuais dos instrumentos de medida, a aplicação do voltômetro V_2 deve ser através de um transformador de tensão, especial para medidas.

$$a = \frac{E_1}{E_2} \cong \frac{V_{10}}{V_{20}},$$
$$M = \frac{E_2}{\omega I_{1\,mag}} \cong \frac{V_{20}}{\omega I_{1\,mag}}. \qquad \text{(veja Seç. 2.16.3).}$$

Nos transformadores com núcleo de ar costuma-se medir as indutâncias próprias dos enrolamentos. Como não há perdas no núcleo (ausência de $R_{1\,p}$), mas como eles têm normalmente a R_1 ponderável, a impedância Z_{10} será $Z_{10} = \sqrt{R_1^2 + (\omega L_{11})^2}$. Como $R_1 = P_{10}/I_{10}^2$, facilmente se calcula L_{11}. Facilmente se conclui as medidas de M e L_{22}.

Todos os valores obtidos são, obviamente, referidos ao lado da realização do ensaio. O processo para referir ao outro lado já é conhecido.

2.20.3 ENSAIO EM CURTO-CIRCUITO

Consiste em se alimentar o transformador por um lado, curto-circuitando-se o outro. A alimentação nos grandes transformadores é feita, preferivelmente, pelo lado da tensão mais alta, pois a corrente será menor e a tensão a ser aplicada para se manter essa corrente de curto-circuito é uma pequena fração da nominal. Os instrumentos são os mesmos do ensaio anterior e vale a Fig. 2.45(a).

Neste ensaio determinam-se os parâmetros R_1, X_{d1}, R_2' e X_{d2}'. O circuito equivalente aproximado para os transformadores do núcleo ferromagnético já foi justificado em parágrafos anteriores e vamos repeti-lo na Fig. 2.46(a). Na Fig. 2.46(b) estão as curvas obtidas; a da corrente I_{1cc} é praticamente uma reta, pois os parâmetros R_1, X_{d1}, R_2' e X_{d2}' são praticamente lineares, a das perdas P_{1cc} deve variar praticamente com I_{1cc}^2.

A manipulação dos resultados é mais uma vez muito simples, bastando observar que a leitura do wattômetro deve incluir, além das perdas Joule nas resistências ôhmicas (medidas em corrente contínua) dos enrolamentos, também as perdas suplementares, devido à distribuição não-uniforme da corrente nos condutores e as perdas magnéticas do fluxo de dispersão, que é um fluxo que depende da corrente no enrolamento. Enfim ele registra a potência dissipada numa resistência que é a resistência efetiva do circuito equivalente (veja o parágrafo 2.4.4). Quanto às perdas no núcleo, que dependem aproximadamente do quadrado da tensão aplicada, são praticamente inexistentes neste ensaio.

$$R_{1cc} = R_1 + R_2' = \frac{P_{1cc\,nom}}{I_{1\,nom}^2},$$

Transformadores e reatores

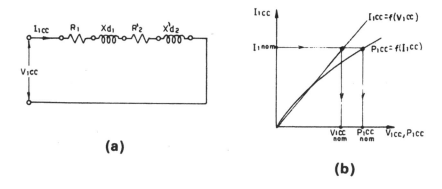

Figura 2.46 (a) Circuito equivalente aproximado para o ensaio em curto-circuito dos transformadores com núcleo ferromagnético; (b) aspecto típico das curvas $I_{1cc} = (V_{1cc})$ e $P_{1cc} = (I_{1cc})$

onde
$$X_{d1cc} = X_{d1} + X'_{d2} = \sqrt{Z_{1cc}^2 - R_{1cc}^2},$$

$$Z_{1cc} = \frac{V_{1cc\ nom}}{I_{1\ nom}}.$$

Se se desejar separar R_1 de R'_2 e X_{d1} de X'_{d2}, a fim de se poder montar um circuito equivalente completo com o ramo magnetizante no centro, uma maneira é supor que a relação entre as resistências efetivas seja próxima da existente entre as resistências medidas em corrente contínua. Esta pode ser obtida por aplicação de tensão e corrente contínua, ou por meio de uma ponte. Tendo-se então a soma das duas resistências e a relação entre elas, elas estão determinadas. Quanto à separação das reatâncias, o processo é também aproximado e falho, pois depende muito da geometria dos enrolamentos. No caso dos enrolamentos serem geometricamente iguais, pode-se demonstrar (veja o exercício 5 no final deste capítulo) que $X_{d1} = X'_{d2}$, e a separação é imediata.

2.20.4 INFLUÊNCIA DA DISPOSIÇÃO DOS ENROLAMENTOS SOBRE OS PARÂMETROS

Já vimos em parágrafos anteriores que um transformador com primário numa perna e secundário na outra tem um acoplamento pior do que um outro feito com primário e secundário subdivididos em discos alternados, ou do que um outro com os enrolamentos primário e secundário superpostos (enrolados um sobre o outro).

Com o transformador de laboratório sugerido e apresentado na Fig. 2.44 podem ser feitos dois ensaios em curto-circuito: um com enrolamentos em pernas separadas e outro em discos alternados. No primeiro caso é de se esperar um fluxo de dispersão muito maior por unidade de corrente. É de se esperar, portanto, uma X_{d1cc} maior que no segundo caso. Será apenas um pouco maior ou muito maior? Procure provar e comprove no ensaio. E quanto às resistências efetivas R_{1cc}? Elas também serão afetadas? Lembre-se que elas não são somente as resistências medidas em corrente contínua. Comprove no ensaio. E R_{1p} e $X_{1\ mag}$ se alteram?

2.20.5 OBSERVAÇÃO DO FLUXO MÚTUO E DA CORRENTE MAGNETIZANTE EM VAZIO E EM CARGA

Colocando-se num transformador uma ou duas bobinas pequenas para funcionarem como "exploratrizes", podem ser feitas verificações muito interessantes. Uma delas, por exemplo, é sobre o título deste parágrafo. Se tomarmos o transformador da Fig. 2.44 e utilizarmos três bobinas em paralelo no primário e três em paralelo no secundário teremos um transformador de 110/110 V para 750 VA e sobram 2 bobinas para exploratrizes. No esquema da Fig. 2.47 os valores indicados nos elementos dos circuitos são aproximados e valem para o caso desse transformador. Cabe porém ao realizador do ensaio calcular os valores adequados ao seu caso.

No circuito integrador, por exemplo, foi escolhido um R, C com constante de tempo de aproximadamente dez vezes o período da onda de 60 Hz.

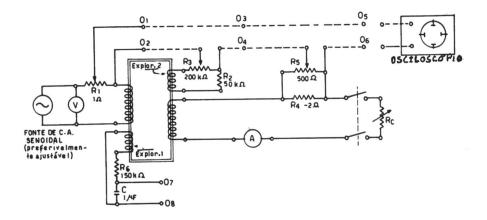

Figura 2.47 Circuitos e equipamento para a verificação das formas e valores do fluxo e corrente

Ligando-se o transformador com secundário aberto a corrente absorvida deve ser I_{10} que inclui I_{1p} e $I_{1\,mag}$, sendo a primeira uma corrente senoidal em fase com a f.e.m. e a segunda defasada de noventa graus e deformada devido ao núcleo ferromagnético (veja o parágrafo 2.6.1). Se levarmos o sinal de tensão obtido através do potenciômetro R_1 até o osciloscópio, ligado aos pontos $O_1 O_2$, observaremos I_{10}, ou seja, a composição de I_{1p} com $I_{1\,mag}$.

Note-se que na bobina exploratriz 2 obtemos uma f.e.m. em fase com a f.e.m. do primário, portanto em fase com a componente I_{1p} da corrente I_{10}. Logo, o sinal do potenciômetro R_3 pode ser proporcional à parcela I_{1p}.

Se ligarmos agora, adequadamente, a saída de R_3 em série com a de R_1, poderemos fazer uma subtração dos sinais, restando apenas um sinal proporcional a $I_{1\,mag}$. Levando-se osciloscópio aos pontos $O_3 O_4$, observa-se apenas $I_{1\,mag}$.

Aplicando-se agora ao secundário uma resistência de plena carga, teremos no potenciômetro R_5 um sinal proporcional à corrente senoidal de carga I_2 (ou I_c). No potenciômetro R_1 teremos um sinal de I_1 total, que inclui I'_2, I_{1p} e $I_{1\,mag}$. Esse sinal pode ser observado, novamente com o osciloscópio, nos pontos $O_1 O_2$, e, dada a grande predominância de I'_2 sobre $I_{1\,mag}$, a figura será praticamente senoidal. Ligando-se agora, adequadamente, em série, os sinais de R_1, R_3 e R_5 podemos observar a figura de $I_{1\,mag}$, com o osciloscópio em $O_5 O_6$. Basta para isso ajustar devidamente o potenciômetro R_5 para que seu sinal subtraia exatamente o acréscimo de sinal havido em R_1 com o aparecimento de I'_2. Note-se que $I_{1\,mag}$ praticamente não variou em forma e amplitude, passando de vazio a plena carga (veja o exemplo 2.4 na Seç. 2.11).

Levando-se o osciloscópio aos terminais $O_7 O_8$ do circuito integrador pode ser observado que o fluxo no núcleo é senoidal e que, praticamente, não varia de vazio para carga. Basta lembrar que a f.e.m. da bobina exploratriz 1 deve ser a derivada do fluxo no núcleo. Ainda outras observações podem ser feitas. Por exemplo, o ciclo de histerese ou a curva de magnetização do núcleo. Aplique sinais na horizontal e na vertical do osciloscópio. Que sinais devem ser aplicados? Procure resolver.

2.20.6 OUTRAS QUESTÕES E SUGESTÕES DE MEDIDAS

a) *Medidas da regulação nominal.* Aplicando-se tensão e freqüência nominais, no primário, e cargas nominais, no secundário. Essas cargas podem ser resistivas, capacitivas, indutivas e associadas. Mede-se a tensão secundária em vazio e em carga. Pode-se inclusive traçar curva da regulação em função do fator de potência da carga.

b) *Observação de polaridade relativa entre bobinas ou entre enrolamentos.* É importante para as ligações de transformadores em sistema trifásico e também para as ligações entre bobinas parciais do enrolamento primário e do secundário. Sabe-se que as polaridades de duas bobinas são concordantes se produzem fluxos concordantes quando excitados com corrente de mesmo sentido. Assim, no caso do transformador da Fig. 2.44, se desejássemos ligá-lo como autotransformador elevador de 110 para 220 V, teríamos que ligar as quatro bobinas parciais do primário e do secundário em paralelo e depois ligar esses dois conjuntos em série, mas com polaridades concordantes. Em outras palavras, se no primeiro conjunto a seqüência de sinais for − +, no segundo também deverá sê-lo, senão quando alimentarmos o primeiro conjunto com 110 V, a tensão de saída nos extremos da série dos dois conjuntos será nula. Isso por si só já sugere um método de determinação da polaridade relativa de duas bobinas, que consiste em ligá-las em série, alimentando-se uma delas, e aplicando-se um voltômetro nos terminais de cada uma e depois nos extremos da série para verificar se temos a soma ou a diferença das tensões.

E se aplicássemos a fonte de tensão nos extremos da série, com um amperômetro no circuito? Também não seria um método para se determinar a polaridade relativa, talvez interessante quando a tensão de um dos enrolamentos do transformador fosse muito alta e difícil de ser medida? O que aconteceria se as polaridades fossem discordantes? Quem limitaria a corrente? Comprove no laboratório, aplicando tensão reduzida para não produzir correntes exageradas.

c) *Observação da corrente de início* (também conhecida pelo nome inglês de *inrush current*) *com aplicação de tensão alternativa senoidal.* Pode ser visualizada com um osciloscópio ou mesmo com um simples amperômetro de ferro móvel. Fazendo-se várias tentativas de ligação, com uma chave, num pequeno transformador de núcleo ferromagnético, temos possibilidade de ligá-lo num instante em que a corrente se inicie praticamente em regime, ou que se inicie com valor elevado. Com o transformador da Fig. 2.44 a duração do fenômeno, com o secundário aberto, é razoável e suficiente para que um amperômetro de inércia usual chegue a registrar claramente (veja a Seç. 2.18).

d) *Excitação com bobinas em série e em paralelo.* Se tomarmos um transformador de V_1/V_2 volt e que possua no primário n bobinas parciais iguais, com N espiras cada uma, a curva de excitação levantada com somente uma bobina parcial, que relação apresenta com a levantada com todas em paralelo, para os mesmos valores de tensões de excitação? E com a levantada com duas bobinas parciais em série?

e) *Variação de parâmetros com freqüência e tensão.* Nos ensaios de vazio e curto-circuito podemos, com o auxílio das curvas das Figs. 2.45(c) e 2.46(b), calcular os valores de R_{1p} e $X_{1\,mag}$ para várias tensões aplicadas e compará-los. (Veja nas definições de R_{1p} e $X_{1\,mag}$ a influência da tensão sobre eles). Por outro lado, tendo-se ao alcance um gerador de freqüência ajustável (seja na faixa das freqüências industriais, 40 a 100 Hz, ou na faixa das freqüências de áudio) pode ser feito um levantamento da curva de resposta em freqüência, para um transformador de potência ou de áudio (Seç. 2.17.2).

f) *Transformadores trifásicos.* É assunto mais adequado às disciplinas de máquinas elétricas e de sistemas de potência, porém podem ser feitas pequenas verificações como, por exemplo, ligar os três primários de três transformadores monofásicos em $\curlywedge$, procurando as polaridades de cada enrolamento para se obter um sistema simétrico ou não. Alimentar com tensões trifásicas e verificar a soma das correntes fundamental e terceira harmônicas no neutro. Ligar os secundários em Δ aberto e verificar se a soma das tensões é nula, etc.

2.21 EXERCÍCIOS

1. Demonstrar, para o caso particular dos transformadores de potência, que a lei de crescimento da potência nominal do mesmo é proporcional a X^4 onde X é a relação de ampliação de todas as dimensões lineares (largura e comprimento de núcleo, diâmetro de condutores, etc.) do transformador, isto é, $L_1/L_2 = X$. Supor mantidas, ou inalteradas, as solicitações densidade de corrente (J) nos condutores, e as densidades de fluxo (B) no núcleo.
   Sugestão. Como a potência aparente é dada por $P_1 = V_1 I_1$, e $V_1 \cong E_1$; suponha que o aumento da potência do transformador seja feito, em parte, por aumento da tensão (portanto do fluxo) e, em parte, por aumento da corrente ($\phi = BS_m$; $I = JS_c$).
2. Verifique que devido à conclusão do item 1, o acréscimo de temperatura de funcionamento em relação ao ambiente aumentará com X, se não forem alterados os meios de dissipação do calor com recursos mais eficientes do resfriamento, como, por exemplo, ventilação forçada por meio de ventiladores, trocadores de calor de ar ou água, aumento extra da superfície externa de dissipação por meio de aletas, etc.

Sugestão.

   a) Para isso deve ser lembrado que a quantidade de calor dissipada (ou a potência de perdas a ser dissipada) é dada por

$$p = KS\Delta t,$$

   onde K é o coeficiente de dissipação, S é a superfície da dissipação de calor e Δt é o acréscimo de temperatura em relação ao meio.

   b) Deduza antes como variam as perdas no núcleo e as perdas Joule com relação a X.
3. Demonstre, ainda, que, se não for possível (ou compensador) melhorar o coeficiente de dissipação, o transformador maior (aumentado com a relação X) terá que ser feito com as densidades da corrente (J) e do fluxo (B) diminuídos para conservar o mesmo Δt. Segundo qual relação devem ser diminuídas?
4. Um pequeno transformador, cuja seção transversal do núcleo tem 5 cm^2 de material ferromagnético, com μ_r suposta constante e igual a 6 000, é utilizado para baixar uma

tensão de 220 para 12 V em 60 Hz. A densidade máxima no núcleo é 0,6 Wb/m². O comprimento médio do circuito magnético é 20 cm.
a) Qual a quantidade de espiras em cada enrolamento?
b) Qual a reatância do enrolamento primário com o secundário aberto?
c) Qual a reatância do enrolamento secundário com o primário aberto? e qual a sua relação com a do item b?
d) Qual a impedância oferecida pelo primário com uma carga resistiva de 10 Ω no secundário.

Nota. Despreze as perdas no ferro, as resistências e as reatâncias de dispersão dos enrolamentos. Quanto à I_{mag} considere-a apenas se for apreciável em relação à componente de carga.

5. Demonstre que $X_{d1} = X'_{d2}$ para um caso de transformador com bobinas de N_1 espiras no primário e N_2 no secundário, sendo as mesmas geometricamente iguais e em posições iguais relativamente ao núcleo, e ambas em meios de mesma permeabilidade.

6. Um transformador de audiofreqüência tem 100 espiras no primário e 900 no secundário. Considerando a operação em 1 000 Hz e supondo que o transformador tenha baixas perdas e que as resistências dos enrolamentos sejam pequenas, resolva as questões dadas a seguir.
a) Qual a impedância de entrada do lado do primário com carga resistiva de 500 Ω no secundário?
b) A relação entre a tensão de um lado e a corrente do outro pode ser chamada impedância de transferência do transformador. Qual é essa relação no caso da carga acima?
c) Uma função de transferência para um transformador pode ser a relação entre a tensão de saída pela tensão de entrada. Qual essa relação no caso?

7. Do ensaio em vazio e de curto-circuito de um transformador de 10 kVA; 2 400/240 V; 60 Hz, foram encontrados para X'_{cc} e R'_{cc} (referidos ao lado da alta tensão) os valores 9,74 Ω e 19 Ω, sendo R'_{cc} já corrigido para 75 °C, $R_p = 91 000$ Ω e $X_{mag} = 51 900$ Ω. Determinar, de modo aproximado, as resistências efetivas e as reatâncias de disp. dos enrolamentos da baixa e da alta tensão. Para isso conhecem-se as resistências ôhmicas das bobinas em corrente contínua, ou seja, alta tensão, 3,68 Ω e baixa, 0,0428 Ω.

8. Uma fonte de f.e.m. E_G e resistência $R_G = 2 000$ Ω é acoplada a uma carga suposta resistiva pura e constante, por meio de um transformador de audiofreqüência, com relação $N_1/N_2 = 20$. A resistência do primário é $R_1 = 500$ Ω e $R_2 = 1,20$ Ω. Supondo um funcionamento em freqüência média de áudio, desenhe o circuito equivalente referido ao secundário, e calcule R_c para a condição de máxima transferência de potência.

9. São dados os seguintes valores obtidos no ensaio em curto-circuito de um transformador de 1 000 kVA, 63 500/33 000 V:
$V_{cc} = 2 640$ V, $I_{cc} = 30,3$ A, $P_{cc} = 9,81$ kW, feito do lado da baixa tensão.
Na saída de uma subestação são ligados três desses transformadores formando um banco ⋏/∆ e alimentando uma linha de transmissão de impedância $Z\ell = 7,3 + j 18,2$ Ω por fase, como o caso da Fig. 2.42 da Seç. 2.19. Nos terminais dessa linha existe um transformador trifásico de 3 000 kVA ∆/∆, cujas tensões de linha são 33 000 V e 13 200 V e cuja impedância interna por fase é $Z_{cc} = 1,71 + j9,33$ Ω, referida à baixa tensão. As perdas no ferro são iguais a 5,0 kW por fase e a potência reativa de magnetização 50 kVA por fase. Sugestão: Use o circ. equiv. da fig. 2 43.

Pergunta-se qual deve ser a tensão de linha na subestação para que subsista na saída do transformador trifásico a tensão nominal, com plena carga de fator de potência unitário. [Exercício baseado num exemplo contido na referência (6)].

10. Os parâmetros de circuito equivalente de um transformador de 350 VA, 220/110 V, que tem 385 espiras no primário e 210 no secundário, são $R_1 = 2,65\,\Omega$, $R_2 = 1,06\,\Omega$, $X_1 = 0,2\,\Omega$, $X_2 = 0,60\,\Omega$, $X_{mag} = 366\,\Omega$, $R_p = 2\,320\,\Omega$. As perdas no cobre são 21,9 W, e as perdas no ferro 9,5 W, a corrente primária, quando em plena carga, é 2,60 A. Desenhar o circuito equivalente referido ao primário (220 V no caso) e, a partir desse circuito, exprimir os parâmetros, as perdas, a corrente primária de plena carga e as quedas de tensão no primário, quando em plena carga, em "valores por unidade" (p.u.).

11. Procure responder e resolver as questões propostas nas Seç. 2.20.4, 2.20.5 e 2.20.6.

12. Tome um circuito equivalente de um transformador de núcleo ferromagnético, sem ramo magnetizante e coloque aí $R_1 = X_{d1} = R'_2 = X'_{d2} = 1\,\Omega$. A carga, no circuito equivalente é $\dot{Z}'_c = 1,414\,\underline{/45°}$. A resistência efetiva e a reatância de dispersão do enrolamento secundário apresentam ambas 0,25 Ω. Calcule a corrente de carga I_c desse transformador quando V_1 for igual a 3 V.

CAPÍTULO 3
RELAÇÕES ELETROMECÂNICAS — EXEMPLOS DE COMPONENTES ELETROMECÂNICOS

3.1 INTRODUÇÃO

Vamos focalizar a seguir algumas equações básicas, elétricas, mecânicas e eletromecânicas, principalmente com a intenção de recordá-las e apresentá-las na forma mais conveniente aos nossos fins. Focalizaremos as analogias formais entre elas.

Apresentaremos alguns componentes eletromecânicos e examinaremos seu comportamento. Estabeleceremos para os transdutores suas relações elétricas, mecânicas e eletromecânicas. A solução simultânea das equações do lado elétrico, do lado mecânico e da parte eletromecânica propriamente dita (veja o Cap. 1), nos dá a solução do sistema eletromecânico, com sua resposta em freqüência e sua função de transferência. O conjunto dessas equações é conhecido também por modelo matemático do sistema, ou equações de funcionamento do conversor. Eles serão tratados como sistemas lineares e de parâmetros concentrados. Os conversores eletromecânicos do tipo de sinal, ou de informação, são preferivelmente chamados pelo nome de transdutores eletromecânicos. Neste capítulo não há interesse em tratar dos problemas de perdas, rendimento e aquecimento. Não trataremos também dos problemas de malha fechada, com associação de conversores e realimentação, mas apenas do conhecimento intrínseco de cada conversor. No final, serão ainda apresentados alguns sensores eletromecânicos. Embora se use, às vezes, o nome de *sensores* a alguns transdutores, vamos reservar esse nome aos componentes não-conversores, que sejam simples *moduladores*, como um potenciômetro, por exemplo, que modula uma tensão elétrica com uma posição angular sem processar nenhuma conversão eletromecânica.

3.2. RELAÇÕES ELÉTRICAS E MECÂNICAS

Apresentaremos a seguir, sob a forma de um quadro comparativo, os modelos matemáticos para os elementos elétricos e mecânicos, para que se evidencie de imediato a analogia de forma existente entre eles. E, assim, poderemos determinar as analogias formais entre as equações elétricas, de malha e de nó, e as equações mecânicas de força ou de conjugado.

Elementos elétricos

a) Resistência elétrica linear

A tensão v_R nos terminais de um resistor ideal está relacionada por uma constante real com a corrente que o atravessa, quer seja para valores instantâneos, valores contínuos constantes ou transformados $v_R(t), V, \dot{V}, V(s); i(t), I, \dot{I}, I(s)$.

A resistência elétrica é

$$v_R(t) = Ri(t),$$
$$i(t) = \frac{1}{R} v_R(t) = G v_R(t).$$

(a)

Figura 3.1 (a)

A energia envolvida no processo é convertida em calor. A potência correspondente é dada por

$$P_R(t) = R[i(t)]^2 = G \cdot [v_R(t)]^2.$$

É também chamado de elemento ativo, ou de perdas, ou elemento de dissipação de energia.

b) Indutância

A tensão v_L nos terminais de um indutor ideal de indutância L, percorrido por corrente i, é dada por

$$v_L = \frac{d(Li)}{dt},$$

$$v_L = L \frac{di}{dt} + i \frac{dL}{dt}.$$

Nos casos mais comuns de circuitos elétricos, L é constante no tempo, logo,

$$v_L = L \frac{di(t)}{dt} = L \frac{d^2 q(t)}{dt^2},$$

Elementos mecânicos de translação

a) Elemento viscoso ou resistencia de atrito

Em certos movimentos, como o deslizamento entre sólidos lubrificados, ou deslocamento de amortecedores pneumáticos (*dampers*), a força mecânica (f_r) resistente ao movimento é, dentro de certas faixas, proporcional à velocidade de deslocamento (u). Esse coeficiente de proporcionalidade é chamado coeficiente de atrito viscoso.

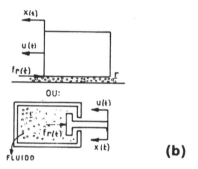

(b)

Figura 3.1 (b)

$$f_r(t) = r u(t) = r \cdot \frac{dx(t)}{dt}.$$

onde $x = \int u \, dt$ é o deslocamento. Valem as mesmas observações da resistência elétrica quanto a valores instantâneos ou transformados de $f_r(t)$.

A potência, que é também transformada em calor, é dada por

$$Pr(t) = f_r(t)u(t) = r[u(t)]^2.$$

b) Elemento de inércia ou massa

Em um sistema de referência inercial, uma força f_i aplicada a uma massa m sem atritos, provocará uma aceleração dessa massa, na direção da força, e proporcional a ela

$$f_i(t) = ma(t).$$

Essa é a lei da inércia para massa constante. A nós não interessará os casos de

Relações eletromecânicas — exemplos de componentes eletromecânicos

(a)

Figura 3.2 (a)

Figura 3.2 (b)

onde $q(t) = \int i\,dt$ é a quantidade de carga elétrica percorrendo o indutor.
Porém, nos conversores eletromecânicos, é freqüente ocorrer também L variável, como, por exemplo, num eletroímã, que veremos em capítulos posteriores.
A corrente, pela expressão anterior, será

$$i(t) = \frac{1}{L}\int_{0-}^{t} v_L(t)\,dt + i(0_-),$$

onde $i(0_-)$ é a corrente inicial existente no indutor, no instante t, tendendo a zero pela esquerda.
Podemos lembrar ainda que a integral da f.e.m. é o fluxo concatenado $\lambda = N\phi$. Para esse caso, f.e.m. $= v_{L(t)}$ e, então,

$$i(t) = \frac{\lambda(t)}{L} + i(0_-).$$

A energia armazenada é

$$E_{mag} = \frac{1}{2}(Li^2).$$

A potência envolvida é

$$P_L = \frac{dE}{dt} = \frac{1}{2}i^2\frac{dL}{dt} + Li\frac{di}{dt},$$

Para L constante, vem

$$P_L(t) = v_L(t) \cdot i(t) = Li(t)\frac{di(t)}{dt}.$$

No caso de circuitos com acoplamento magnético, teremos

$$v_1 = \frac{d(Mi_2)}{dt}\,;\,v_2 = \frac{d(Mi_1)}{dt},$$

e a energia armazenada será

$$\frac{1}{2}L_1 i_1^2 + \frac{1}{2}L_2 i_2^2 + M i_1 i_2.$$

massa variável, como pode ocorrer com a indutância.
Sendo

$$a(t) = \frac{du(t)}{dt} = \frac{d^2 x(t)}{dt^2},$$

onde $x(t)$ é o deslocamento, resulta

$$f_i(t) = m\frac{du(t)}{dt} = m\frac{d^2 x(t)}{dt^2}.$$

A velocidade será

$$u(t) = \frac{1}{m}\int_{0-}^{t} f_i(t)\,dt + u(0_-),$$

onde (0_-) é a velocidade inicial possuída pela massa, no instante t, tendendo a zero pela esquerda. O produto $m \cdot a$ denomina-se força de inércia ou força de aceleração. Por analogia com circuitos elétricos, o fato da massa ser um elemento de armazenagem de energia, essa força é dita do tipo reativo.
A energia armazenada, chamada energia cinética, é

$$E_{cin} = \frac{1}{2}(mu^2).$$

Para massa constante, a potência será

$$P_{cin}(t) = f_i(t)\,u(t) =$$
$$= \frac{dE_{cin}(t)}{dt} = mu(t)\frac{du(t)}{dt}.$$

c) Elementos elásticos

Os elementos elásticos utilizados nos movimentos de translação são as molas helicoidais e as barras de flexão.
A força que traciona ou comprime uma mola ideal, sem perdas, produz um deslocamento proporcional a ela

c) Capacitância

A tensão v_c nos terminais de um capacitor ideal de capacitância C carregado com uma quantidade de carga q é dada por

$$v_c(t) = \frac{1}{C} q(t),$$

ou, substituindo-se q por $\int i \, dt$,

$$v_c(t) = \frac{1}{C} \int_{0-}^{t} i(t) \, dt + v_c(0_-),$$

onde $v_c(0_-) = 1/C \, q(0_-)$ é a tensão inicial, devido à carga inicial $q(0_-)$.
A corrente é

$$i = \frac{dq}{dt} = \frac{d(Cv_c)}{dt},$$

$$i = \frac{C \, dv_c}{dt} + v_c \frac{dc}{dt}.$$

Figura 3.3 (a)

Existem conversores do tipo de campo elétrico, como, por exemplo, microfones de capacitância, nos quais C varia.
Nos casos mais comuns de circuito, C é constante e, nestes casos,

$$i(t) = \frac{C \, dv_c(t)}{dt}.$$

A energia armazenada e a potência são

$$E_c = \frac{1}{2}(Cv_c^2),$$

$$P_c = v_c i = \frac{dE_c}{dt} = \frac{1}{2} v_c^2 \frac{dC}{dt} + Cv_c \frac{dv_c}{dt}.$$

Para C constante, obtemos

$$P_c(t) = Cv_c(t) \frac{dv_c(t)}{dt}.$$

$$f_e(t) = \frac{1}{c} x(t),$$

onde a constante c é chamada compliância do elemento elástico e é o inverso do coeficiente de elasticidade k do elemento.
Substituindo x por $\int u \, dt$, vem

$$f_e(t) = \frac{1}{c} \int_{0-}^{t} u(t) \, dt + f_e(0_-),$$

onde $f_e(0_-) = 1/c \, [x(0_-)]$ é a força atuante inicial que produzia um deslocamento inicial $x(0_-)$ existente imediatamente antes da aplicação da velocidade $u(t)$.
Chama-se ao produto $1/c \cdot x(t)$ força elástica, que também é uma força reativa.

$$u = \frac{dx}{dt} = \frac{d(cf_e)}{dt}.$$

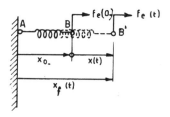

Figura 3.3 (b)

No caso de compliância constante, vem

$$u(t) = c \frac{df_e(t)}{dt}.$$

Se houver deslocamento das duas extremidades da mola o deslocamento relativo $x_B - x_A$ é que deve ser considerado. $x_B - x_A$ será positivo na tração e negativo na compressão.
A energia armazenada, chamada energia potencial das molas, é

$$E_{e} = \frac{1}{2}(cf_e^2) = \frac{1}{2}(kx^2).$$

Para c constante, a potência será

$$P_e(t) = cf_e(t) \frac{df_e(t)}{dt} = f_e(t) u(t)$$

Assim como o elemento indutivo, este também é chamado de elemento reativo, ou de armazenagem de energia.

d) Leis de Kirchhoff.

Como exemplo, vamos aplicar a segunda lei de Kirchhoff, também chamada das tensões, ao circuito R,L,C série

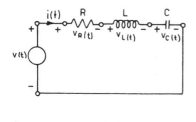

(a)

Figura 3.4 (a)

Com a polaridade de $v(t)$ e o sentido de $i(t)$ da Fig. 3.4(a) teremos

$$v(t) = v_R(t) + v_L(t) + v_c(t),$$

$$v(t) = Ri(t) + L\frac{di(t)}{dt} + \frac{1}{C}\int i(t)\,dt, \quad (3.1)$$

ou

$$v(t) = L\frac{d^2q(t)}{dt^2} + R\frac{dq(t)}{dt} + \frac{1}{C}q(t). \quad (3.2)$$

Esta é uma equação elétrica de malha.

d) Princípio de D'Alembert ou a segunda lei de Newton

A resultante das forças atuantes num corpo rígido é igual à força de inércia. Apliquemos esse princípio ao caso de um sistema mecânico r,m,c, com um grau de liberdade.

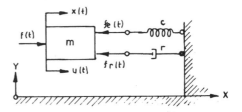

(b)

Figura 3.4 (b)

Adotando como positiva a força aplicada $f(t)$ que atua na direção de um deslocamento previamente estabelecido, vem

$$f_i(t) = f(t) - f_r(t) - f_e(t).$$

Logo,

$$f(t) = m\frac{du(t)}{dt} + ru(t) + \frac{1}{c}\int u(t)dt, \quad (3.3)$$

ou

$$f(t) = m\frac{d^2x(t)}{dt^2} + r\frac{dx(t)}{dt} + \frac{1}{c}x(t). \quad (3.4)$$

Esta é a equação dinâmica do sistema mecânico de translação r,m,c.

3.3 ANALOGIAS

a) O circuito R, L, C paralelo, da Fig. 3.4(c), dual do circuito da Fig. 3.4(a), fornece, pela aplicação da primeira lei de Kirchhoff, também chamada das correntes, para o nó 1

$$i(t) = i_G(t) + i_L(t) + i_C(t),$$

$$i(t) = Gv(t) + \frac{1}{L}\int v(t)\,dt + C\frac{dv(t)}{dt}. \quad (3.5)$$

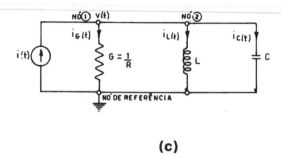

(c)

Figura 3.4(c)

Sendo

Segue:
$$v(t) = v_L(t) = \frac{d\lambda(t)}{dt},$$

$$i(t) = C\frac{d^2\lambda(t)}{dt^2} + G\frac{d\lambda(t)}{dt} + \frac{1}{L}\lambda(t). \tag{3.6}$$

Esta é uma equação de nó. Como se vê, ela é, termo a termo, análoga, na forma, à equação de malha, bastando permutar as variáveis tensão por corrente, carga elétrica por fluxo concatenado, e permutar os parâmetros indutância por capacitância, resistência por condutância e capacitância por indutância.

b) Por outro lado, os sistemas mecânicos de rotação têm modelos matemáticos dos seus elementos, inteiramente análogos aos do movimento de translação e valem as mesmas observações, convenções de sinais, etc. Veremos isso, resumidamente, a seguir.

b1) Coeficiente de atrito viscoso ou resistência mecânica viscosa D é a relação entre o conjugado viscoso resistente ao movimento (C_r), e a velocidade angular (Ω), ou seja,

$$C_r(t) = D\Omega(t) = D\frac{d\alpha(t)}{dt},$$

onde $\alpha(t)$ é o deslocamento angular. Esse tipo de atrito existe nos mancais lubrificados, em certas faixas de velocidade e nos amortecedores de rotação [Fig. 3.5(a)].
A potência, transformada em calor, é

$$P_r(t) = C_r(t)\Omega(t) = D\left[\Omega(t)\right]^2.$$

b2) O elemento de inércia neste movimento é o momento de inércia dinâmico $J = mr_G^2$, onde r_G é o "raio de giração", ou distância do centro de massa ao eixo de rotação. No caso de um cilindro homogêneo, girando em torno de seu próprio eixo de simetria longitudinal, o raio de giração é igual ao raio externo dividido por $\sqrt{2}$.

O conjugado de inércia [Fig. 3.5(b)] é dado por

$$C_i(t) = J\gamma(t) = J\frac{d\Omega(t)}{dt} = J\frac{d^2\alpha(t)}{dt},$$

onde $\gamma(t)$ é a aceleração angular. A energia cinética e a potência são

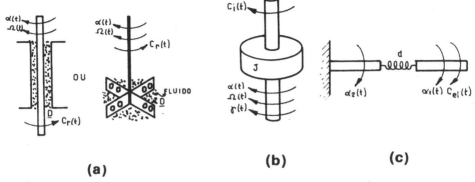

Figura 3.5 Representação esquemática dos elementos de rotação. a) Elemento viscoso, b) elemento de inércia, c) elemento elástico

$$E_{cin} = \frac{1}{2}(J\Omega^2),$$

$$P_{cin}(t) = C_i(t)\,\Omega(t) = J\Omega(t)\frac{d\Omega(t)}{dt}.$$

A todas as massas rotativas de um sistema correspondem um momento de inércia em relação a um eixo de rotação. Na prática, os momentos de inércia elevados são conseguidos através dos volantes de inércia [Fig. 3.5(b)].

b3) Os elementos elásticos de torsão são realizáveis por meio de molas espirais e barras de torsão. O conjugado reativo elástico é dado por

$$C_e(t) = \frac{1}{d}\alpha(t),$$

onde d é a compliância de torsão. É o inverso do coeficiente de elasticidade e torsão (k_t). O deslocamento angular é $\alpha(t)$.

$$\Omega(t) = \frac{d\alpha(t)}{dt} = d\frac{dC_e(t)}{dt}.$$

Se houver deslocamento angular nas duas extremidades de um elemento elástico [Fig. 3.5(c)] o conjugado será

$$C_e = \frac{1}{d}(\alpha_1 - \alpha_2).$$

A energia armazenada no elemento elástico é

$$E_e = \frac{1}{2}dC_e^2 = \frac{1}{2}k_t\alpha^2.$$

A equação dinâmica para um sistema mecânico de rotação D, J, d resulta também da aplicação da lei de Newton. Aplicando-se um conjugado $C(t)$ ao sistema da Fig. 3.6, vem

$$C_i(t) = C(t) - C_r(t) - C_e(t),$$

$$C(t) = J\frac{d\Omega(t)}{dt} + D\Omega(t) + \frac{1}{d}\int \Omega(t)\,dt \qquad (3.7)$$

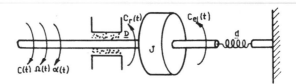

Figura 3.6 Sistema mecânico de rotação com elementos de inércia, viscoso e elástico

ou

$$C(t) = J\frac{d^2\alpha(t)}{dt^2} + D\frac{d\alpha(t)}{dt} + \frac{1}{d}\alpha(t). \quad (3.8)$$

c) Assim sendo, podemos resumir no quadro a seguir a correspondência de analogia formal entre variáveis e parâmetros dos sistemas mecânicos de translação e rotação, e as variáveis e parâmetros elétricos na análise de malha e modal. Comparemos, termo a termo, as equações mecânicas (3.3), (3.4), (3.7), e (3.8) com as equações elétricas de malha (3.1), (3.2) e com as equações de nó (3.5) e (3.6).

| SISTEMA MECÂNICO || CIRCUITO ELÉTRICO ||
DE TRANSLAÇÃO	DE ROTAÇÃO	NA ANÁLISE DE MALHA	NA ANÁLISE NODAL
Forças mecânicas, $f(t)$	conjugados, $c(t)$	Forças eletromotrizes e tensões elétricas, $e(t)$, $v(t)$	Correntes elétricas, $i(t)$
Aceleração de translação, $a(t) = \frac{du(t)}{dt}$	Aceleração angular, $\gamma(t) = \frac{d\Omega(t)}{dt}$	Derivada ou taxa de variação da corrente elétrica, $\frac{di(t)}{dt}$	Derivada ou taxa de variação da tensão elétrica, $\frac{dv(t)}{dt}$
Velocidade de deslocamento, $u(t)$	Velocidade angular, $\Omega(t)$	Corrente elétrica, $i(t)$	Força eletromotriz e tensão elétrica, $e(t), v(t)$
Deslocamento de translação, $x(t)$	Deslocamento angular, $\alpha(t)$	Quantidade de carga elétrica, $q(t)$	Fluxo concatenado, $\lambda(t)$
Coeficiente de atrito viscoso, r	Coeficiente viscoso de rotação, D	Resistência elétrica, R	Condutância, G
Massa, m	Momento de inércia dinâmico, J	Indutância, L	Capacitância, C
Compliância, c	Compliância de rotação ou de torsão, d	Capacitância, C	Indutância, L

Pelo que foi exposto sugere-se, para esses sistemas mecânicos, métodos de ataque e análise de comportamento, análogos aos dos circuitos elétricos, e para tal sugerimos a leitura da obra de L. Q. Orsini (14). Durante o desenvolvimento deste capítulo, analisaremos alguns exemplos. No regime permanente senoidal, como o caso das vibrações mecânicas, pode-se aplicar a transformação fasorial, definir os fasores mecânicos para forças, conjugados, acelerações, velocidades e deslocamentos, bem como introduzir as impedâncias mecânicas, análogas das impedâncias elétricas (veja o apêndice 1 no final deste volume). As unidades das grandezas apresentadas anteriormente encontram-se no início deste livro junto ao Sistema Internacional de Unidades.

Exemplo 3.1. A um sistema mecânico de rotação com um único elemento de armazenagem de energia (ou reativo) J, e um elemento de perdas (ou ativo) D, cuja velocidade angular inicial seja Ω_0, aplica-se um conjugado $C(t)$, degrau, de amplitude C_0 no mesmo sentido da velocidade. Vamos procurar $\Omega(t)$, $\gamma(t)$, $\alpha(t)$ e a constante de tempo mecânica τ_m e fazer uma aplicação numérica.

Solução

A solução é formalmente análoga para o sistema de translação m, r, ao qual se aplique um degrau de força e para o circuito R, L série, ao qual se aplique um degrau de tensão V_0, com corrente inicial i_0. Vamos apresentá-la resumidamente. Pela (3.7), vem

$$C_i(t) = C(t) - C_r(t),$$

logo,

$$C(t) = J\frac{d\Omega(t)}{dt} + D\Omega(t).$$

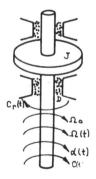

Figura 3.7 Sistema mecânico de rotação, J, D

Rearranjando essa equação, vem

$$\frac{d\Omega(t)}{dt} = \frac{C(t) - D\Omega(t)}{J} = -\frac{D}{J}\Omega(t) + \frac{C(t)}{J},$$

$$\frac{d\Omega(t)}{dt} = -\frac{D}{J}\left[\Omega(t) - \frac{C(t)}{D}\right].$$

Resolvendo por integração, para $C(t) = C_0$, obtemos

$$\int_{0_+}^{t} -\frac{D}{J} dt = \int_{\Omega(0_+)}^{\Omega(t)} \frac{d\Omega(t)}{\Omega(t) - C_0/D}.$$

Integrando, e lembrando que num sistema com inércia temos $\Omega(0_+) = \Omega_0$, vem

$$\ell_n \frac{\Omega(t) - C_0/D}{\Omega_0 - C_0/D} = -\frac{D}{J} t$$

ou

$$\Omega(t) = \frac{C_0}{D} [1 - e^{-(D/J)t}] + \Omega_0 e^{-(D/J)t} \qquad (3.9)$$

Como era de se esperar, pela equação dinâmica do sistema, a resposta em velocidade do J, D, para uma excitação degrau, resultou uma exponencial que tende, no decorrer do tempo, para um valor limite $\Omega_\infty = C_0/D$.

A constante $\tau_m = J/D$ chama-se constante de tempo mecânica e tem o mesmo significado da constante de tempo elétrica L/R do circuito R, L. Após decorridas 5 ou 6 constantes de tempo, admite-se que a velocidade esteja praticamente no valor Ω_∞.

A aceleração angular será

$$\gamma(t) = \frac{d\Omega(t)}{dt} = \left(\frac{C_0}{J} - \frac{\Omega_0}{\tau_m}\right) e^{-t/\tau_m}. \qquad (3.10)$$

Para o caso do sistema inicialmente em repouso, vem

$$\gamma(t) = \frac{C_0}{J} e^{-t/\tau_m},$$

onde C_0/J é a aceleração inicial, para $t = 0_+$.

Nota-se, por essas expressões, que quando o sistema atingir o regime e estabilizar na velocidade Ω_∞, a aceleração será nula e deixará de existir o conjugado de inércia (que é o conjugado de aceleração ou de desaceleração) e todo o conjugado aplicado C_0 será consumido no atrito viscoso $D\Omega_\infty$.

Deslocamento angular

Se, a partir da origem de medida de deslocamento, já houvesse um deslocamento α_0 no instante $t = 0$, teríamos, integrando a (3.9),

$$\alpha(t) - \alpha_0 = \int_0^t \Omega(t) dt,$$

$$\alpha(t) = \alpha_0 + \frac{C_0}{D} t + \frac{C_0}{D} \cdot \frac{J}{D} e^{-(D/J)t} - \frac{C_0}{D} \cdot \frac{J}{D} - \Omega_0 \frac{J}{D} e^{-(D/J)t} + \Omega_0 \frac{J}{D},$$

$$\alpha(t) = \alpha_0 + \Omega_\infty t - \Omega_\infty \tau_m (1 - e^{-t/\tau_m}) + \Omega_0 \tau_m (1 - e^{-t/\tau_m}). \qquad (3.11)$$

O sistema tende, após algumas constantes de tempo, para um deslocamento crescente proporcionalmente com o tempo, $\alpha(t) = $ const. $+ \Omega_\infty t$. Os gráficos das Figs. 3.8(a) e (b) estão desenhados para os seguintes valores numéricos: $C_0 = 10\,\text{N} \times \text{m}$; $J = 0,2\,\text{kg} \times \text{m}^2$; $D = 0,1\,\text{N} \times \text{m/rad/s}$; $\Omega_0 = 20\,\text{rad/s}$, $\alpha_0 = 0$.

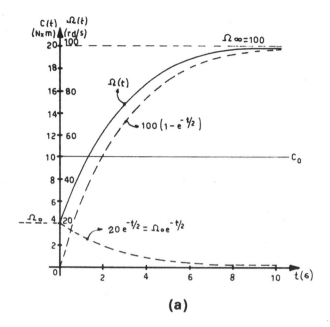

(a)

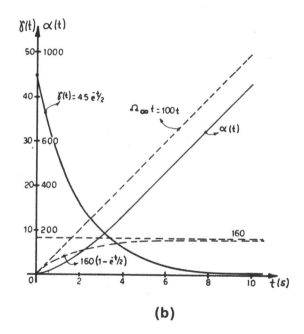

(b)

FIGURA 3.8 Andamento, no tempo, de $C(t)$, $\Omega(t)$, $\gamma(t)$, $\alpha(t)$, para o caso do exemplo 3.1

Calculando, teremos

$$\tau_m = \frac{J}{D} = \frac{0{,}2}{0{,}1} = 2 \text{ s},$$

$$\Omega_\infty = \frac{C_0}{D} = \frac{10}{0{,}1} = 100 \text{ rad/s}; n_\infty = \frac{\Omega_\infty}{2\pi} \cong 16 \text{ Hz. (ou rps)}.$$

Pela (3.9), vem

$$\Omega(t) = 100(1 - e^{-t/2}) + 20e^{-t/2},$$

pela (3.10), vem

$$\gamma(t) = \left(\frac{10}{0{,}2} - \frac{10}{2}\right)e^{-t/2} = 45e^{-t/2}$$

$$\gamma(t = 0_+) = 45 \text{ rad/s}^2,$$

pela (3.11),

$$\alpha(t) = 100t - 100 \times 2(1 - e^{-t/2}) + 20 \times 2(1 - e^{-t/2}) = 100t - 160(1 - e^{-t/2}).$$

Para t muito maior que $\tau_m = 2$ s, temos $\alpha(t) \cong 100t - 160$.

Vejamos alguns casos interessantes que podem ser concluídos com facilidade:

a) $C(t) = C_0 = 0$ (freagem pelo próprio atrito, até o repouso, isto é, $\Omega_\infty = 0$);

b) $C_0 = 10$ N $\times$ m, porém Ω_0 com um valor maior do que 100 rad/s (desaceleração até uma velocidade $\Omega_\infty = 100$ rad/s);

c) $C_0 = 10$ N $\times$ m e $\Omega_0 = 100$ rad/s (entrada em regime, de imediato).

3.4 RELAÇÕES ELETROMECÂNICAS BÁSICAS

Nas relações eletromecânicas intervêm grandezas elétricas, mecânicas e magnéticas. As relações ou equações eletromecânicas fundamentais são os modelos matemáticos representativos de algumas leis experimentais que seguem abaixo, de forma resumida, por tratar-se de matéria de outras disciplinas básicas. No decorrer do texto serão introduzidas relações eletromecânicas particulares para cada caso, que nada mais são do que associações dessas relações básicas com outras elétricas, mecânicas e eletromagnéticas, como as leis de Faraday e de Lenz, já apresentadas no Cap. 2.

3.4.1 LEI DE AMPÈRE, DA FORÇA MECÂNICA

Interação entre duas correntes elétricas

A força mecânica elementar entre dois elementos $d\ell_1$ e $d\ell_2$ de dois condutores muito finos, percorridos por corrente i_1 e i_2 e imersos num meio de permeabilidade magnética μ_0, é dada por

$$d^2 F = \mu_0 \frac{i_1 i_2 d\ell_1 d\ell_2}{4\pi r^2} \text{ sen } \theta_1 \text{ sen } \theta_2. \tag{3.12}$$

Como temos feito até aqui, se tomarmos todas as unidades no sistema métrico internacional, isto é, força em newton, intensidade de corrente em ampère, comprimento em metro e $\mu_0 = 4\pi 10^{-7}$ H/m, tem-se:

$$d^2 F = \frac{i_1 i_2 d\ell_1 d\ell_2}{r^2} \text{ sen } \theta_1 \text{ sen } \theta_2 \, 10^{-7}, \tag{3.13}$$

onde r é a distância entre os elementos tomada sobre a reta que os une. Se considerarmos as duas retas suportes de $d\ell_1$ e $d\ell_2$, reversas no espaço, θ_2 é o ângulo entre as retas de $d\ell_2$ e de $r \cdot \theta_1$ é o ângulo entre a reta de $d\ell_1$ e a reta que passa por $d\ell_1$, e é normal ao plano que contém $d\ell_2$ e r. A força d^2F é normal ao plano que contém $d\ell_1$, como também à normal ao plano de $d\ell_2$ e r.

Observa-se que a força entre dois condutores paralelos é de atração, quando as correntes têm mesmo sentido, e de repulsão, quando têm sentidos contrários. Deixamos a cargo do leitor demonstrar que, dados dois condutores retilíneos e paralelos, muito longos em relação à distância D que os separa, e conduzindo correntes i_1 e i_2, a força (de repulsão ou atração) exercida por um condutor sobre um elemento $d\ell$ do outro condutor é dada por

$$dF = \frac{2i_1 i_2 d\ell}{D} 10^{-7} \qquad (3.14)$$

ou, sobre um comprimento unitário de outro condutor, por

$$F = \frac{2i_1 i_2}{D} 10^{-7}. \qquad (3.15)$$

Note-se que, no caso de correntes variáveis no tempo, as forças serão também função de tempo. No caso de correntes senoidais, demonstra-se facilmente que a força média, medida nos condutores, é proporcional ao produto dos valores eficazes das correntes. Faremos essa demonstração em outra oportunidade para fenômenos semelhantes a esse. Como exemplo de aplicação dessa lei, podemos citar o cálculo de forças entre barramentos de alta correntes em subestações de sistemas de potência, etc. (veja o exercício 2 no final do capítulo).

Para o caso dos conversores eletromecânicos em geral, a aplicação da lei de Ampère é pouco prática e o cálculo de forças mecânicas é feito, de preferência, pelas expressões apresentadas no parágrafo 3.4.2. Além disso, a expressão (3.15) pode ser deduzida também pela lei da força mecânica, apresentada a seguir e que deixamos como exercício no final deste capítulo.

3.4.2 LEI DA FORÇA MECÂNICA SOBRE CORRENTE ELETRICA

Interação entre campo magnético e corrente elétrica

A força mecânica elementar que age num elemento de condutor $d\ell$, percorrido por uma corrente i, orientado segundo o sentido convencional positivo da corrente, numa região de campo magnético de indução B, é dada pelo produto vetorial

$$\vec{dF} = i\vec{d\ell} \wedge \vec{B} = i d\ell B \operatorname{sen} \theta \cdot \vec{n}, \qquad (3.16)$$

onde θ é o ângulo de $\vec{d\ell}$ para $\vec{B}$, e $\vec{dF}$ tem a direção da normal positiva $\vec{n}$, ao plano de $\vec{d\ell}$ com $\vec{B}$.

Essa lei é às vezes chamada de lei de Laplace.

Um caso muito comum nas máquinas elétricas rotativas, é o do condutor retilíneo, de comprimento ℓ e perpendicular às linhas de campo ($\theta = 90°$). Integrando ao longo do comprimento ℓ, o módulo da força será

$$F = B\ell i. \qquad (3.17)$$

Aqui também podemos ter as intensidades de i e de B variando com o tempo, dando para F.

$$F(t) = B(t)\ell i(t), \qquad (3.18)$$

cujo valor médio da força mecânica, no intervalo de tempo T, é dado por

$$F = \frac{1}{T}\int_0^T B(t)\ell i(t)\, dt. \qquad (3.19)$$

O caso de $B(t)$ e $i(t)$ senoidais também serão tratados em melhor oportunidade.

Exemplo 3.2. Um miliamperímetro do tipo de bobina móvel (tipo de D'Arsonval) é constituído, em princípio, por um cilindro de ímã permanente [alnico, por exemplo(19)] magnetizado norte e sul (N e S), conforme a Fig. 3.9, que mostra dois cortes esquemáticos do instrumento.

O anel externo é de material ferromagnético (aço doce, por exemplo) e serve para fechar o circuito magnético com relutância desprezível. A bobina, ou o quadro móvel, como também é chamada, está suspensa entre o cilindro e o anel, e tem a parte ativa de seus condutores localizado no entreferro. A densidade de fluxo magnético nessa região é de 0,2 Wb/m². As dimensões da bobina são aproximadamente 25 × 25 mm. A quantidade de espiras é 20. O coeficiente de elasticidade a torsão (inverso da compliância) das molas de restabelecimento, isto é, das molas que mantêm o ponteiro em repouso na posição "0", é 25×10^{-6} N × m/rad. Supondo o sistema sem atritos, vamos procurar (18)

a) o conjugado e o deslocamento angular do ponteiro, na posição de equilíbrio final, após a aplicação de uma corrente de 10 mA com um sentido que faça girar a bobina da esquerda para a direita;

b) a f.e.m. induzida na bobina e sua polaridade, se a bobina, até atingir a posição de equilíbrio, girar com velocidade angular constante na razão de 360° por segundo.

Solução

Pelas condições de contorno do campo magnético (13), $\vec{B}$ deve ser radial no entreferro entre os dois cilindros considerados de permeabilidade infinita (Fig. 3.9) e, portanto, teremos os condutores sempre perpendiculares a ele. Aplicando a (3.17) para os vinte condutores, a força nos lados a e a', da bobina será

$$F = 20\,[0{,}2 \times 25 \times 10^{-3} \times 10 \times 10^{-3}] = 1 \times 10^{-3}\,\text{N} \cong 1 \times 10^{-2}\,\text{kgf}$$

$$C = 2(F \cdot r) = 2\left(10^{-3} \times \frac{25}{2} \times 10^{-3}\right) = 25 \times 10^{-6}\,\text{N} \times \text{m} \cong 2{,}5\,\text{gf} \times \text{mm}$$

Para que a força, e, portanto, o conjugado, seja exercida no sentido da esquerda para a direita, a corrente deve entrar pelo lado a e sair pelo lado a', marcados com *cruz* e *ponto* na Fig. 3.9(a). Sendo a força dada por um produto vetorial na ordem $i\vec{d\ell}, \vec{B}$, conclui-se, facilmente, a sua direção e sentido, através da regra da mão esquerda (o triedro fundamental formado pelo dedo médio, orientado segundo $\vec{d\ell}$, dedo indicador segundo $\vec{B}$ e o polegar segundo $\vec{dF}$).

Os dois únicos conjugados, em equilíbrio, são o conjugado motor aplicado pela bobina e o conjugado resistente elástico; portanto a equação (3.8), aplicada para as duas molas, fornece

$$C_m = 2\left|\frac{1}{d}\alpha\right| = 2(k_t\,\alpha),$$

$$\alpha = \frac{25 \times 10^{-6}}{2 \times 25 \times 10^{-6}} = 0{,}5\,\text{rad} \cong 29°.$$

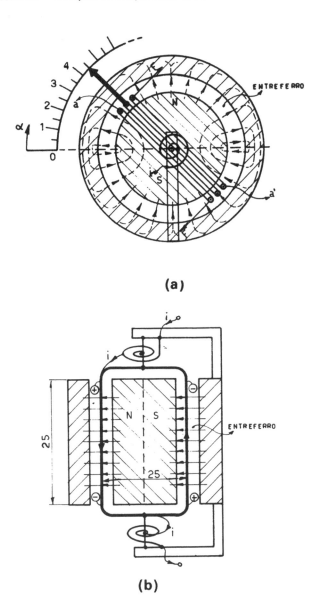

Figura 3.9 Cortes esquemáticos do miliamperímetro de bobina móvel: (a) transversal, (b) longitudinal

Como se depreende do exposto, esse tipo de instrumento tem deslocamento proporcional à corrente e, portanto, escala linear.

Note que nas posições $\alpha = 0$ e $\alpha = \pi$ rad, que são as regiões de inversão de $\vec{B}$ no entreferro, teremos para $i \neq 0$, um $C_m = 0$, com equilíbrio instável, isto é, qualquer perturbação tende a fazer a bobina deslocar-se para α positivos ou negativos. Normalmente os "zeros" dos instrumentos são localizados distantes dessa região.

b) Se o campo radial é uniforme e a velocidade do deslocamento angular é suposta constante, então a f.e.m. induzida pode ser calculada pela lei de Faraday em termos finitos, ou seja,

$$e = \frac{|\Delta\phi|}{\Delta t}.$$

Suponhamos a bobina feita com fio muito fino de tal modo que ela possa ser considerada uma linha. Quando ela se encontra na posição α = 0 [Fig. 3.9(a)], o fluxo ligado com a espira é todo o fluxo magnético provocado pelos pólos N e S, isto é, todo o fluxo que atravessa a meia-superfície do cilindro. Se a bobina girasse 90°, nessa posição final o fluxo ligado seria nulo. Assim, teríamos uma variação de fluxo ligado, isto é,

$$\left|\Delta\phi\right| = \left|0 - \phi_0\right| = \frac{2\pi r \ell}{2} B = \pi \times \frac{25}{2} \times 25 \times 10^{-6} \times 0{,}2 = 1{,}97 \times 10^{-4} \text{ Wb}.$$

Nota. procure mostrar que esse módulo de variação de fluxo $|\Delta\phi|$, para a bobina girando 90°, não depende da posição inicial da mesma.

Para a velocidade dada, a duração desse movimento é 1/4 de segundo, logo,

$$e = \frac{1{,}97 \times 10^{-4}}{1/4} = 0{,}788 \times 10^{-3} \cong 0{,}790 \text{ mV},$$

$$E = \frac{|\Delta\lambda|}{\Delta t} = N \frac{|\Delta\phi|}{\Delta t} = N \cdot e = 20 \times 0{,}790 = 15{,}8 \text{ mV}.$$

De acordo com a lei de reação de Lenz, o sentido dessa f.e.m., ou melhor, sua polaridade, é tal que tenda a lançar para o circuito externo uma corrente que não permita a variação de fluxo que a originou. Se o fluxo concatenado com a bobina está decrescendo durante o movimento de 0 a 90°, conclui-se então que a polaridade de E é no sentido contrário à corrente injetada, como está marcada na Fig. 3.9(b).

3.4.3 LEI DA FORÇA MECÂNICA SOBRE CARGA ELÉTRICA

Ação de campo elétrico sobre carga elétrica

Uma quantidade de carga positiva q colocada num campo elétrico de intensidade E fica sujeita a uma força mecânica, com sentido e direção do campo elétrico, dada por

$$\vec{F} = q\vec{E}. \qquad (3.20)$$

Para cargas negativas, o sentido é o oposto.

3.4.4 FORÇA DE LORENZ

Ação de campo magnético sobre carga elétrica em movimento

Uma quantidade de carga positiva q, animada de velocidade u, numa região de campo magnético de indução B, fica sujeita a uma força mecânica, que é normal em cada instante ao plano de $\vec{u}$ com $\vec{B}$, e é dada pelo produto vetorial

$$\vec{F} = q\vec{u} \wedge \vec{B} = quB\,\text{sen}\theta\,\vec{n}. \qquad (3.21)$$

Relações eletromecânicas — exemplos de componentes eletromecânicos

No caso de velocidade de deslocamento perpendicular a $\vec{B}$, teremos, para o módulo da força

$$F = quB. \tag{3.22}$$

Como no caso da lei $B\ell i$, a direção e sentido de $\vec{F}$ podem ser determinados pela regra da mão esquerda. Exemplos de manifestação dessas duas últimas forças estão nos tubos de raios catódicos de um osciloscópio ou de um receptor de televisão.

3.4.5 f.e.m. MOCIONAL

Força eletromotriz induzida em condutores em movimento num campo magnético

A f.e.m. elementar induzida num elemento de condutor $d\ell$, deslocando-se com velocidade u num campo magnético de indução B, é dada pelo produto misto, vetorial escalar

$$de = (\vec{u} \wedge \vec{B}) \times \vec{d\ell} = uB\,\text{sen}\,\theta_1\,d\ell\,\cos\theta_2, \tag{3.23}$$

onde θ_1 é o ângulo de $\vec{u}$ para $\vec{B}$ e θ_2 o ângulo entre $\vec{d\ell}$ e a normal ao plano de $\vec{u}$ com $\vec{B}$.

Numa grande parte dos conversores eletromecânicos, existe o caso de condutores retilíneos animados de velocidade $\vec{u}$ perpendicular a $\vec{B}$ ($\theta_1 = 90°$) e mantendo seu comprimento ℓ sempre perpendicular ao plano de $\vec{u}$ com $\vec{B}$ ($\theta_2 = 0$). Nesse caso, integrando a (3.23), vem

$$e = B\ell u. \tag{3.24}$$

A polaridade desses condutores, considerados como um gerador de f.e.m., pode ser determinada, observando-se que os elétrons, sendo carga negativa, deslocam-se contrariamente ao sentido da força $(+q)\vec{v} \times \vec{B}$, e a extremidade para a qual se deslocam constitui o pólo negativo.

A expressão acima pode ser deduzida dos dois parágrafos anteriores (13), considerando que as cargas livres do condutor animados de velocidade u, desloquem-se para as extremidades, ficando sujeitas às forças de Lorenz e do campo E. Da igualdade dessas forças resulta o campo elétrico E que, no comprimento ℓ, dá a f.e.m. e. Essa questão pode ficar como exercício. Um caso interessante é quando temos u constante e $B(t)$. Será focalizado no exemplo 3.4.

Exemplo 3.3. Vamos calcular a f.e.m. induzida na bobina móvel do instrumento do exemplo 2.2., pela $B\ell u$.

Solução

As linhas de campo são radiais. Em qualquer posição α, os condutores e sua velocidade tangencial serão perpendiculares a $\vec{B}$. A freqüência de rotação é de uma por segundo; logo,

$$\Omega = 2\pi n = 2\pi \text{ rad/s},$$

$$u = \Omega r = 2\pi \times \frac{25}{2} \times 10^{-3} = 25\pi \times 10^{-3} \text{ m/s}.$$

Para cada condutor, temos

$$e = B\ell u = 0{,}2 \times 25 \times 10^{-3} \times 25\pi \times 10^{-3} = 0{,}395 \text{ mV}.$$

Note-se que as polaridades das f.e.m. dos vinte condutores de cada lado [a e a' da Fig. 3.9(b)] são coerentes para a ligação de todos em série. Logo,

$$E = 40 \times 0{,}395 = 15{,}8\,\text{mV},$$

resultado esse já obtido pela aplicação da lei de Faraday.

Exemplo 3.4. Reputamos de grande importância o exemplo que se segue, pois será de grande valia nos casos dos conversores rotativos, objeto dos últimos capítulos.

Suponhamos que a distribuição radial de induções no entreferro do dispositivo da Fig. 3.9 não fosse uniforme. Um alternador elementar (gerador de tensão alternativa) é, em princípio, um dispositivo como esse, onde se procura, por certos meios que veremos mais tarde, produzir no entreferro induções radiais que variem de intensidade ao longo da circunferência. E essa variação procura-se fazer, na maioria dos casos, a mais próxima possível da senoidal. Digamos que se conseguiu neste caso uma distribuição, ao longo do entreferro, não perfeitamente senoidal, mas com a forma

$$B(\alpha) = B_{1\,max}\,\text{sen}\,\alpha + 0{,}24\,B_{1\,max}\,\text{sen}\,3\alpha - 0{,}35\,B_{1\,max}\,\text{sen}\,5\alpha.$$

É uma função periódica, alternante, simétrica de meio-período, isto é, $B(x) = -B(x + A/2)$, onde A é o período, Comporta apenas harmônicas ímpares, e a representação, com a superfície do cilindro planificada, está na Fig. 3.10.

Vamos supor que a bobina retangular tenha N espiras, que o seu comprimento na parte útil seja ℓ e que se possa girá-la com velocidade angular Ω. Podemos calcular a) o fluxo polar, concatenado com a bobina, b) o fluxo concatenado em função da posição angular α da bobina, c) a f.e.m. induzida na mesma, sua forma de onda, sua freqüência e seu valor eficaz. A distância angular entre os lados de bobina é π rad.

Solução.

a) O máximo fluxo, concatenado, acontece com a bobina na posição $\alpha = 0$ [Fig. 3.9(a) e 3.10]; logo,

$$\lambda_0 = \lambda_{max} = N\phi_0 = N \int_S B\,dS = N \int_0^\pi B(\alpha)\ell r\,d\alpha. \qquad (3.25)$$

Substituindo $B(\alpha)$ e efetuando a integração, vem

$$\lambda_0 = N\left[2B_{1\,max}\ell r + 2\,\frac{0{,}24\,B_{1\,max}\,\ell r}{3} - 2\,\frac{0{,}35\,B_{1\,max}\,\ell r}{5}\right].$$

Note-se que ϕ_0 é o fluxo magnético que "atravessa" a superfície de cada pólo e é chamado de *fluxo por pólo* nas máquinas elétricas rotativas. É a composição da fundamental com as harmônicas existentes.

$$\lambda_0 = N(\phi_{01} + \phi_{03} + \phi_{05}), \qquad (3.26)$$

$\phi_{01} = 2B_{1\,max}\ell r =$ fluxo por pólo da componente fundamental da distribuição de induções.

$\phi_{03} = 2\,\dfrac{0{,}24\,B_{1\,max}\ell r}{3} = 2\,\dfrac{B_{max3}\,\ell r}{3} =$ fluxo por pólo da componente terceira harmônica da distribuição.

$\phi_{05} = -2\,\dfrac{0{,}35\,B_{1\,max}\ell r}{5} = -2\,\dfrac{B_{max5}\ell r}{5} =$ fluxo por pólo da quinta harmônica.

Em função do fluxo da fundamental, teremos

$$\lambda_0 = N\left(\phi_{01} + \frac{0{,}24}{3}\phi_{01} - \frac{0{,}35}{5}\phi_{01}\right) = 1{,}01\,N\phi_{01}.$$

Suponha $B_{1\,max} = 0,7\,Wb/m^2$, $\ell = 100\,mm$, $r = 200\,mm$, $N = 60$ espiras, calcule os valores numéricos dos ϕ e dos λ.

b) O fluxo concatenado varia com a posição α da bobina que se move em relação à distribuição de induções. Se a bobina estiver posicionada segundo o ângulo α (Fig. 3.10), para determinar esse fluxo basta fazer a integração da expressão (3.25) com os extremos α e $\alpha + \pi$.

$$\lambda(\alpha) = N\phi(\alpha) = N \int_{\alpha}^{\alpha+\pi} B(\alpha)\ell r\, d\alpha. \qquad (3.27)$$

Substituindo $B(\alpha)$ e integrando, vem

$$\lambda(\alpha) = N \left[B_{1\,max}\,\ell r \left(2\cos\alpha + 2\frac{0,24}{3}\cos 3\alpha - 2\frac{0,35}{5}\cos 5\alpha\right) \right],$$

$$\lambda(\alpha) = N(\phi_{01}\cos\alpha + \phi_{03}\cos 3\alpha - \phi_{05}\cos 5\alpha). \qquad (3.28)$$

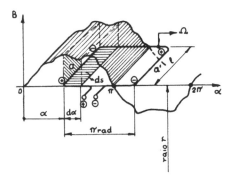

Figura 3.10 Representação planificada da distribuição espacial de induções ao longo do entreferro circular

O caso a) poderia ser tomado como caso particular deste, pois, como se vê, o fluxo concatenado será o polar, para $\alpha = 0, \pi, 2\pi, \ldots$ e nulo para $\alpha = \pi/2, 3\pi/2, 5\pi/2, \ldots$

c) Cálculo da f.e.m. A bobina gira com velocidade angular Ω. A sua posição α em função do tempo será

$$\alpha(t) = \Omega t.$$

Dessa maneira, o fluxo concatenado com ela varia no tempo. Substituindo α na (3.28), vem

$$\lambda(t) = N(\phi_{01}\cos\Omega t + \phi_{03}\cos 3\Omega t - \phi_{05}\cos 5\Omega t), \qquad (3.29)$$

$$\lambda(t) = NB_{1\,max}\,\ell r \left(2\cos\Omega t + 2\frac{0,24}{3}\cos 3\Omega t - 2\frac{0,35}{5}\cos 5\Omega t\right).$$

É como se tivéssemos a bobina estacionária no espaço e o fluxo variando no tempo segundo (3.29). Portanto podemos calcular como se fosse f.e.m. variacional, aplicando a lei de Faraday, ou seja,

$$e(t) = \frac{d\lambda(t)}{dt} = -N\phi_{01}\Omega \operatorname{sen} \Omega t - 3N\phi_{03}\Omega \operatorname{sen} 3\Omega t + 5N\phi_{05}\Omega \operatorname{sen} 5\Omega t \quad (3.30)$$

$$e(t) = -E_{1max} \operatorname{sen} \Omega t - E_{3max} \operatorname{sen} 3\Omega t + E_{5max} \operatorname{sen} 5\Omega t \quad (3.31)$$

$$e(t) = e_1(t) + e_3(t) + e_5(t). \quad (3.32)$$

Note-se que, nesse caso, pelo fato do gerador ter dois pólos magnéticos (N e S), a velocidade angular Ω, da bobina, coincide com a freqüência angular da fundamental da f.e.m. induzida. Logo, temos a freqüência da fundamental de f.e.m. coincidindo com a freqüência de rotação n, da bobina:

$$f = \frac{\omega}{2\pi} = \frac{\Omega}{2\pi} = n. \quad (3.32a)$$

É fácil perceber que se o dispositivo tivesse quatro pólos magnéticos na superfície do cilindro, a f.e.m. iria completar dois ciclos numa volta completa da bobina, enquanto que com dois pólos, completa apenas um ciclo. Ou seja, com quatro pólos, a freqüência da f.e.m. seria duas vezes a freqüência de rotação da bobina. Com seis pólos seria três vezes, e assim por diante. Com $2p$ pólos seria p vezes.

Voltando a (3.31), temos

$$E_1 = \frac{E_{1max}}{\sqrt{2}} = \frac{2\pi f N \phi_{01}}{\sqrt{2}} = 4{,}44 f N \phi_{01} = \text{valor eficaz da componente fundamental}$$

da f.e.m. induzida.

$$E_3 = \frac{2\pi f}{\sqrt{2}} 3N\phi_{03} = 4{,}44 \times 3fN \phi_{03} = \text{valor eficaz da componente terceira harmônica da f.e.m.}$$

$$E_5 = \frac{2\pi f}{\sqrt{2}} 5N \phi_{05} = 4{,}44 \cdot 5f \cdot N \phi_{05} = \text{valor eficaz da 5.}^a \text{ harmônica da f.e.m.}$$

Lembrando as relações entre ϕ_{03} e ϕ_{05} com ϕ_{01}, ou seja,

$$\phi_{03} = \frac{0{,}24}{3}\phi_{01}, \quad \phi_{05} = \frac{0{,}35}{5}\phi_{01},$$

e substituindo na (3.30), obtemos

$$e(t) = N\phi_{01}\Omega(-\operatorname{sen}\Omega t - 0{,}24\operatorname{sen} 3\Omega t + 0{,}35\operatorname{sen} 5\Omega t),$$

$$e(t) = 2 NB_{1max} \ell r\Omega(-\operatorname{sen}\Omega t - 0{,}25\operatorname{sen} 3\Omega t + 0{,}35\operatorname{sen} 5\Omega t). \quad (3.33)$$

A relação entre o valor eficaz da onda resultante e o valor eficaz das componentes (6) é

$$E = \sqrt{E_1^2 + E_3^2 + E_5^2 + \ldots} \quad (3.34)$$

$$E = \frac{N\phi_{01}\Omega}{\sqrt{2}} \sqrt{1^2 + (0{,}24)^2 + (0{,}35)^2} = 1{,}08 E_1.$$

Com os valores dados no item a) e com $n = 60$ rps (Hz), calcule todas essas f.e.m.

Nota. Podemos calcular também essa f.e.m. como uma f.e.m. mocional, aplicando a expressão (3.24) e obtendo

$$e(t) = B(t)\ell u.$$

Se os condutores do lado a (Fig. 3.10) da bobina giram em relação a $B(\alpha)$ com velocidade Ω, eles "enxergam" induções variáveis no tempo, segundo

$$B(t) = B_{1\,max}\text{sen}\,\Omega t + 0{,}24B_{1\,max}\text{sen}\,3\Omega t - 0{,}35B_{1\,max}\text{sen}\,5\Omega t.$$

Para os condutores do lado a' valem as mesmas considerações, visto ser um caso de onda de B simétrica de meio-período. Logo, as f.e.m. se somam, e devemos aplicar $B\ell u$ para $2N$ condutores. Assim, para uma velocidade tangencial $u = \Omega r$, teremos

$$e(t) = 2NB_{1\,max}\ell r\Omega(\text{sen}\,\Omega t + 0{,}24\,\text{sen}\,3\Omega t - 0{,}35\,\text{sen}\,5\Omega t),$$

que nos garante que a forma de onda da f.e.m., no tempo, é a mesma da distribuição radial de indução no entreferro (no espaço).

Já havíamos chegado a esses resultados, pela aplicação da lei de Faraday, tanto para a forma de onda como para os valores eficazes. Com exceção do sinal, que é um problema de polaridade apenas, a expressão anterior coincide com (3.33). Isso se prende ao fato de utilizarmos a lei de Faraday não precedida de sinal negativo (veja a Seç. 2.7 e 3.4.4). A aplicação de $B\ell u$ é mais cômoda nesses casos. A polaridade da f.e.m. pode ser determinada pelo suposto deslocamento de cargas positivas, que é o sentido convencional da corrente e nos dá o pólo positivo. Basta, para isso, lembrar a $q \cdot \vec{u} \wedge \vec{B}$. Essa polaridade da fonte de f.e.m. está marcada na Fig. 3.10.

3.4.6 OUTROS FENÔMENOS FÍSICOS QUE INTERESSAM A ELETROMECÂNICA. ALINHAMENTO MAGNÉTICO, PIEZOELETRICIDADE, MAGNETOSTRICÇÃO

a) *Princípio do alinhamento*

Por esse nome é conhecido o fenômeno segundo o qual materiais ferromagnéticos colocados numa região de campo magnético ficam sujeitos a forças mecânicas que tendem a alinhá-los com as linhas de campo e/ou a levá-los a uma posição de maior densidade de fluxo. Suponhamos na Fig. 3.11, que entre as superfícies N_1 e S_1 (norte magnético ou *saída* das linhas de campo e sul magnético ou *entrada* das linhas) seja estabelecido um campo de indução magnética homogêneo. As linhas se adensam numa barra retangular de material de alta permeabilidade colocado nesse campo, e, além disso, as superfícies de *entrada* e de *saída* do fluxo, na barra, polarizam-se S_2 e N_2. Por questão de simetria a resultante das forças de atração entre as superfícies N_1 e S_2 deve ser igual à resultante das forças entre S_1 e N_2. Essas forças devem estar se equilibrando em qualquer projeção não produzindo translação da barra, mas devem estar produzindo um binário (conjugado) em relação ao eixo O, pois fazem a barra girar em torno desse eixo no sentido horário, até se alinhar com o campo. Se o leitor desenhar as linhas de campo para a posição da barra alinhada, notará que houve, por assim dizer, uma tendência das linhas de campo de procurarem o meio de maior permeabilidade, tornando-se mais curtas no trecho em ar, e reduzindo as relutâncias de seus percursos.

Se colocarmos uma esfera de material ferromagnético num campo radial, teremos uma configuração como a da Fig. 11(b). A força F_s na superfície S_2 deve ser maior que a força F_N na superfície N_2, pois observa-se que a esfera se desloca para a região de maior densidade de linhas. Pode-se concluir, pelas duas figuras, que a força de atração por unidade de área deve ser maior nas superfícies de maior densidade de fluxo magnético, justificando tanto a rotação da barra como o deslocamento da esfera. Mais tarde, baseados em considerações de energia associada ao campo magnético, deduziremos que essa força é função do quadrado da densidade de fluxo na superfície. Além disso, o conjugado de alinhamento é proporcional à intensidade de cada pólo, considerado isoladamente, e ao seno do ângulo entre suas linhas centrais.

Se a f.m.m. $\mathscr{F}$ aplicada — tanto na Fig. 3.11(a) como na Fig. 3.11(b) — para produzir um fluxo magnético ϕ, for mantida constante, nota-se que o fluxo aumentará

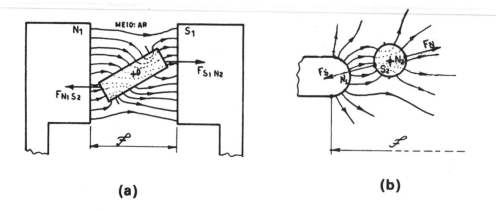

Figura 3.11 (a) Alinhamento de uma barra ferromagnética num campo magnético, (b) deslocamento de uma esfera para maior densidade de fluxo

se a barra se alinhar, ou se a esfera se aproximar de N_1, pelo fato da relutância oferecida ao fluxo diminuir nos dois casos, tendendo para a posição de relutância mínima. Esse fato pode ser observado naquelas figuras.

Por essa razão, esse fenômeno é também chamado de *princípio de máximo fluxo* ou *da mínima relutância* e essas forças e conjugados manifestados são chamados de *forças e conjugados de relutância*.

A interpretação do comportamento dos materiais ferromagnéticos são estudados na Física e, aos interessados, sugerimos a consulta da referência (20). Para as nossas aplicações interessa o conhecimento do fenômeno em suas manifestações.

Exemplo 3.5. Vamos examinar o caso particular das máquinas elétricas rotativas no tocante a força, conjugado e f.e.m., quando o condutor está alojado em ranhuras efetuadas no material ferromagnético, como é o caso do cilindro desenhado em corte transversal na Fig. 3.12(b).

Nos conversores do tipo de força, ou de potência, os condutores elétricos, que possibilitam a circulação de corrente para se obter forças e, portanto, conjugados, não estão colocados no entreferro como era o caso do conversor do tipo de sinal, apresentado no exemplo 3.2 (Fig. 3.9). Estão, porém, localizados em ranhuras praticadas no cilindro ferromagnético como ilustra o caso elementar da Fig. 3.12(b). A razão disso virá no final da exposição deste exemplo. Essa questão pode ser explicada de outras maneiras, inclusive introduzindo-se o conceito das correntes amperianas nos materiais ferromagnéticos (4). Essa maneira, porém, quase sempre deixa algumas dúvidas ao aluno num primeiro contato. Idealizamos o processo abaixo, utilizando o princípio do alinhamento, que nos pareceu de fácil entendimento.

Solução

Suponhamos que no cilindro da Fig. 3.12(a) se façam duas ranhuras (1) e (2), mas que suas aberturas sejam pequenas, de tal modo que praticamente não seja afetada a relutância magnética do cilindro em nenhuma direção. Se as linhas do campo, antes da introdução do cilindro, podiam ser representadas por retas paralelas, após a introdução tomam a configuração da Fig. 3.12(a). Nota-se ainda, por questão de simetria, que as forças e conjugados se equilibram perfeitamente nessa posição.

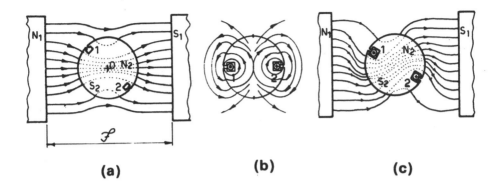

Figura 3.12 (a) Corte transversal de um cilindro de ferro colocado num campo magnético e a conseqüente configuração do campo, (b) cilindro isolado, porém com corrente nas ranhuras, (c) superposição dos casos (a) e (b)

Tomemos agora um cilindro ranhurado, onde existam condutores percorridos por corrente elétrica. Isoladamente, a configuração do campo produzido por essas correntes é apresentada na Fig. 3.12(b). Coloquemos esse cilindro no lugar daquele da Fig. 3.12(a). Suponhamos os meios lineares e façamos a superposição dos casos (a) e (b). Obteremos a configuração aproximada da Fig. 3.12(c). Pela analogia entre esse caso e o da Fig. 3.11(a), concluímos que as resultantes das forças no cilindro produzem um binário em relação ao eixo 0, que tende a girá-lo no sentido horário. Se for deixado livre, esse eixo girará até que os condutores das ranhuras 1 e 2 assumam a posição perpendicular ao campo. Sugerimos ao aluno desenhar a configuração nessa posição, pelo que ele concluirá, por questões de simetria, que não haverá mais o conjugado que fazia o cilindro girar e ele permanecerá nessa posição, aliás, a de menor relutância e máximo fluxo. Essa situação corresponderia à da barra depois de alinhada.

Imaginemos que na Fig. 3.12(c) fizéssemos a abstração do cilindro e deixássemos no campo a bobina formada pelos condutores 1 e 2. Haveria forças ($F = B\ell I$) perpendiculares aos condutores que fariam a bobina girar no sentido horário. Mas com os condutores alojados em ranhuras, eles ficam submetidos a uma indução magnética quase nula (as linhas se desviam pelo material ferromagnético) e a força mecânica sobre eles é desprezível. Logo, o que se conseguiu de importante, pelo fato de se alojar os condutores nas ranhuras, foi a transferência das forças dos condutores para o material ferromagnético, que faz parte da própria estrutura mecânica do cilindro. A maneira de se calcular o conjugado com a presença do cilindro será vista em parágrafos futuros. Resulta o mesmo valor que resultaria se fosse calculado por $B\ell I$, embora a força sobre os condutores seja praticamente nula.

Esse fato é de particular interesse nos conversores de potência, onde as forças podem ser de milhares de newtons (centenas de quilogramas) e criariam sérios problemas de resistência mecânica, tanto dos materiais isolantes aplicados sobre os condutores, como dos próprios condutores que são normalmente de cobre ou alumínio.

Quanto à f.e.m. mocional ($e = B\ell u$), o fato dos condutores alojados em ranhuras estarem numa região de baixíssima densidade de fluxo, em nada será afetada em seu valor médio, desde que se considere o mesmo fluxo. Imaginemos novamente que na Fig. 3.12(a) não existisse o cilindro. Se uma bobina formada pelos condutores 1 e 2 girasse nesse campo, com velocidade angular Ω, desde a posição perpendicular às linhas de campo (máximo fluxo concatenado) até a posição alinhada (fluxo concatenado nulo), a f.e.m. induzida poderia ser calculada por $B\ell u$, ou pela lei de Faraday, e teria um valor médio $|\Delta\lambda|/\Delta t$. Não estamos interessados na forma de variação no tempo dessa f.e.m., mas apenas no seu valor médio, durante esse percurso.

Imaginemos agora que nas ranhuras 1 e 2 do cilindro da Fig. 3.12(a) fossem colocados os condutores da bobina. A configuração do campo passa de retas paralelas às linhas que se concentram no cilindro ferromagnético. Mas se ajustarmos a f.m.m. $\mathscr{F}$, de tal modo que o fluxo concatenado com a bobina seja o mesmo, com ou sem o cilindro, a variação desse fluxo durante aquele mesmo percurso seria a mesma. Assim, teríamos a mesma f.e.m. média. E por isso é comum nos textos de máquinas elétricas o cálculo dessa f.e.m. na sua expressão mocional ($e_{média}$ = valor médio de $B\ell u$) como se os condutores não estivessem alojados em ranhuras.

b) *Piezoeletricidade*

Certos materiais cristalinos, como, por exemplo, o quartzo e o sal de Rochelle e certos materiais cerâmicos, têm a propriedade de, quando submetidos a ligeiras deformações segundo um eixo, apresentarem uma força eletromotriz segundo um outro eixo. Embora com deformações muito pequenas, as pressões mecânicas envolvidas para consegui-las podem ser elevadas. Essa propriedade propicia a utilização desses cristais como elementos sensores de grandezas mecânicas vibratórias em equipamentos de tomada de vibrações mecânicas como, por exemplo, os acelerômetros eletromecânicos e as cápsulas de toca-disco, os quais veremos mais adiante.

Para freqüências da solicitação mecânica bem abaixo da freqüência natural do elemento piezoelétrico, ele pode ser considerado um transdutor de resposta proporcional ou linear, isto é, a quantidade de carga q gerada nos eletrodos coletores do elemento é proporcional à força mecânica f de solicitação

$$q = k_1 f, \quad (3.35)$$

onde k_1 é a constante piezoelétrica do elemento, dada em coulomb/newton.

Esses elementos possuem alta resistência interna e apresentam uma capacitância interna entre eletrodos. Se relacionarmos a força com a pressão aplicada sobre uma superfície do elemento ($f = p \cdot S$) e a carga elétrica com a capacitância interna ($q = e \cdot C_i$), teremos uma relação entre a f.e.m. gerada e a pressão de solicitação mecânica, ou seja,

$$\left.\begin{array}{l} e = k_1 \dfrac{f}{C_i} \\[2mm] e = k_1 \dfrac{pS}{C_i} = k_2 p \end{array}\right\} \quad (3.36)$$

O fenômeno é reversível, pois, aplicando-se uma diferença de potencial elétrico entre os eletrodos, o elemento se deforma. Ele é realmente um conversor eletromecânico de energia, bilateral, pois absorve energia elétrica de um lado para fornecer energia mecânica do outro e vice-versa.

c) *Magnetostricção*

É um fenômeno de relação magneto-mecânica e mecânico-magnética, apresentado por materiais ferromagnéticos, segundo o qual esses materiais, quando submetidos a um campo magnético, podem apresentar pequeníssimas deformações, ou ter suas propriedades magnéticas modificadas, quando submetidos a esforços mecânicos. O primeiro fato apresenta pouco interesse na Eletromecânica, a não ser pelas suas conseqüências, como a produção de ruído em núcleos submetidos a campos magnéticos variáveis alternativos. O segundo, embora de aplicação restrita, pode ser utilizado para a execução de sensores magnéticos de esforços mecânicos, para medida de forças ou conjugados.

3.5 TRANSDUTORES PARA OSCILAÇÕES MECÂNICAS

Existe uma grande quantidade de transdutores específicos para as mais variadas finalidades. Para os casos particulares, sugerimos as obras especializadas, referências (21), (22) e (23). Vamos iniciar focalizando alguns exemplos de transdutores de oscilações mecânicas.

As grandezas características das vibrações mecânicas, e que interessa medir, são deslocamento, velocidade de deslocamento e aceleração, tanto nos movimentos de translação como nos de rotação. Essas vibrações podem ser tanto as de uma agulha que acompanha as gravações dos sulcos de um disco musical, como as de uma lage de um edifício, ou as da base de um motor.

Podemos lembrar que as partes rotativas de máquinas, como rotores de turbinas, de motores elétricos, etc., são balanceadas dinamicamente durante a fabricação para se corrigir excentricidades de massa que, como se sabe, geram forças centrífugas rotativas ou binários de plano rotativo. Essas forças e binários são causas de vibração em funcionamento. O equilíbrio é conseguido em máquinas chamadas *balanceadoras dinâmicas*, que, em princípio, constam de duas cápsulas transdutoras de vibração, as quais tomam as oscilações dos dois apoios do eixo em movimento e transformam o sinal mecânico em elétrico, o qual devidamente amplificado, é utilizado para a medição. Essas cápsulas tanto podem ser acelerômetros piezoelétricos como cápsulas dinâmicas magnéticas.

3.5.1 CÁPSULA DINÂMICA

É um transdutor que apresenta f.e.m. proporcional à velocidade de vibração. Ele é apresentado esquematicamente, em cortes longitudinal e transversal, na Fig. 3.13 e lembra o corte do alto-falante da Fig. 1.2. No entreferro é estabelecido um campo radial de indução magnética. Na região da bobina móvel, a densidade de fluxo magnético, suposto constante, é representada por B. Embora para toca-discos esse transdutor seja um modelo um tanto rudimentar, ele tem bom efeito didático e pode servir para a tomada de outras vibrações mecânicas. Suponhamos, então, que a sua estrutura seja fixada ao braço do toca-discos, e que a bobina móvel vibre através de um estilete que oscila num plano vertical, acompanhando uma gravação que se movimenta no plano horizontal. Essa gravação está impressa na superfície do disco ($+x_{max} -x_{max}$, na Fig. 3.13).

Vamos então estabelecer as equações do lado mecânico, do lado elétrico, e da parte eletromecânica, para obtermos a solução do sistema eletromecânico.

Sendo um caso de deslocamento da bobina, perpendicularmente ao campo, a equação eletromecânica a ser usada é

$$e(t) = B\ell u(t), \qquad (3.37)$$

onde ℓ é o comprimento total do condutor, resultado da quantidade de espiras pelo perímetro médio das espiras e $u(t)$ é a velocidade de deslocamento em função de tem-

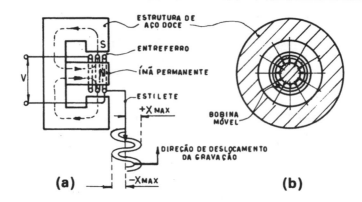

Figura 3.13 Corte esquemático da cápsula dinâmica magnética

po. A equação mecânica das forças, dada em (3.4), não é necessária neste caso, pois o conjunto agulha-bobina, independentemente de sua massa e resistências oferecidas ao movimento, é forçado a acompanhar a gravação do sulco em amplitude e fase. O conjunto braço-cápsula, de grande massa relativamente à agulha, acompanha apenas o movimento lento do avanço da espiral do sulco e comporta-se estaticamente em relação à vibração do conjunto agulha-bobina. É como se a estrutura da cápsula fosse um referencial imóvel para a vibração da bobina.

Como nossa intenção é procurar a resposta da cápsula em relação ao deslocamento $x(t)$ da agulha, consideraremos a relação da velocidade $u(t)$ com o deslocamento

$$u(t) = \frac{dx(t)}{dt}. \qquad (3.38)$$

Suponhamos agora que a bobina apresente apenas resistência interna R_G e alimente uma carga resistiva R_c. A tensão V disponível nos terminais será menor que a f.e.m. E. O gerador equivalente da cápsula, mais a carga, estão no circuito da Fig. 3.14(a). Aplicando a lei de Kirchhoff, das tensões, a esse circuito, teremos a solução do lado elétrico e resulta

$$e(t) - R_G i(t) - R_c i(t) = 0$$
$$v(t) = R_c\, i(t),$$

donde

$$v(t) = e(t) \frac{R_c}{R_G + R_c}. \qquad (3.39)$$

A solução simultânea dessas equações por substituição de (3.37) e (3.38) em (3.39) fornece a solução do conversor, que é uma equação eletromecânica onde tomam parte variáveis de natureza mecânica, elétrica e magnética.

$$v(t) = \frac{R_c}{R_G + R_c} B\ell \frac{dx(t)}{dt}. \qquad (3.40)$$

Para a resposta em freqüência, na faixa de audiofreqüência (2.17.2), basta considerar $x(t)$ senoidal e fazer a transformação fasorial (apêndice 1), isto é

Relações eletromecânicas — exemplos de componentes eletromecânicos

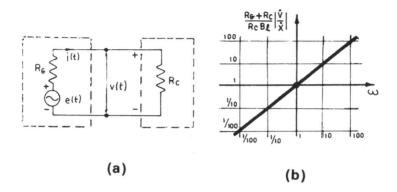

Figura 3.14 (a) Circuito equivalente da cápsula dinâmica mais carga; (b) respectivo diagrama de resposta em freqüência

$$x(t) = x_{max} \operatorname{sen} \omega t,$$

$$\dot{V} = j\omega \frac{R_c}{R_G + R_c} B\ell \dot{X}. \quad (3.41)$$

Neste caso, a tensão de saída $\dot{V}$ está defasada 90° em avanço, em relação ao sinal de deslocamento $(j\dot{X})$. Como seria de se esperar, quanto maior for R_c em comparação com R_G, maior será a resposta para o mesmo deslocamento x, numa certa freqüência ω. Depende também das constantes construtivas ℓ e B. Na prática, não é fácil conseguir-se uma densidade de fluxo elevada com imã permanente e entreferros espessos. A relação $\dot{V}/\dot{X}$ costuma também ser chamada de função de transferência em regime permanente (seç. 1.3). Por (3.41) vem

$$\frac{\dot{V}}{\dot{X}} = j\omega \frac{R_c}{R_G + R_c} B\ell. \quad (3.42)$$

A representação gráfica do andamento do módulo de $\dot{V}/\dot{X}$, está em escala logarítmica, na Fig. 3.14(b). É a resposta amplitude-freqüência. O gráfico fase-freqüência não foi representado, pois, no caso, a defasagem entre $\dot{V}$ e $\dot{X}$ é constante e igual a 90° em todas as freqüências.

Nota-se, por aí, que a resposta, ou a tensão de saída por unidade de deslocamento, é crescente com ω. Isso advém do fato da cápsula dinâmica ter a f.e.m. proporcional à velocidade, e esta é a derivada do deslocamento. A menos que se faça correção na gravação do sinal mecânico, ou na amplificação do sinal elétrico, reforçando as respostas nas baixas freqüências, teríamos, para a mesma amplitude de deslocamento, tensões proporcionalmente maiores nas maiores freqüências.

Se a carga não fosse puramente resistiva, a expressão (3.41) poderia ser reescrita com uma impedância $\dot{Z}_c$ (apêndice 1) que também é função da freqüência, o que resulta

$$\frac{\dot{V}}{\dot{X}} = j\omega \frac{Z_c(\omega)}{R_G + Z_c(\omega)} B\ell. \quad (3.43)$$

Exemplo 3.6. Pelo que foi exposto no apêndice 1, vamos aproveitar esse caso para traçarmos um diagrama de fasores onde entrem grandezas elétricas e mecânicas.

Suponhamos que a impedância $\dot{Z}_c$ da (3.43) seja de natureza indutiva e que, numa certa freqüência $f' = \omega'/2\pi$ ela apresente o valor $\dot{Z}_c = R_G \lfloor 45°$

$$\frac{\dot{V}}{\dot{X}} = j\omega' B\ell \frac{R_G \lfloor 45°}{R_G + R_G \lfloor 45°} = j\omega' B\ell \frac{R_G \lfloor 45°}{R_G + R_G (\cos 45° + j \operatorname{sen} 45°)}$$

$$\frac{\dot{V}}{\dot{X}} = j\omega' B\ell \frac{R_G \lfloor 45°}{1,85 R_G \lfloor 22,5°} = j0,54 \, \omega' B\ell \lfloor 22,5°$$

$$\dot{V} = 0,54 \, \omega' B\ell j\dot{X} \lfloor 22,5° = 0,54 \, \omega' B\ell X \lfloor 112,5°$$

Transformando a (3.37) e a (3.38) para fasores

$$\dot{E} = B\ell \dot{U}, \qquad (3.44)$$
$$\dot{U} = j\omega \dot{X}. \qquad (3.45)$$

Por outro lado

$$\dot{I} = \frac{\dot{E}}{R_G + \dot{Z}_c} = \frac{\dot{E}}{1,85 R_G} \lfloor -22,5° \, ; \quad \dot{V} = \dot{Z}_c \dot{I}$$

Adotando-se escalas convenientes para tensões, correntes, velocidades e deslocamentos, e, fazendo $\dot{X} = X \lfloor 0°$ como referência, obtém-se, pelas relações acima, o diagrama da Fig. 3.15(a). O correspondente andamento das variáveis no tempo está na Fig. 3.15(b).

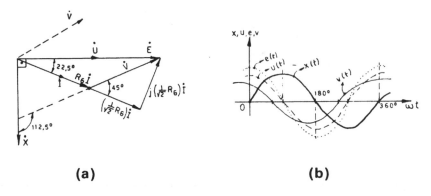

(a)   **(b)**

Figura 3.15 (a) Diagrama de fasores, (b) gráfico do andamento no tempo para o caso do Exemplo 3.6.

3.5.2 CÁPSULA DE RELUTÂNCIA

É um componente transdutor para as mesmas finalidades do anterior, e apresenta um comportamento (*performance*) superior ao anterior. Apresenta a diferença de a bobina permanecer fixa à estrutura e o movimento da agulha fazer variar a relutância magnética. A f.e.m. induzida é obtida, por variação no tempo, do fluxo concatenado com a bobina. Vamos então procurá-la na forma variacional, aplicando a lei da Faraday. Para isso examinemos a Fig. 3.16(a).

O estilete ferromagnético pode oscilar no plano vertical, em torno do eixo 0, alternando os entreferros, de tal modo que, quando os entreferros médios superiores forem $e - x$ e $e + x$, os inferiores sejam $e + x$ e $e - x$ e vice-versa. O valor e corresponde ao entreferro com o estilete na posição central.

Pela constituição de circuito magnético (veja o parágrafo 2.6) podemos desenhar o circuito da Fig. 3.16(b), onde $\mathscr{R}_{e1}$ e $\mathscr{R}_{e2}$ são as relutâncias magnéticas dos entreferros superior e inferior, do lado esquerdo. Por questão de simetria teremos, do lado direito, relutâncias iguais às do lado esquerdo, porém com as posições invertidas, ou seja, $\mathscr{R}_{e2}$ em cima e $\mathscr{R}_{e1}$ em baixo. Conseqüentemente, na posição desenhada, teremos $\phi_1 > \phi_2$. Para o estilete inclinado para a direita, teremos $\phi_2 > \phi_1$.

Se desprezarmos as quedas de potencial magnético nas partes ferromagnéticas, teremos toda a força magnetomotriz $\mathscr{F}$ aplicada aos entreferros, e, devido à igualdade das relutâncias resultantes da esquerda e da direita, ela se repartirá em $\mathscr{F}/2$ e $\mathscr{F}/2$.

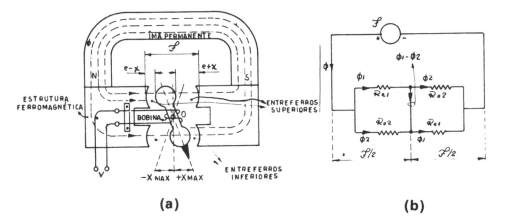

Figura 3.16 (a) Corte esquemático de uma cápsula de relutância, (b) circuito magnético, análogo de um circuito elétrico

O fluxo magnético ϕ_d no estilete central variará no tempo com a oscilação do estilete. Ele será a diferença entre ϕ_1 e ϕ_2 e o fluxo concatenado com a bobina de N espiras será

$$\lambda_d(t) = N\,\phi_d(t) = N\,\phi_1(t) - N\,\phi_2(t). \tag{3.46}$$

Pela análoga da lei de Ohm, expressão (2.23), resulta

$$\lambda_d = N\left(\frac{\mathscr{F}/2}{\mathscr{R}_{e1}} - \frac{\mathscr{F}/2}{\mathscr{R}_{e2}}\right) = \frac{N\mathscr{F}\mu_0 S}{2}\left(\frac{1}{e-x} - \frac{1}{e+x}\right),$$

onde S representa as áreas de cada um dos entreferros nas superfícies de ataque do fluxo. É uma área média equivalente com devida correção de espraiamento. No próximo capítulo será focalizada uma maneira empírica para correção de espraiamento. Por ora, podemos até supor que não haja espraiamento de fluxo além das superfícies limitadas pelas peças polares da estrutura magnética.

Simplificando à expressão entre parênteses da equação anterior, vem

$$\lambda_d = \frac{N\mathscr{F}\mu_0 S}{2}\left(\frac{2x}{e^2 - x^2}\right).$$

O fluxo concatenado é praticamente linear com x e para linearizar a expressão anterior, basta fazer x^2 desprezível em face de e^2. Essa é uma boa aproximação, desde que se construa o entreferro e relativamente grande (por exemplo, da ordem de 1 mm) comparado com a amplitude da oscilação do estilete (da ordem de décimos de milímetro).

$$\lambda_d(t) = \frac{\mu_0 \mathscr{F} NS}{e^2} x(t).$$

A f.e.m. será

$$e(t) = \frac{d\lambda_d(t)}{dt} = \frac{\mu_0 \mathscr{F} NS}{e^2} \frac{dx(t)}{dt}. \qquad (3.47)$$

Fazendo as mesmas considerações do parágrafo anterior, teremos, para a tensão nos terminais, expressões análogas a (3.40) e (3.41), ou seja,

$$v(t) = \frac{R_c}{R_G + R_c} \frac{N\mathscr{F}\mu_0 S}{e^2} \frac{dx(t)}{dt} \qquad (3.48)$$

$$\dot{V} = j\omega \frac{R_c}{R_G + R_c} \frac{N\mathscr{F}\mu_0 S}{e^2} \dot{X}. \qquad (3.49)$$

A forma é a mesma do caso anterior, valendo os mesmos comentários quanto às variáveis e quanto às constantes construtivas da cápsula. Deixamos por conta do aluno procurar a f.e.m. da cápsula dinâmica, também pela forma variacional, bastando para isso relacionar o fluxo concatenado com o movimento (x) da bobina.

3.5.3 CÁPSULA ACELEROMÉTRICA

Esse tipo de componente de sistema eletromecânico, para medidas de vibração, é sem dúvida o mais difundido atualmente. Ele fornece uma tensão elétrica de saída proporcional ao sinal de aceleração. Com uma integração da variável de saída teremos uma tensão proporcional à velocidade de deslocamento e, com uma posterior integração, teremos uma nova saída proporcional ao deslocamento. Vamos apresentar o acelerômetro para aceleração de translação, embora possa ser feito também para aceleração angular ou torcional. Temos a impressão que focalizando o acelerômetro de um ponto de vista puramente mecânico [acelerômetro mecânico, como o da Fig. 3.17(a)] e, depois, introduzindo o elemento piezoelétrico [Fig. 3.17(b)] simplifica-se a apresentação.

O acelerômetro mecânico mede na realidade, a força de inércia sobre uma massa. Como a aceleração é proporcional a essa força, o dispositivo pode ser calibrado em aceleração. A cápsula, pela sua base, é aplicada e presa a um corpo que se desloca segundo o eixo x [Fig. 3.17(a)]. Suponhamos que a massa da cápsula seja desprezível face à massa do corpo vibrante. Internamente, a cápsula é composta de uma massa m, acoplada a um elemento elástico de compliância c (coeficiente de elasticidade k) e um elemento amortecedor com coeficiente de atrito viscoso r. Suponhamos que não haja componente de movimento da base da cápsula, nem da massa m, segundo o eixo y. A coordenada x_1 mede o deslocamento imposto à base da cápsula pelo movimento cuja aceleração se deseja medir, e x_2 mede o deslocamento que resulta na massa m, em relação a mesma origem de x_1.

Relações eletromecânicas — exemplos de componentes eletromecânicos

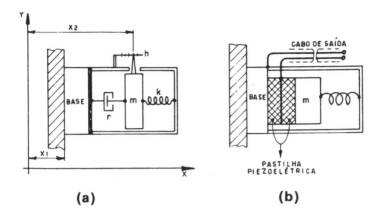

Figura 3.17 Cortes longitudinais esquemáticos (a) de um acelerômetro mecânico de translação, (b) de um acelerômetro eletromecânico tipo piezoelétrico

A equação dinâmica, resultante da aplicação da segunda lei de Newton ao sistema mecânico m, r, k — expressão (3.4) — internamente à capsula, será:
$$0 = f_i(t) + f_r(t) + f_{e1}(t).$$
Em função do deslocamento x que é a excitação da cápsula.

$$m\frac{d^2x_2(t)}{dt^2} + r\left[\frac{dx_2(t)}{dt} - \frac{dx_1(t)}{dt}\right] + k[x_2(t) - x_1(t)] = 0, \quad (3.50)$$

onde

$$[dx_2(t)/dt - dx_1(t)/dt] = u(t)$$

é a velocidade de deslocamento relativa entre a massa m e a estrutura da cápsula, ou seja, é a velocidade da qual depende o atrito no elemento viscoso. $[x_2(t) - x_1(t)] = x(t)$ é o deslocamento da massa m relativamente à cápsula e poderia ser medido pela haste h [Fig. 3.17(a)] e por uma escala presa à estrutura da cápsula. É o deslocamento do qual depende o esforço no elemento elástico.

Substituindo em (3.50), vem

$$m\frac{d^2x(t)}{dt^2} + r\frac{dx(t)}{dt} + kx(t) = -m\frac{d^2x_1(t)}{dt^2}. \quad (3.51)$$

Transformando segundo Laplace (apêndice 2), para condições iniciais nulas, obteremos a função de transferência $X(s)/X_1(s)$,

$$ms^2X(s) + rsX(s) + kX(s) = -ms^2X_1(s)$$

$$\frac{X(s)}{X_1(s)} = \frac{-ms^2}{ms^2 + rs + k}. \quad (3.52)$$

Dividindo numerador e denominador por m, podemos definir o *coeficiente de amortecimento* do sistema, como

$$\zeta = \frac{r}{2m\omega_n}, \quad (3.53)$$

onde ω_n é a freqüência angular natural do sistema com massa e elemento elástico, e é chamada *freqüência natural sem amortecimento*.

$$\omega_n = \sqrt{\frac{k}{m}}. \qquad (3.54)$$

Nota. a freqüência natural do sistema com amortecimento é dada por $\omega = \omega_n\sqrt{1-\xi^2}$ (essa freqüência será devidamente apresentada na nota 2 do final desta seção).

Substituindo em (3.52), resulta

$$\frac{X(s)}{X_1(s)} = \frac{-s^2}{s^2 + 2\xi\omega_n s + \omega_n^2}. \qquad (3.55)$$

Notando-se que o termo $[d^2 x_1(t)]/dt^2$ nada mais é que a aceleração $a(t)$ do corpo vibrante e que, portanto, $s^2 X_1(s)$ é a transformada de Laplace da aceleração; substituindo em (3.55), temos

$$\frac{X(s)}{A(s)} = \frac{-1}{s^2 + 2\xi\omega_n s + \omega_n^2}. \qquad (3.56)$$

O acelerômetro mecânico relaciona então a aceleração do corpo vibrante com o deslocamento da massa m relativamente à estrutura da cápsula. Esses deslocamentos podem ser muito pequenos e difíceis de serem medidos. A transformação do acelerômetro mecânico em eletromecânico, por meio de um elemento piezoelétrico, nos dará uma tensão de saída relacionada com a aceleração a medir. A equação eletromecânica do sistema será obtida pelo efeito piezoelétrico.

Vamos nos deter na Fig. 3.17(b). A massa m é forçada pela mola contra o elemento piezoelétrico. Se além dos amortecimentos do sistema, o material piezoelétrico apresentar uma constante elástica k_1, a força aplicada pela massa sobre a pastilha será proporcional ao deslocamento x, ou seja,

$$f(t) = k_1 x(t),$$
$$F(s) = k_1 X(s).$$

Por outro lado, pelas expressões (3.36), a f.e.m. gerada na pastilha é proporcional a essa força, isto é,

$$e(t) = k_2 f(t),$$
$$E(s) = k_2 F(s).$$

O diagrama de blocos idealizado na Fig. 3.18 permite visualizar as etapas da função de transferência final, a qual será o produto das funções de transferência parciais, de cada bloco, na malha aberta, desde A até B.

$$\frac{E(s)}{A(s)} = \frac{X(s)}{A(s)} \frac{F(s)}{X(s)} \frac{E(s)}{F(s)}. \qquad (3.57)$$

Substituindo e englobando as duas constantes em K, vem

$$\frac{E(s)}{A(s)} = K \frac{-1}{s^2 + 2\xi\omega_n s + \omega_n^2}. \qquad (3.58)$$

A tensão de saída (V) ainda depende da impedância do cabo que se conecta ao acelerômetro e da carga. Vamos analisar apenas a f.e.m.

A resposta do acelerômetro se resume numa expressão típica de fator quadrático

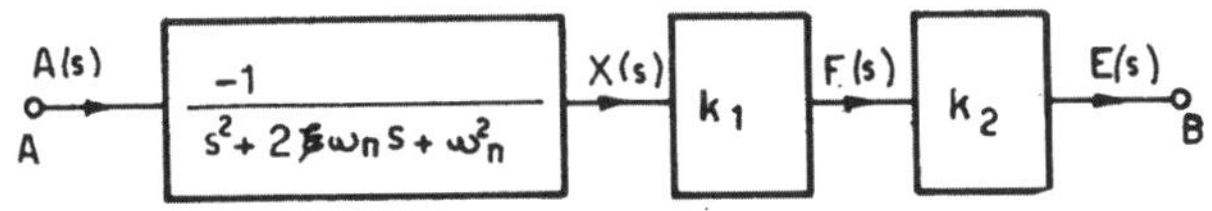

Figura 3.18 Diagrama de blocos parciais para um acelerômetro piezoelétrico

no denominador. As curvas normalizadas de resposta em freqüência, em função de ω/ω_n, tanto a amplitude-freqüência, como a fase-freqüência, podem ser vistas na Fig. 3.19. Elas foram traçadas com o auxílio das expressões dadas a seguir. As expressões da resposta em freqüência são obtidas substituindo-se s por $j\omega$ na expressão (3.58) (veja o apêndice 2).

$$\frac{\dot{E}}{\dot{A}} = K \frac{-1}{-\omega^2 + 2j\xi\omega_n\omega + \omega_n^2}$$

Colocando ω_n^2 em evidência no denominador, fica

$$\frac{\dot{E}}{\dot{A}} = -\frac{K}{\omega_n^2} \frac{1}{1 + 2j\frac{\xi\omega}{\omega_n} - \left(\frac{\omega}{\omega_n}\right)^2}. \quad (3.59)$$

cujo módulo é

$$\left|\frac{\dot{E}}{\dot{A}}\right| = \frac{K}{\omega_n^2} \cdot \frac{1}{\sqrt{\left[1 - \left(\frac{\omega}{\omega_n}\right)^2\right]^2 + \left[2\xi\frac{\omega}{\omega_n}\right]^2}} \quad (3.60)$$

ou

$$\frac{\omega_n^2}{K}\left|\frac{\dot{E}}{\dot{A}}\right| = \frac{1}{\sqrt{[1 - (\omega/\omega_n)^2]^2 + (2\xi\omega/\omega_n)^2}}.$$

Com essa última expressão traçam-se as curvas da Fig. 3.19(a), com parâmetros $\xi = 0,2; 0,5;$ etc.

O ângulo de fase entre $\dot{E}$ e $\dot{A}$ também vem da expressão (3.59), isto é,

$$\varphi = \text{tg}^{-1}\frac{2\xi\omega/\omega_n}{1 - (\omega/\omega_n)^2}. \quad (3.61)$$

Com essa expressão traçam-se as curvas de fase-freqüência. Note que o ângulo da fase φ é positivo, pelo fato da expressão (3.59) ser precedida de sinal negativo, isto é, o acelerômetro dá fase invertida em relação à função normalizada $G(j\omega)$ com fator quadrático no denominador, para a qual estão traçadas as curvas de ângulo de fase da Fig. 3.19(b).

Tomemos a expressão (3.60),

$$\frac{\omega_n^2}{K}\left|\frac{\dot{E}}{\dot{A}}\right| = \frac{1}{\sqrt{[1 - (\omega/\omega_n)^2]^2 + (2\xi\omega/\omega_n)^2}}.$$

A resposta para a faixa de utilização, ou seja, para $\omega << \omega_n$, é praticamente constante e unitária, notadamente para os valores de coeficiente de amortecimento menores do que 1, como se pode observar nas curvas da Fig. 3.19(a). Por essa razão a freqüência natural ω_n é feita a maior possível. Porém, a relação $|\dot{E}/\dot{A}|$ chamada sensibilida-

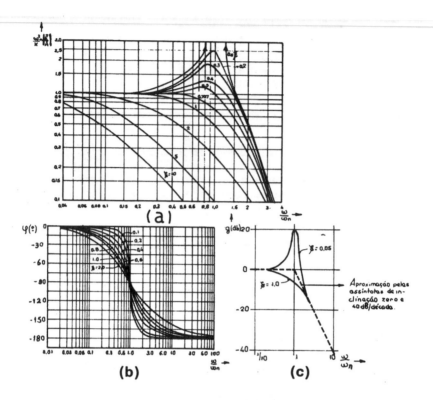

Figura 3.19 (a) Curva de amplitude-freqüência em escala dilogarítmica para a função normalizada, $1/1 - (\omega/\omega_n)^2 + 2J \, \xi\omega/\omega_n$, aplicável ao acelerômetro piezoelétrico; (b) fase-freqüência em escala monologarítmica; (c) curva ganho-freqüência (diagrama de Bode)

de do acelerômetro (em mV/g, onde $g = 9,8 \text{ m/s}^2$) é inversamente proporcional a ω_n^2. Por isso, na construção das cápsulas piezoelétricas, é estabelecido um compromisso entre valores relativamente altos de ω_n (valores mais comuns, $f_n = \omega_n/2\pi$, de 15 a 60 kHz) e de sensibilidade (0,5 a 10mV/g). Para $\omega \to \infty$, a resposta tende a zero. Nos sistemas com amortecimento ξ tendendo a zero ($r \to 0$), teremos, para $\omega = \omega_n$, uma ressonância, com intensidade de resposta tendendo para infinito. Normalmente os ξ são maiores que zero e menores que 0,7. Além disso, os baixos ξ dão ângulos de fase praticamente nulos para $\omega < \, < \omega_n$, como se pode observar em (3.61), o que é de particular interesse.

Notas. As notas dadas a seguir têm a finalidade de relembrar aspectos que interessam ao parágrafo que acabamos de apresentar.

1) *Ganho — Curvas de ganho*

É costume apresentar-se também para os acelerômetros a curva normalizada em ganho, que nada mais é que a curva da Fig. 3.19(a) correspondente ao módulo de $G(j\omega) = 1/[1 - (\omega/\omega_n)^2 + 2j\xi\,\omega/\omega_n]$, com ordenada em escala linear [Fig. 3.19(c)]. Os valores das ordenadas são os ganhos, em decibel (dB), definido como o logaritmo, com coeficiente 20, de $G(j\omega)$, ou seja,

$$g = 20\log_{10}|G(j\omega)| = -20\log_{10}|1 - (\omega/\omega_n)^2 + 2j\xi\,\omega/\omega_n|. \tag{3.62}$$

Nota-se, portanto, que para $\omega << \omega_n$, onde correspondia uma ordenada aproximadamente igual a 1, na curva de resposta amplitude-freqüência, corresponderá ganho nulo na curva de ganho-freqüência [Fig. 3.19(c)]. Além disso, para $\omega >> \omega_n$, restará, aproximadamente, apenas o fator de segunda ordem $(\omega/\omega_n)^2$, e o ganho correspondente será

$$g = -20\log_{10}|(\omega/\omega_n)^2| = -40\log_{10}|\omega/\omega_n|. \tag{3.63}$$

Portanto, para altas freqüências, essa curva de ganho torna-se uma reta, cuja inclinação é dada pela derivada do ganho em relação à variável ω/ω_n em escala logarítmica, ou seja,

$$\frac{dg}{d\lceil(\log_{10}(\omega/\omega_n))\rceil} = \frac{d[-40\log_{10}(\omega/\omega_n)]}{d[(\log_{10}(\omega/\omega_n))]} = -40.$$

Assim como foi definida a oitava de freqüência no exemplo 2.8, podemos definir a década, como um intervalo de freqüência cujos extremos estejam na relação 10. Dessa maneira, cada fator 10 que se aplica na escala de ω/ω_n corresponde a um acréscimo de $\log_{10} 10 = 1$ em uma escala logarítmica. Se a esse acréscimo em abcissa corresponder um acréscimo de 40 dB em ordenadas, a inclinação da reta, nesse caso, será, em termos finitos,

$$\frac{\Delta g}{\Delta \lceil \log_{10}(\omega/\omega_n) \rceil} = -\frac{40}{1} = -40 \text{ dB/década}.$$

As curvas de ganho podem ser vistas na Fig. 3.19(c) para dois valores de ζ.

Por ser freqüente na literatura dos fabricantes de acelerômetros e de outros transdutores de sinal, a apresentação das curvas de resposta em freqüência em ganho, fizemos a introdução anterior. Mais pormenores sobre o ganho em outros tipos de função deverão ser examinados nas disciplinas de controle que vêm após a Eletromecânica, ou podem ser vistos, como antecipação, na referência (17).

2) *Análise do Comportamento Natural do Acelerômetro*

Os acelerômetros, tendo coeficientes de amortecimento bem inferiores à unidade, são sistemas oscilatórios, ligeiramente amortecidos. Os sistemas com $\zeta > 1$ são sobreamortecidos, isto é, uma vez excitados com um impulso, ou com um degrau, a resposta tende mais ou menos lentamente para o valor final, sem executar nenhuma oscilação, o que não é o caso do oscilatório. A fronteira entre os dois, ou seja, $\zeta = 1$, é chamada de *amortecimento crítico*.

Certos instrumentos de medida, um miliamperímetro de bobina móvel, por exemplo, podem ser analisados, aproximadamente, como sistemas mecânicos de rotação (J, D, d) excitados por um conjugado degrau de amplitude $C = B\ell I$. Pela sua própria finalidade, não é de se desejar um ponteiro oscilatório em torno do valor final, mas, também, não muito lento para se aproximar dessa posição final. Isso se consegue com ζ quase crítico, ou seja, um ζ pouco inferior a 1.

Para se analisar a influência de ζ no comportamento oscilatório ou sobreamortecido, basta procurar a resposta natural do sistema, ou seja, a resposta $e(t)$ para uma excitação impulsiva $a(t) = \delta$, cuja transformada é $A(s) = 1$, e verificar o seu caráter oscilatório ou não. Embora isso já possa ser conhecido do estudante nesta etapa do curso, vamos resumi-lo a seguir.

Seja um sistema mecânico m, r, c ou J, D, d, ou elétrico L, R, C. Aos três se aplica uma equação característica semelhante à forma da (3.58) e com definições semelhantes de ζ e ω_n. Vamos reescrevê-las genericamente, com a relação s/ω_n, com as variáveis de entrada e de saída $y_1(t)$ e $y_2(t)$ e suas transformadas de Laplace $Y_1(s)$ e $Y_2(s)$, resultando

$$\frac{Y_2(s)}{Y_1(s)} = \frac{1}{1 + 2\zeta\dfrac{s}{\omega_n} + (s/\omega_n)^2}. \tag{3.64}$$

Para $y_1(t) = \delta$, função impulsiva unitária (Apêndice 2), temos $Y_1(s) = 1$. Substituindo na (3.64) escrevendo-a com o denominador na forma fatorada, temos

$$Y_2(s) = \frac{1}{\left[1 + \dfrac{s}{\omega_n \xi + \omega_n \sqrt{\xi^2 - 1}}\right]\left[1 + \dfrac{s}{\omega_n \xi - \omega_n \sqrt{\xi^2 - 1}}\right]}. \qquad (3.65)$$

Podemos distinguir os quatro casos expostos a seguir.

a) *Para* $\xi = 0$. Teremos na expressão (3.65),

$$Y_2(s) = \frac{1}{(1 + s/j\omega_n)(1 + s/-j\omega_n)} = \frac{\omega_n^2}{\omega_n^2 + s^2}. \qquad (3.66)$$

Fazendo a anti-transformação de (3.66) (tabela do apêndice 2), resulta

$$y_2(t) = \omega \operatorname{sen} \omega_n t, \text{ para } t > 0. \qquad (3.67)$$

A resposta é uma oscilação senoidal com amplitude constante e com freqüência angular natural sem amortecimento ω_n. Este é o caso oscilatório, sem amortecimento. Um sistema totalmente isento de amortecimento é irrealizável na prática. Esse caso corresponderia, fisicamente, a dar um "toque" (percussão) num sistema m, r, c, com $r \to 0$. Ele poderia ficar oscilando por um tempo tão grande, que pudesse ser considerado indefinido para os efeitos práticos [Fig. 3.20(a)].

b) *Para* $0 < \xi < 1$. Teremos quantidade negativa nos dois radicais da expressão (3.65) e os denominadores serão dois complexos conjugados. Vamos fazer duas mudanças e definições na expressão (3.65), ou seja,

$$\omega_n \xi = \alpha, \qquad (3.68)$$

onde α é chamado de *fator de amortecimento* ou *de atenuação*, e

$$\omega_n \sqrt{\xi^2 - 1} = \omega_n \sqrt{-1(1 - \xi^2)} = j\omega_n \sqrt{1 - \xi^2} = j\omega, \qquad (3.69)$$

onde ω é definida como a freqüência natural (com amortecimento). Substituindo na expressão (3.65), vem

$$Y_2(s) = \frac{1}{\left[1 + \dfrac{s}{\alpha + j\omega}\right]\left[1 + \dfrac{s}{\alpha - j\omega}\right]}. \qquad (3.70)$$

Antitransformando (tabela do apêndice 2), resulta

$$y_2(t) = \frac{\alpha^2 + \omega^2}{\omega^2} e^{-\alpha t} \operatorname{sen} \omega t.$$

Mas, pelas expressões (3.68) e (3.69), verifica-se que

$$\omega_n^2 = \alpha^2 + \omega^2.$$

Logo,

$$y_2(t) = \frac{\omega_n^2}{\omega^2} e^{-\alpha t} \operatorname{sen} \omega t, \text{ para } t > 0. \qquad (3.71)$$

A resposta é uma oscilação senoidal com amplitude amortecida exponencialmente, segundo o fator de amortecimento α e com freqüência angular natural ω. Este é o caso oscilatório amortecido, comum ao acelerômetro já apresentado. Quando excitado com um impulso, a variável de saída oscila em torno do valor final (que é zero) com amplitude decrescente, mais ou menos rapidamente conforme o valor de α [Fig. 3.20(b)]. Ou, quando excitado por uma variável degrau, de amplitude finita, oscilará, com amortecimento, em torno de um valor final diferente de zero. O aluno pode fazer, como exercício, o caso de excitação degrau (14).

c) *Para* $\xi = 1$. Na expressão (3.65) o denominador torna-se um quadrado perfeito

$$Y_2(s) = \frac{1}{(1 + s/\omega_n)^2}$$

onde o coeficiente de s tem o significado de uma constante de tempo τ, e a expressão anterior pode ser reescrita como

$$Y_2(s) = \frac{1}{(1 + s\tau)^2}. \qquad (3.72)$$

Antitransformando, segundo a tabela do apêndice 2, resulta

$$y_2(t) = \frac{1}{\tau^2} t e^{-t/\tau}. \qquad (3.73)$$

É o caso chamado de amortecido crítico. Da mesma maneira que o caso dado a seguir, a variável de saída tende para o valor final sem completar nenhuma oscilação [Fig. 3.20(c)].

d) *Para $\xi > 1$*. O denominador da (3.65) será real, como no caso anterior, porém como dois fatores diferentes. Fazendo

$$\frac{1}{\omega_n \xi + \omega_n \sqrt{\xi^2 - 1}} = \tau_1 \; ; \; e; \; \frac{1}{\omega_n \xi - \omega_n \sqrt{\xi^2 - 1}} = \tau_2,$$

teremos

$$Y_2(s) = \frac{1}{(1 + s\tau_1)(1 + s\tau_2)}, \qquad (3.74)$$

onde τ_1 e τ_2 são constantes reais com o significado de constantes de tempo. A resposta no tempo será a soma de duas exponenciais (tabela do apêndice 2) da forma

$$y_2(t) = \frac{1}{\tau_1 - \tau_2}(e^{-t/\tau_1} - e^{-t/\tau_2}) \qquad (3.75)$$

A curva de $y_2(t)$ está na Fig. 3.20(d). É o caso sobreamortecido. Fisicamente, não há distinção entre o amortecimento crítico e um sobreamortecimento com ξ ligeiramente maior que 1.

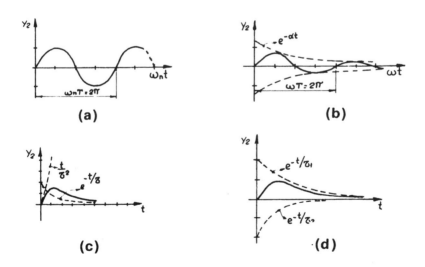

Figura 3.20 Resposta $y_2(t)$, de um sistema com dois elementos de armazenagem de energia tipo m, r, c, ou J, D, d, a uma excitação $y_1(t)$ impulsiva unitária. (a) Oscilatória sem amortecimento; (b) oscilatória com amortecimento; (c) amortecimento crítico; (d) sobreamortecido

3.6 TRANSDUTORES ACÚSTICOS

Denominaremos aqui de *transdutores acústicos* aqueles que fornecem uma variável de saída de natureza elétrica para uma variável de entrada mecânica de natureza acústica, e vice-versa. No primeiro caso estão os microfones, tanto do tipo de acoplamento por campo magnético como do tipo de acoplamento por campo elétrico, e, no segundo caso, os alto-falantes que também existem do tipo de campo magnético ou elétrico. Tomemos por exemplo o dispositivo, ou o componente eletromecânico da Fig. 1.2, que funciona por movimento da bobina móvel e é chamado *do tipo dinâmico*. Se injetarmos uma corrente, por meio de uma tensão alternativa aplicada aos seus terminais, ele vibrará, e o cone imprimirá ao ar uma pressão oscilatória, acústica, a qual se constitui numa emissão de energia radiante sonora. Assim funcionando, ele constitui o alto-falante magnético.

Inversamente, se o cone for submetido a uma pressão acústica, que imponha uma vibração à bobina móvel no campo magnético, o dispositivo fornecerá uma tensão de saída e, conseqüentemente, fornecerá uma corrente elétrica a uma carga aplicada aos seus terminais. Assim ele será um microfone do tipo magnético. O mais utilizado nas aplicações industriais é o microfone de capacitância, ou seja, o de acoplamento por campo elétrico, e esse modelo é o que será apresentado mais adiante.

3.6.1 ALTO-FALANTE MAGNÉTICO

Segundo o mesmo princípio do alto-falante dinâmico, podem ser construídos outros dispositivos vibradores. Além disso, o alto-falante é também um bom exemplo como introdução às funções de transferências mais complexas que poderão ser vistas em disciplinas posteriores.

Na Fig. 3.21(a) está representado o alto-falante em corte longitudinal. O campo magnético, radial no entreferro, tanto pode ser produzido por uma bobina enrolada sobre o pino central da estrutura, excitada por uma fonte de corrente contínua constante, como por um material específico para ímãs permanentes, como os *alnicos* (ligas de alumínio, níquel e cobalto) (19).

A bobina móvel apresenta uma resistência elétrica R, uma indutância L e é sede de uma f.e.m. induzida por sua movimentação no campo magnético. A capacitância, para as freqüências usuais de áudio, podem ser desprezadas para uma primeira análise. Uma aproximação mais grosseira seria considerar, para as mais baixas freqüências, a bobina puramente resistiva, o que não faremos.

O esquema da Fig. 3.21(b) mostra, o sistema eletromecânico de parâmetros concentrados, tanto no lado elétrico como no lado mecânico, onde m, r e k são a massa, o coeficiente de atrito viscoso e o inverso da compliância c do cone mais a bobina móvel. A equação do lado elétrico (lei das tensões de Kirchhoff) e sua s-transformada, para condições iniciais nulas, são

$$v(t) = R_i(t) + L \frac{di(t)}{dt} + e(t),$$
$$V(s) = RI(s) + sLI(s) + E(s).$$
(3.76)

Sendo $f(t)$ a força mecânica de excitação do cone, apliquemos no lado mecânico a segunda lei de Newton, em função da velocidade $u(t)$ da bobina móvel.

$$f(t) = m \frac{du(t)}{dt} + ru(t) + \frac{1}{c} \int u(t)\, dt,$$
(3.77)

Relações eletromecânicas — exemplos de componentes eletromecânicos

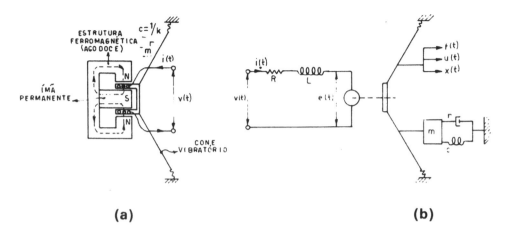

Figura 3.21 (a) Corte esquemático do alto-falante dinâmico, magnético; (b) esquema representativo do seu circuito elétrico e da parte mecânica com parâmetros concentrados

$$F(s) = smU(s) + rU(s) + \frac{1}{sc}U(s).$$

Algumas notas são dadas a seguir.

a) Alguns autores (4) desprezam o termo correspondente ao elemento elástico. Isso é válido para pequenas excursões da bobina móvel. Nos casos de deslocamento mais amplos, deve ser considerada a força elástica de restauração do cone, que é proporcional ao deslocamento ($\int u(t)\,dt$).

b) A equação diferencial do movimento foi feita em função da velocidade e não do deslocamento como nos casos anteriores, pois, para o alto-falante, a função de transferência mais significativa é a da velocidade relacionada com a tensão aplicada. A potência radiante sonora, no caso de vibração senoidal, é, na prática, aproximadamente proporcional ao quadrado da vecidade imposta ao cone, e, sendo a potência o produto da força pela velocidade, concluímos que a força oposta ao cone é do tipo viscoso, ou seja, proporcional à velocidade. Assim, o termo $ru(t)$ pode ser encarado como a força que engloba a resistência de atrito viscoso mais a força útil do cone. O coeficiente r é então o coeficiente de dissipação total do conjunto bobina mais cone. As equações eletromecânicas, no caso, darão a f.e.m. em forma mocional e a força mecânica de excitação da bobina móvel.

$$\left. \begin{array}{l} e(t) = B\ell u(t) \\ E(s) = B\ell U(s) \end{array} \right\} \quad (3.78)$$

$$\left. \begin{array}{l} f(t) = B\ell i(t) \\ F(s) = B\ell I(s) \end{array} \right\} \quad (3.79)$$

onde ℓ, como na cápsula dinâmica, é o produto do número de espiras pelo seu perímetro médio e B é a densidade de fluxo na região da bobina. A solução simultânea dessas quatro equações fornece-nos a função de transferência $U(s)/V(s)$. Substituindo-se (3.78) e (3.79) em (3.76) e (3.77), vem

$$\left. \begin{array}{l} V(s) = RI(s) + sLI(s) + B\ell U(s) \\ B\ell I(s) = smU(s) + rU(s) + \dfrac{1}{sc}U(s) \end{array} \right\} \quad (3.80)$$

Eliminando-se a corrente entre essas duas expressões, resulta

$$V(s) = \frac{(R + sL)(sm + r + 1/sc)}{B\ell} U(s) + B\ell U(s)$$

$$G(s) = \frac{U(s)}{V(s)} = \frac{B\ell}{(R + sL)(sm + r + 1/sc) + (B\ell)^2}. \tag{3.81}$$

Essa é a função de transferência velocidade/tensão aplicada, que pode ser transformada na resposta em freqüência:

$$G(j\omega) = \frac{\dot{U}}{\dot{V}} = \frac{B\ell}{(R + j\omega L)(r + j\omega m + 1/j\omega c) + (B\ell)^2}. \tag{3.82}$$

Lembrando o conceito de impedâncias complexas, mecânica e elétrica (Apêndice 1), o denominador pode ser escrito como segue:

$$\frac{\dot{U}}{\dot{V}} = \frac{B\ell}{Z_e \cdot Z_m + (B\ell)^2}, \tag{3.83}$$

Um caso interessante é o dos deslocamentos considerados pequenos a ponto de se poder desprezar o termo elástico na expressão (3.82). Teremos o sistema somente com dois elementos reativos, ou de armazenagem de energia: L e m

$$\frac{\dot{U}}{\dot{V}} = \frac{B\ell}{(R + j\omega L)(r + j\omega m) + (B\ell)^2}.$$

Elaborando a expressão, obtemos

$$\frac{\dot{U}}{\dot{V}} = \frac{B\ell}{Lm} \cdot \frac{1}{\frac{Rr + (B\ell)^2}{Lm} + j\omega \frac{Rm + Lr}{Lm} - \omega^2}. \tag{3.84}$$

Utilizando o que foi exposto no parágrafo anterior, verifica-se a semelhança formal com as expressões lá contidas. Valem as mesmas considerações e conclusões que seguem àquelas expressões. Deve-se notar que, nesse caso, temos dois elementos ativos ou dissipadores de energia, R e r. Desse modo, ter amortecimento tendendo para zero, significa ter as resistências elétrica e mecânica (R e r) tendendo para zero, e, portanto, a ressonância de amplitude infinita seria obtida para uma freqüência angular ω tal que o denominador de (3.72) fosse nulo (com $R = r = 0$), ou seja, para

$$\omega_n = \sqrt{\frac{(B\ell)^2}{Lm}} = \frac{B\ell}{\sqrt{Lm}}. \tag{3.85}$$

Vamos, a seguir, procurar a impedância de entrada Z_{ent} oferecida pelo transdutor à fonte de tensão. Eliminemos agora a velocidade $U(s)$ nas expressões (3.80). Como nos interessa a impedância complexa $Z_{ent}(j\omega)$, teremos

$$\dot{V} = R\dot{I} + j\omega L\dot{I} + B\ell \frac{B\ell \dot{I}}{r + j\omega m + 1/j\omega c}.$$

Pode-se notar, na expressão acima, que o termo

$$\frac{(B\ell)^2 \dot{I}}{r + j\omega m + 1/j\omega c}$$

nada mais é que a f.e.m. em forma fasorial $\dot{E}$, que somada a $(R + j\omega L)\dot{I}$, iguala-se à tensão de entrada $\dot{V}$. Esse é o termo eletromecânico da tensão V de entrada, e é nele que se desenvolve o processo de conversão eletromecânica. O termo $(R + j\omega L)I$ é correspondente aos parâmetros elétricos do transdutor e é responsável apenas por quedas de tensão, não tomando parte na conversão eletromecânica de energia. Representa a parte passiva do circuito elétrico.

Além disso, nota-se que o fator $B\ell$ aparece elevado ao quadrado. Deixamos ao leitor procurar explicar fisicamente a razão desse fato. Para tal, queremos lembrar apenas, que a f.e.m. E e, portanto, a velocidade $\dot{U}$, é uma conseqüência da força mecânica $\dot{F}$ de excitação da bobina. Voltando à expressão de $\dot{V}$ e dividindo por $\dot{I}$, teremos

$$\dot{Z}_{ent} = (R + j\omega L) + \frac{(B\ell)^2}{r + j\omega m + 1/j\omega c}, \qquad (3.86)$$

$$\dot{Z}_{ent} = \dot{Z}_e + \frac{(B\ell)^2}{\dot{Z}_m} = \dot{Z}_e + \dot{Z}_{e\,an}. \qquad (3.87)$$

É interessante notar a contribuição da impedância mecânica na formação da impedância elétrica de entrada desse conversor. Enquanto a impedância elétrica R, L, influi diretamente, para $\dot{Z}_{ent}$, a impedância mecânica r, m, c influi inversamente. O termo $\dot{Z}_{e\,an}$ (impedância elétrica relacionada com a impedância mecânica) é um termo que tem correspondência com a f.e.m. de movimento [expressão (3.86)]. Se o conjunto bobina mais cone fosse infinitamente amortecido ($r \to \infty$) ou infinitamente reativo, por ser infinitamente pesado ($m \to \infty$) ou infinitamente rígido ($k \to \infty$ ou $c \to 0$), não haveria deslocamento nem f.e.m. e a impedância oferecida na entrada seria apenas a elétrica, ou seja $R + j\omega L$.

A expressão da impedância $\dot{Z}_{ent}$ sugere um circuito elétrico que traduz o comportamento desse transdutor do ponto de vista elétrico. É o circuito elétrico análogo do sistema eletromecânico da Fig. 3.22. Tomemos novamente a expressão (3.87), daí resulta

$$\dot{Z}_{ent} = \dot{Z}_e + \frac{1}{\dot{Z}_m/(B\ell)^2}.$$

O segundo termo do segundo membro, sendo dimensionalmente uma impedância, o denominador deve ser uma admitância. Seja $\dot{Y}$ essa admitância, com condutância G', suscetância capacitiva $\omega C'$ e indutiva $1/\omega L'$:

$$\dot{Y} = G' + j\omega C' + 1/j\omega L',$$

logo,

$$\dot{Z}_{e\,an} = \frac{1}{\dot{Y}} = \frac{1}{\dfrac{r}{(B\ell)^2} + \dfrac{j\omega m}{(B\ell)^2} + \dfrac{1}{j\omega c(B\ell)^2}}. \qquad (3.88)$$

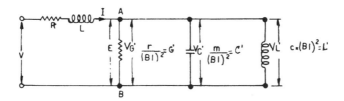

Figura 3.22 Circuito elétrico análogo de um transdutor do tipo alto-falante magnético

A tensão elétrica nos terminais de $\dot{Z}_{e\,an}$ (terminais A e B) é a f.e.m. $\dot{E}$, tal que $\dot{I} = \dot{Y}\dot{E}$.
O circuito resultante, com seus parâmetros elétricos análogos está na Fig. 3.22.

Nos casos em que se desprezar o termo elástico, basta fazer $c = \infty$ e teremos, no circuito análogo, a suscetância indutiva nula, ou seja, basta omitir o ramo indutivo entre A e B.

Exemplo 3.7. O alto-falante magnético é um bom exemplo de entreferro relativamente espesso com campo magnético radial. Assim sendo, vamos tomar um caso em que a densidade de fluxo no entreferro na região da bobina seja da ordem de 0,3 Wb/m² e a indução média na parte ferromagnética seja da ordem de 0,6 Wb/m². Com esse valor a permeabilidade relativa é aproximadamente 4 000. As dimensões constam na Fig. 3.23. O comprimento de uma linha de fluxo média no material ferromagnético é de 120 mm. Vamos procurar

a) a força mecânica sobre uma bobina móvel de doze espiras com corrente senoidal de 100 mA, valor eficaz,

b) a diferença de potencial magnético, entre as superfícies do entreferro, necessária para produzir aquele 0,3 Wb/m² na região da bobina, e vamos compará-la com a f.m.m. total de excitação, seja essa excitação fornecida por uma bobina ou por um ímã permanente.

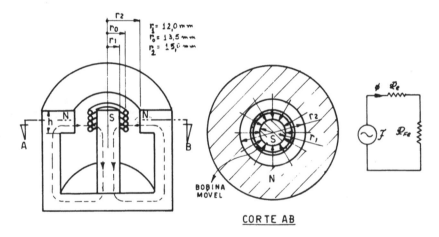

Figura 3.23 Cortes esquemáticos do núcleo do alto-falante magnético e o circuito magnético representativo da estrutura magnética

Solução

a) Como nos casos já vistos calcula-se a força por
$$f(t) = B\ell i(t).$$
Para $i(t)$ senoidal, vem
$$f(t) = B\ell i_{max} \operatorname{sen} \omega t.$$
Para B constante, a força mecânica de excitação tem a mesma forma de variação no tempo que a corrente. Com os valores do raio da bobina na Fig. 3.23, resulta

$$F_{max} = 0{,}3\,[12 \times 2\pi \times 13{,}5 \times 10^{-3}]\,0{,}1\,\sqrt{2},$$

$$F_{max} = 0{,}043 \text{ N ou } 0{,}44 \text{ gf}.$$

b) A f.m.m. de excitação (Fig. 3.23) será

$$\mathscr{F} = \Delta\mathscr{F}_{ar} + \Delta\mathscr{F}_{Fe}.$$

Como é um caso de entreferro em que a área varia ao longo do caminhamento do fluxo, o cálculo de $\Delta\mathscr{F}_{ar}$, entre as superfícies ferromagnéticas limitadoras desse entreferro, pode ser feita pela análoga da lei de Ohm generalizada (Seç. 2.6), isto é,

sendo

$$\Delta\mathscr{F}_{ar} = \phi \int_{r_1}^{r_2} \frac{1}{\mu S}\,dr,$$

$$S = 2\pi r h,$$

onde S é a área da superfície cilíndrica num raio r, e h é a altura do entreferro. $\mu_0 =$ permeabilidade do ar e do vácuo $= 4\pi \times 10^{-7}$ H/m.
Substituindo S na expressão anterior e integrando, obtemos

$$\Delta\mathscr{F}_{ar} = \frac{\phi}{2\pi h \mu_0} \ell n \frac{r_2}{r_1}. \tag{3.89}$$

Porém, conhecendo-se B no raio da bobina móvel, teremos

$$\phi = B \cdot 2\pi r_0 h.$$

Substituindo em $\Delta\mathscr{F}_{ar}$, obtemos

$$\Delta\mathscr{F}_{ar} = \frac{Br_0}{\mu_0} \ell n \frac{r_2}{r_1}, \tag{3.90}$$

$$\Delta\mathscr{F}_{ar} = \frac{0{,}3 \times 13{,}5 \times 10^{-3}}{4\pi \times 10^{-7}} \ell n \frac{15}{12} = 720 \text{ Ae}.$$

Quando o entreferro é pouco espesso ($r_1 \cong r_2$), $\Delta\mathscr{F}_{ar}$ pode ser calculado, aproximadamente, como o produto do fluxo pela relutância da espessura e.

$$\Delta\mathscr{F}_{ar} = \mathscr{R}_{ar}\,\phi = \frac{1}{\mu_0} Be = He,$$

$$\Delta\mathscr{F}_{Fe} = \mathscr{R}_{Fe}\,\phi = \frac{1}{\mu_{Fe}} B_{Fe}\ell_{Fe} = H_{Fe}\ell_{Fe}.$$

Relacionando

$$\frac{\Delta\mathscr{F}_{ar}}{\Delta\mathscr{F}_{Fe}} = \frac{B}{B_{Fe}} \cdot \frac{\ell_e}{\ell_{Fe}} \cdot \frac{\mu_{Fe}}{\mu_0} = \frac{0{,}3}{0{,}6} \times \frac{3}{120} \times 4\,000 = 50.$$

Ou seja, toda f.m.m. de excitação é praticamente aplicada ao entreferro, resultando

$$\mathscr{F} \cong 720 \text{ Ae}.$$

3.6.2 MICROFONE DE CAPACITÂNCIA

É um transdutor que converte energia mecânica de pressão acústica em elétrica ou vice-versa, através de um acoplamento de campo elétrico. No próximo capítulo veremos as relações de energia para os casos de acoplamento magnético e elétrico. Por ora elas ainda não se fazem necessárias. O seu princípio de funcionamento é, resumidamente, o seguinte: se tivermos um capacitor carregado com carga elétrica constante e perfeitamente isolado, a diferença de potencial elétrico entre suas placas é inversamente proporcional à sua capacitância (item c, Seç. 3.2), isto é,

$$E = \frac{q}{C}. \tag{3.91}$$

Por outro lado, a capacitância C é inversamente proporcional à distância ℓ entre as placas.

$$C = \varepsilon \frac{S}{\ell}, \tag{3.92}$$

onde ε é a constante dielétrica existente entre as placas (ar no caso do microfone). As unidades utilizadas encontram-se na parte inicial deste livro. S é a área das superfícies das placas, consideradas planas e paralelas no caso do microfone. Assim sendo, E aumenta ou diminui com o aumento ou diminuição da distância ℓ. Se por processos adequados conseguirmos manter constante a quantidade de cargas (por meio de uma fonte de polarização) e medir a variação da tensão elétrica (por meio de um amplificador de alta impedância) durante a movimentação relativa das placas, teremos conseguido o objetivo que é o microfone de capacitância. Para isso, examinemos a Fig. 3.24(a). Ela representa, em corte esquemático, o microfone de capacitância. Ele se comporta como um capacitor de capacitância variável $C(t)$ [Fig. 3.24(b)].

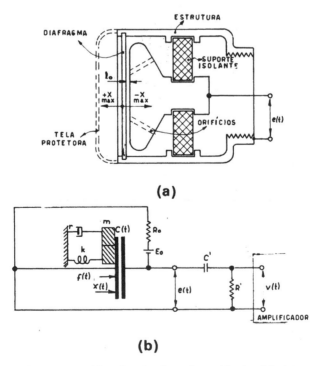

Figura 3.24 (a) Corte esquemático do microfone de capitância, (b) sistema equivalente com parâmetros concentrados

O diafragma é uma membrana, bastante fina e elástica, por exemplo, de liga de alumínio, com espessura inferior a um décimo de milímetro. Ela constitui a placa móvel do capacitor. A placa fixa é presa à estrutura do microfone através de um bom isolante, quartzo, por exemplo, para proporcionar uma resistência de fuga a mais alta possível (acima de $10^{10}\,\Omega$ entre placas). Os orifícios nessa placa são para produzir o coeficiente viscoso adequado, proporcionando um ajuste do amortecimento desejado. Um típico microfone de capacitância, sem força de excitação, constitui um capacitor, com capacidade de 100 a 300 × $10^{-3}\,\mu F$, com distância entre placas inferior a um décimo de milímetro e diâmetro aproximado de 25 mm (21).

Se uma onda de pressão sonora incide sobre o diafragma, a força resultante sobre ele faz a distância x modificar-se e, conseqüentemente, a capacitância. E daí também a tensão de saída do microfone. A constância da carga é obtida pela fonte de polarização E_0, através da resistência R_0. A constante de tempo do circuito de carga deve ser grande em relação ao período da oscilação da pressão acústica. A resistência R' também deve ser elevada.

Na posição inicial com as placas polarizadas, a distância entre as placas é ℓ_0 e a capacitância é dada por

$$C_0 = \varepsilon \frac{S}{\ell_0}.$$

A capacitância em função do tempo, devido o deslocamento $x(t)$ do diafragma, é dada por

$$C(t) = \varepsilon \frac{S}{\ell(t)},$$

onde

$$\ell(t) = \ell_0 + x(t). \qquad (3.93)$$

Relacionando $C(t)$ com C_0, obtemos

$$\frac{C(t)}{C_0} = \frac{\ell_0}{\ell(t)}. \qquad (3.94)$$

Por outro lado,

$$E_0 = \frac{q_0}{C_0},$$

$$e(t) = \frac{q}{C(t)}.$$

Como $q = q_0$, vem

$$\frac{e(t)}{E_0} = \frac{C_0}{C(t)}. \qquad (3.95)$$

Substituindo (3.94) em (3.95), resulta

$$e(t) = E_0 \frac{\ell(t)}{\ell_0}. \qquad (3.96)$$

Sendo $\ell(t)$ dado pela (3.93), vem

$$e(t) = E_0 + E_0 \frac{x(t)}{\ell_0}.$$

Sendo $e(t)$ composta de uma componente contínua e uma função do tempo, interessa-nos apenas a última, e somente esta é aplicada ao amplificador através do capacitor de bloqueio C'. Para R' bastante grande a tensão $v(t)$ pode ser feita aproximadamente

$$v(t) = \frac{E_0}{\ell_0} x(t). \tag{3.97}$$

Imaginemos, por exemplo, que o deslocamento da vibração imposta ao diafragma varie senoidalmente no tempo com amplitude $+ x_{max}$, $- x_{max}$. Teríamos a tensão $v(t)$ variando senoidalmente entre $+ E_0/\ell_0 x_{max}$, e, $- E_0/\ell_0 x_{max}$. Essa é a equação do lado elétrico desse transdutor.

A equação mecânica é estabelecida lembrando que o diafragma apresenta uma força reativa elástica, que não pode ser desprezada, uma resistência viscosa ao movimento e uma força de inércia. É mais difícil, do que no alto-falante, representar o microfone de capacitor por um sistema de parâmetros concentrados, principalmente pelo fato do diagrama ser uma placa contínua, de massa distribuída, presa em toda a sua periferia e excitado por uma força também distribuída em toda a superfície, com uma pressão p. A área S e a massa m, equivalentes para efeito de força concentrada e parâmetro concentrado, podem ser tomadas como $1/3$ dos valores totais da placa (21) e (22). Assim sendo, procedendo como nos casos anteriores, e supondo o sistema na horizontal, e sem influência do peso próprio do diafragma, teremos

$$f(t) = m \frac{d^2 x(t)}{dt^2} + r \frac{dx(t)}{dt} + kx(t), \tag{3.98}$$

onde $f(t)$ é a resultante das forças aplicadas. Uma das forças aplicadas ao diafragma é a força eletrostática, apresentada no parágrafo 3.4.3 e dada por uma relação eletromecânica, ou seja, $F_e = qE$. Essa força é, porém, constante. O aluno pode provar com facilidade que essa força praticamente não varia, com pequenas variações da distância entre as placas de um capacitor isolado e com carga constante. Basta lembrar $\vec{F} = q\vec{E}$ e mostrar que a intensidade do campo elétrico homogêneo, entre as placas também não se altera, variando ℓ e conservando q constante. Dessa maneira, a força de excitação terá uma componente constante que se estabelece assim que se faz a polarização das placas, e uma componente função do tempo, que será provocada pela excitação da pressão sonora. O microfone é normalmente um sistema oscilatório amortecido com ξ da ordem de 0,5 ou menos. A resposta a uma força degrau, é então um deslocamento x que tende a um valor final x_0 (Seç. 3.7) e que resulta no entreferro final ℓ_0. A nós interessa apenas a resposta x em torno de ℓ_0 devido à força variável, de modo que podemos considerar na equação das forças apenas a parcela da excitação variável no tempo, isto é,

$$f(t) = Sp(t) \tag{3.99}$$

onde $p(t)$ é a pressão acústica.

Transformando e substituindo (3.99) em (3.98) e em (3.97), podemos escrever a função de transferência

$$\frac{V(s)}{P(s)} = \frac{SE_0}{\ell_0} \frac{1}{ms^2 + rs + k} \tag{3.100}$$

A resposta em freqüência tem, então, a forma daquela já apresentada no parágrafo 3.5.3. Substituindo s por $j\omega$, vem

$$\frac{\dot{V}}{\bar{P}} = \frac{SE_0}{\ell_0} \frac{1}{-\omega^2 m + j\omega r + k}.$$

Com a introdução do coeficiente de amortecimento (ξ) (parágrafo 3.5.3) e da freqüência natural sem amortecimento (ω_n) teremos para V/P, ou para V/F, o mesmo tipo de função, ou seja,

$$\frac{\dot{V}}{\bar{P}} = \frac{K}{\omega_n^2} \frac{1}{1 + 2j\xi \omega/\omega_n - (\omega/\omega_n)^2}$$

que é idêntica à expressão 3.59, apenas sem o sinal negativo, o que quer dizer que o microfone não dá aquela inversão de fase em relação à função padronizada $G(j\omega)$ com fator quadrático no denominador e aplicam-se, sem mais, as curvas de fase-freqüência da Fig. 3.19(b).

Existem muitos outros tipos de transdutores com finalidades de conversão eletroacústica, como os fones receptores de telefones do tipo magnético com diafragma, microfones piezoelétricos (de cristal) e outros (21).

3.7 INSTRUMENTOS DE MEDIDAS ELÉTRICAS COMO TRANSDUTORES

Os instrumentos de medida eletromecânicos (amperômetros, voltômetros, fasômetros, wattômetros), de ponteiro indicador, são conversores, enquanto há movimentação do ponteiro. Após a parada do ponteiro, a energia elétrica injetada nos terminais será totalmente dissipada em perdas Joule, e mesmo perdas no ferro no caso de excitação em corrente alternada. No próximo capítulo serão analisados os casos dos instrumentos de ferro móvel e os eletrodinamométricos (de duas bobinas) no que diz respeito ao seu conjugado desenvolvido. No presente parágrafo, dispensaremos a análise de comportamento dos instrumentos de medida, visto ser matéria específica e pormenorizada nos livros dedicados a medidas (23). Além disso, como uma investigação preliminar, vale, aproximadamente, o exposto na nota 2 de 3.5.3.

3.8 TRANSDUTORES DE VELOCIDADE ANGULAR

Esses transdutores eletromecânicos são conversores do tipo rotativo e servem para a tomada de velocidades angulares e freqüências de rotação. Convertem energia mecânica de um movimento de rotação, em energia elétrica e vice-versa. São quase sempre construídos para fornecerem na saída uma tensão elétrica que deve ser, preferivelmente, proporcional à velocidade angular imprimida ao seu eixo. São os tacômetros eletromecânicos. Um modelo elementar de tacômetro eletromecânico pode ser um simples cilindro rotativo de ímã permanente magnetizado N e S, introduzido num cilindro oco, estacionário, de material ferromagnético. Girando-se o cilindro interno, induzem-se f.e.m. no cilindro externo e conseqüentes correntes que, interagindo com o campo magnético, resultam em forças e conjugados ($B\ell i$) que tendem a arrastá-lo no sentido de giro do cilindro interno. Como, para um campo de intensidade constante, a f.e.m. induzida e, conseqüentemente, a corrente dependem da velocidade, o conjugado também dependerá dela. Se for possível medir a reação mecânica no cilindro externo estacionário, por exemplo, por meio de uma mola de restauração e um ponteiro, teremos uma indicação que está ligada à velocidade angular do eixo.

Os tacômetros que fornecem na saída uma tensão elétrica proporcional à velocidade angular, é que serão objeto desta seção, por serem não só mais precisos, como mais versáteis nas aplicações de medição e controle. São também chamados geradores tacométricos. Suponhamos que esses geradores tacométricos representem uma carga nula (tanto ativa, como de inércia) para o eixo cuja velocidade se deseja medir e que o acoplamento com esse eixo seja infinitamente rígido. Assim sendo, as variações de velocidade serão transmitidas instantaneamente ao eixo do tacômetro. As velocidades serão impostas ao tacômetro, sem necessidade de considerarmos a equação mecânica na solução da resposta do mesmo.

3.8.1 TACÔMETROS DE TENSÃO ALTERNATIVA (C.A.)

São também chamados alternadores tacométricos. Constam de um indutor e um induzido. O indutor é formado por peças polares magnetizadas alternativamente N e S para se conseguir uma distribuição de induções radiais no entreferro. Esses pólos magnéticos podem ser conseguidos por excitação de corrente contínua estabilizada para se conseguir uma f.m.m. constante e, conseqüentemente, uma intensidade de campo magnético constante no entreferro. Na Fig. 3.25(a) está esquematizado um caso de dois pólos apenas. Como os tacômetros são conversores de pequena potência, do tipo de sinal (normalmente fração de watt até alguns watts) a construção com pólos de ímã permanente é a mais usual. Na parte rotativa [rotor da Fig. 3.25(b)], constituída de um cilindro ferromagnético, é colocada uma bobina (induzido) cujos terminais são acessíveis externamente por contatos móveis (anéis coletores e escovas). O fato da bobina estar alojada em ranhuras do cilindro já foi focalizado no exemplo 3.5. O indutor também poderia ser construído na parte rotativa e a bobina na parte fixa, pois o nosso objetivo é apenas que haja movimento relativo entre campo e condutores do induzido.

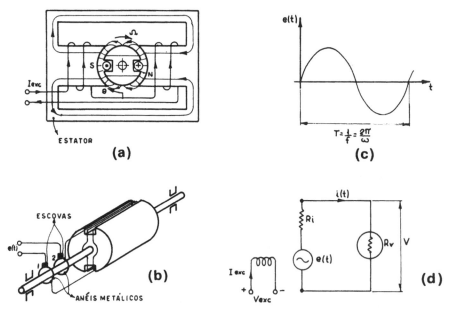

Figura 3.25 Tacômetro eletromecânico de C.A. (a) Corte esquemático de um caso de dois pólos excitado com corrente contínua; (b) rotor elementar com uma única bobina; (c) $e(t)$ para $B(\theta)$ senoidal; (d) circuito equivalente de um tacômetro alimentando um voltômetro

Relações eletromecânicas — exemplos de componentes eletromecânicos

Se imprimirmos um movimento de rotação ao eixo do rotor teremos um caso idêntico ao já devidamente apresentado no exemplo 3.4. A f.e.m. induzida $e(t)$ na bobina, acessível nos terminais das escovas, terá no tempo, a forma de B no espaço. O seu valor eficaz será proporcional ao fluxo magnético por pólo e a velocidade angular da bobina (Ω). A sua freqüência está relacionada com a velocidade angular e a quantidade de pólos que é uma constante do tacômetro [veja as expressões de (3.31) até (3.34)]. Embora a intenção nem sempre seja uma distribuição de induções senoidal ao longo do entreferro do tacômetro, vamos supor, para simplificar, que neste caso seja. A f.e.m., ou tensão nos terminais em vazio, também o será.
Teremos, resumidamente,

$$e(t) = E_{max} \operatorname{sen} \omega t = k\phi_0 \Omega \operatorname{sen} \omega t,$$

$$\Omega = 2\pi n; \quad \omega = 2\pi f = 2\pi n p,$$

onde n é a freqüência de rotação do eixo e p a quantidade de pares de pólos.

A relação f.e.m. eficaz/velocidade angular do eixo, é uma constante, desde que o fluxo por pólo mantenha-se constante.

$$\frac{E}{\Omega} = K \qquad (3.101)$$

ou

$$\frac{E}{n} = K 2\pi. \qquad (3.102)$$

São comuns valores de E/n: 6×10^{-3}, 30×10^{-3}, 60×10^{-3} V/rpm.

Nos casos reais, o rotor não possui uma só bobina alojada em um par de ranhuras, mas várias delas ligadas em série, para um melhor aproveitamento da superfície do cilindro rotórico. Esse assunto de enrolamento distribuído, ou subdividido em várias ranhuras, será examinado com pormenores nos capítulos referentes aos conversores rotativos do tipo de potência.

Se o tacômetro for aplicado para medição da freqüência de rotação de um eixo, basta aplicá-lo a um voltômetro devidamente graduado em rotações por minuto ou por segundo (rpm ou rps). Dentro dos limites das freqüências mais usuais desses tacômetros (até 6 ou 8 mil rpm, que corresponde num caso de quatro pólos, a 200 até 266 Hz na f.e.m.) o tacômetro e os voltômetros podem ser considerados resistivos [Fig. 3.25(d)]. Assim sendo,

$$V = E \frac{R_v}{R_i + R_v} = K \Omega \frac{R_v}{R_i + R_v},$$

donde

$$\frac{V}{\Omega} = K \frac{R_v}{R_i + R_v}, \qquad (3.103)$$

ou seja, a relação tensão de saída em carga/velocidade angular, continua sendo uma constante, porém, tanto mais atenuada quanto maior é a resistência interna face à resistência de carga. A saída dos tacômetros C.A. pode ser retificada e mesmo filtrada, principalmente nas aplicações de controle. Aí teremos o valor médio de V relacionado com Ω. Se a velocidade variar no tempo, o valor médio da tensão variará de maneira proporcional.

$$\frac{V_{médio}(t)}{\Omega(t)} = K \frac{R_v}{R_i + R_v}. \qquad (3.104)$$

Existem tacômetros que já fornecem uma tensão contínua. Eles serão expostos no parágrafo a seguir.

3.8.2 TACÔMETROS DE TENSÃO CONTÍNUA (C.C.)

São também chamados dínamos tacométricos. A construção é análoga ao anterior, porém os terminais da bobina, em vez de serem levados a dois anéis coletores, são levados a um coletor-comutador, que, como os anéis, também giram com o eixo do tacômetro. Aqui também cabe a mesma observação de que o enrolamento induzido é sempre constituído de várias bobinas como será visto no capítulo destinado aos conversores rotativos de corrente contínua do tipo de potência. Vamos nos limitar no momento ao comutador elementar com uma única bobina ligada a dois semicilindros [Fig. 3.26(a)]. Esse comutador consta de dois semicilindros de cobre (lâminas) eletricamente isolados um do outro. Na Fig. 3.26(a), o semicilindro 1 está ligado ao lado 1 da bobina e o 2 ligado ao lado 2. Sobre o comutador se assentam as escovas (também chamadas "carvões" por serem, comumente, um pequeno prisma de grafita), que estão presas à estrutura do gerador. Imaginemos que o rotor gire no sentido marcado na Fig. 3.26(a). Na posição mostrada nessa figura o lado 1 da bobina se desloca sob o pólo magnético N. Facilmente se conclui (parágrafo 3.4.5) que as f.e.m. mocionais induzidas nos condutores desse lado da bobina têm polaridade negativa na extremidade ligada ao semicilindro 1. Os condutores do lado 2 deslocam-se sob o pólo S e têm polaridade positiva na extremidade ligado ao semicilindro 2. Logo, a lâmina 1 será negativa e a 2 positiva. Seguindo seu movimento, após meia-volta, teremos o lado 2 da bobina movimentando-se sob o pólo N e o lado 1 sob o pólo S. Nessa situação teremos a extremidade do lado 2 negativa, e a do lado 1 positiva. Mas e escova 1 continua negativa, pois ela faz, sempre, contato com um semicilindro que está negativo e a escova 2 continua positiva, pois faz contato com um semicilindro que está positivo.

Daí se conclui que o comutador é, na realidade, um retificador mecânico, pois a f.e.m. induzida nos condutores da bobina é alternativa e a tensão nos terminais da escova é retificada [veja a Fig. 3.26(b)]. É interessante observar e concluir que, se o rotor girar no sentido contrário ao da figura, a escova 1 passará a ser positiva e a 2, negativa. Isso significa uma inversão de polaridade nos terminais, propriedade essa interessante quando se deseja, além de medir a velocidade, conhecer o sentido de rotação de um eixo. Com base no caso do parágrafo anterior, o valor médio dessa tensão será, também,

$$\frac{V_{médio}(t)}{\Omega(t)} = K \frac{R_v}{R_i + R_v}.$$

Nos tacômetros com resistência de carga constante, à medida em que se aumenta a velocidade e, portanto, a tensão e a corrente de saída, aparece um outro fenômeno de redução de tensão além da resistência ôhmica interna. E essa queda não é linear. É a diminuição de f.e.m. por redução do fluxo magnético devido ao fenômeno, não-linear, da reação da corrente do induzido. Porém, ele é acentuado apenas em correntes intensas. Esse fenômeno é chamado de *reação de armadura* e será visto também no Cap. 7. É uma das razões da limitação da velocidade superior dos tacômetros. Esse tacômetro eletromecânico pode também ser usado como um componente diferenciador, em relação à variável deslocamento angular, lembrando que $\Omega(t) = d\theta(t)/dt$.

Exemplo 3.8. Vamos procurar observar o que acontece com os conjugados resistentes oferecidos nos seus eixos, pelos geradores tacométricos dos parágrafos 3.8.1 e 3.8.2.

Relações eletromecânicas — exemplos de componentes eletromecânicos

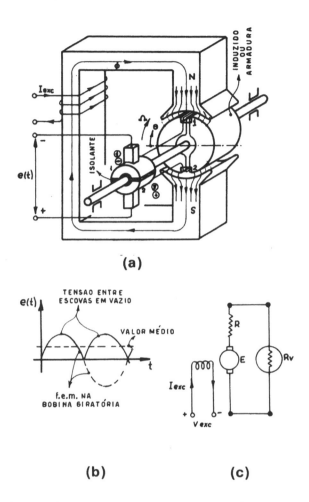

Figura 3.26 Tacômetro eletromecânico de C.C. (a) Corte esquemático de um caso com uma bobina e, conseqüentemente, apenas duas lâminas no comutador; (b) $e(t)$ para um caso de $B(\theta)$ senoidal (c) circuito equivalente

Tomemos o caso da Fig. 3.25(a). Seja
  r o raio do rotor,
  $B(\theta)$ a densidade de fluxo na posição θ dos condutores do lado esquerdo da bobina, a partir de uma origem. Esta pode ser, por exemplo, a região interpolar onde a densidade de fluxo é nula, e
  ℓ o comportamento total dos n condutores de cada lado da bobina.
  1. Suponhamos, por um momento, que exista na bobina, uma corrente contínua constante I. Digamos que ela *entre* permanentemente pelo lado direito (cruz, na figura) e *saia* pelo lado esquerdo. Nos condutores da direita, sob um pólo N, a força eletromecânica será dirigida para cima. Nos condutores da esquerda será ao contrário, e resultará num conjugado diferente de zero agindo da direita para a esquerda (caso de campo radial, perpendicular aos condutores).

O conjugado eletromecânico, para uma posição θ dos condutores da esquerda será (veja o parágrafo 3.4.2 e o Exemplo 3.2)

$$C(\theta) = rB(\theta)\ell I. \qquad (3.105)$$

Nos condutores da direita teremos tanto B como I invertidos; logo o conjugado total, para os dois lados da bobina, será

$$C(\theta) = 2\, rB(\theta)\ell I. \qquad (3.106)$$

Se fizermos o rotor girar uma volta completa, o conjugado médio nos condutores da esquerda e da direita será nulo, pois as forças e, conseqüentemente, os conjugados, se invertem nos condutores a cada meia volta. Isso quer dizer que existirá conjugado em cada posição onde $B(\theta) \neq 0$, porém, sem valor médio numa volta. Aplicando a definição do valor médio para os condutores da esquerda da Fig. 3.25(a), teremos, num ciclo de rotação,

$$C_{m\acute{e}dio} = \frac{1}{2\pi}\int_0^{2\pi} C(\theta)\, d\theta = r\, I\, \frac{\ell}{2\pi}\int_0^{2\pi} B(\theta)\, d\theta = 0, \qquad (3.107)$$

pois $B(\theta)$ sobre esses condutores é uma função periódica alternante, simétrica, de meio-período, ou seja $B(\theta) = -B(\theta + \pi)$.

2. Suponhamos agora que a corrente na bobina seja alternativa, com a mesma freqüência de rotação do rotor. Isso acontece normalmente, pois, quando se impõe à bobina um movimento de rotação, a f.e.m induzida provoca a circulação de uma corrente alternativa com a mesma freqüência. Se supusermos o circuito formado pela bobina mais a carga, praticamente resistivo, essa corrente estará aproximadamente em fase com a f.e.m. Tomemos, por exemplo, os condutores da esquerda, quando eles deixarem o pólo S para entrar sob o pólo N, a f.e.m. e a corrente se inverterão e isso fará com que o conjugado não mais se inverta a cada meia volta. O conjugado médio de uma volta será igual ao conjugado médio que acontece a cada meia volta. Nesse caso de dois pólos magnéticos, a velocidade angular Ω, do rotor, será igual à freqüência angular da f.e.m. e da corrente. A posição angular θ, dos condutores da esquerda, pode ser definida como

$$\theta = \Omega t, \quad t > 0.$$

Assim, $B(\theta)$ sobre aqueles condutores, será também uma função de tempo e o conjugado médio de meia volta, será

$$C_{m\acute{e}dio} = r\ell\, \frac{1}{\pi}\int_0^{\pi} B(\theta)i(\theta)\, d\theta \qquad (3.108)$$

ou

$$C_{m\acute{e}dio} = r\ell\, \frac{1}{T/2}\int_0^{T/2} B(\Omega t)i(\omega t)\, dt, \qquad (3.109)$$

onde T é o período do movimento de rotação.

Suponhamos o caso de distribuição $B(\theta)$ senoidal ao longo do entreferro. Teríamos

$$B(\theta) = B_{max}\, \text{sen}\ \theta$$

ou, o B "visto" pelos condutores seria:

$$B(\Omega t) = B_{max}\, \text{sen}\ \Omega t.$$

A f.e.m. induzida e, conseqüentemente, a corrente serão senoidais no tempo. A integral acima tem valor diferente de zero para $\Omega = \omega$ e esse valor médio é proporcional ao produto $B_{max} I_{max}$ (Como exercício, procure esse valor médio para $\Omega = \omega$). Pelo fato desse gerador monofásico apresentar conjugado médio diferente de zero apenas para $\Omega = \omega$, ou seja, apenas quando há sincronismo entre a corrente e o movimento de rotação do rotor, ele é chamado gerador monofásico síncrono. Fica claro também que o conjugado resistente, oferecido pelo gerador no seu eixo, deve ser aquele conjugado eletromecânico acrescido dos conjugados de perdas. Nos transitórios de velocidade devem ser considerados também os conjugados reativos (de inércia e elástico).

3. Para o caso da Fig. 3.26, ou seja, para o gerador de corrente contínua, o problema recai exatamente no caso anterior, pois a corrente nos condutores é alternativa, apesar de ser contínua após o comutador. Isso faz com que o conjugado médio seja diferente de zero. Uma diferença com o caso anterior é que, nos dínamos, a distribuição $B(\theta)$ é normalmente, por questões práticas, muito mais próxima da retangular que da senoidal. Procure também, nesse caso, o conjugado médio para $\Omega = \omega$.

3.8.3 TACÔMETRO DE INDUÇÃO

É também um tacômetro cuja saída é uma tensão alternativa, porém funciona segundo um princípio que lembra certas máquinas assíncronas, como o motor de indução difásico em particular. É de uso menos difundido, mas tem a vantagem de dispensar os contatos deslizantes com escovas e comutador. Tomemos o cilindro oco (estator) e coloquemos uma bobina 1, excitada com i_{exc} alternativa de freqüência f. [Fig. 3.27(a)].

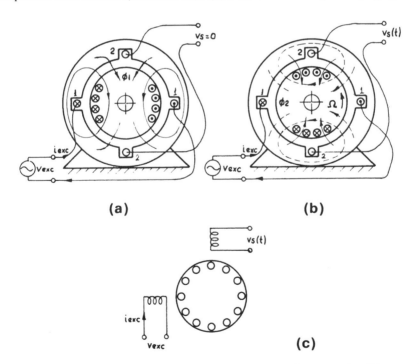

Figura 3.27 Tacômetros de indução – corte esquemático. (a) Rotor parado; (b) rotor girando com velocidade angular Ω (nesta representação, a favor da clareza, foram omitidas as correntes induzidas pelas f.e.m. variacionais); (c) representação simbólica do tacômetro de indução

O fluxo alternativo ϕ_1 por ela provocado fecha-se através do entreferro e do cilindro ferromagnético (rotor), suposto, por ora, estacionário. Esse cilindro rotórico pode possuir condutores de cobre na sua superfície ou, mais simplesmente, ele mesmo pode ser condutor, permitindo, na sua periferia, a circulação de correntes provocadas pelas f.e.m. variacionais induzidas pelo fluxo alternativo ϕ_1. Essas correntes circulam concatenadamente com esse fluxo, ou seja, procurando reagir com um fluxo no mesmo eixo de ϕ_1 [cruzes e pontos, no rotor da Fig. 3.27(a)]. Coloquemos uma segunda bobina (2) no estator, cruzada com a primeira, de modo que se tenha mútua indutância nula entre elas. Não teremos tensão nos terminais de saída ($v_s = 0$). Note-se que, nos casos reais, os enrolamentos não são concentrados numa única bobina, mas sim distribuídos em várias ranhuras, como veremos no Cap. 6.

Se fizermos girar o rotor com velocidade angular Ω, devido à existência de ϕ_1, que resulta B_1 no entreferro, teremos indução de f.e.m. mocionais, que também farão circular correntes no cilindro rotórico. Como se conclui facilmente essas correntes estarão agindo segundo um eixo perpendicular ao de ϕ_1 e produzindo um fluxo ϕ_2 [cruzes e pontos no rotor da Fig. 3.27(b)]. Esse fluxo ϕ_2 concatena-se com a bobina 2. Se o fluxo ϕ_1 fosse contínuo e constante, e não-alternativo, as f.e.m. mocionais induzidas no rotor seriam contínuas ($B_1 \cdot \ell \cdot u$). Como ϕ_1 é alternativo, com freqüência f, B_1 também será, e as f.e.m. induzidas e as correntes também serão. Logo, ϕ_2 será alternativo de freqüência f e resultará agora $v_s(t)$ não-nulo na bobina 2. Note-se que o valor eficaz de $v_s(t)$ é proporcional à velocidade tangencial u, da superfície rotórica ou, se quisermos, da velocidade angular Ω, do eixo.

3.9 SENSORES ELETROMECÂNICOS

Como afirmamos no início deste capítulo, reservaremos o nome de sensores eletromecânicos aos componentes eletromecânicos não-conversores. Eles modulam, ou modelam uma variável elétrica de saída, como corrente, potência, tensão, de acordo com uma variável mecânica de entrada, como força, deslocamento, pressão, etc. Os sensores que serão focalizados neste parágrafo são uns poucos exemplos dentro de uma grande quantidade de sensores eletromecânicos existentes e possíveis de serem idealizados. Consulte, por exemplo, a referência (23). Imaginemos, por exemplo, um resistor constituído de um fio metálico e alimentado por uma fonte de tensão constante. Se aplicarmos uma tensão mecânica de tração nesse fio, de modo a deformá-lo, reduzindo sua seção e aumentando seu comprimento, a sua resistência elétrica e, também, a corrente vão modificar-se. A energia mecânica envolvida no processo de deformação não foi convertida em energia elétrica. Apenas alterou-se a potência que é liberada na resistência por efeito Joule e cedida pela fonte elétrica, e de uma maneira unilateral ou não-reversível, isto é, se alterarmos a potência cedida à resistência (exceto os efeitos indiretos de aquecimento) o estado de tensão mecânica interna não se alterará. Por outro lado, as alterações da resistência e da potência, ocorridas no condutor, estão ligadas, ou moduladas, com a variação da força aplicada ao fio. Isso é o que, de maneira geral, ocorre em alguns sensores como apresentados no parágrafo a seguir.

3.9.1 SENSORES DE SOLICITAÇÕES MECÂNICAS E ACÚSTICAS

Vamos focalizar inicialmente o sensor de força, ou de tensão, tipo *extensômetro de resistência*, certamente mais conhecido pelo nome consagrado em inglês *strain gage*. Existem muitas maneiras de se construir e apresentar os *strain gages*, mas, em princí-

Relações eletromecânicas — exemplos de componentes eletromecânicos

pio, todos possuem um elemento resistivo que consta de um condutor de pequena seção transversal, feito de ligas metálicas como níquel-cobre, níquel-cromo [Fig. 3.28(b)]. Muitos deles são aplicados por meio de adesivos a elementos de estrutura cuja tensão (σ, em N/m^2) ou cuja deformação relativa se deseja medir. Uma viga submetida a tração, uma parede de recipiente submetido a pressão interna, são exemplos de elementos mecânicos submetidos a esforços, portanto também sujeitos a uma tensão e, conseqüentemente, a uma deformação. No caso dos materiais em regime elástico, essa deformação relativa é proporcional à tensão. Com os *strain gages*, que praticamente apresentam pequena inércia, consegue-se medir tensões e pressões dinâmicas, com variações bastante rápidas, como explosões internas em chaves, em motores e em geradores elétricos blindados e sujeitos a ambientes de gases combustíveis.

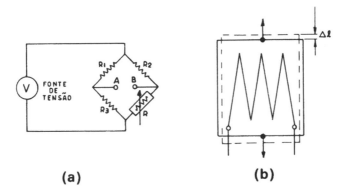

Figura 3.28 (a) Extensômetro em ponte de Wheatstone; (b) uma forma de extensômetro apropriado para tração no sentido marcado pela seta

Suponhamos um *strain gage* solicitado juntamente com um elemento de estrutura. Ele sofrerá uma deformação $\Delta\ell$ no seu comprimento e ΔS na sua área transversal, com a conseqüente modificação relativa, na sua resistência, igual a

$$\frac{R_f - R}{R} = \frac{\Delta R}{\rho \ell / S}, \qquad (3.110)$$

onde R é a resistência inicial do elemento resistivo e R_f a final. ρ, ℓ, S, são respectivamente a resistividade do material, o comprimento inicial e a área da seção inicial. Vamos considerar ρ constante, desprezando efeitos de piezorresistividade, que é o fenômeno de variação de resistividade do material quando submetido a deformações ou a tensões. Na hipótese de regime elástico e de pequenas deformações relativas $\Delta\ell/\ell$ (é usual uma deformação de no máximo 1%), pode-se supor que o volume seja constante e, portanto, uma deformação relativa da seção do fio igual à do comprimento, ou seja, $\Delta S/S = \Delta\ell/\ell$. Assim, a resistência final, para $\ell_f = \ell + \Delta\ell$, e, $S_f = S\ell/\ell + \Delta\ell$, será

$$R_f = \rho \frac{\ell + \Delta\ell}{S \dfrac{\ell}{\ell + \Delta\ell}} = \frac{\rho(\ell + \Delta\ell)^2}{S\ell}.$$

Essa aproximação implica em se fazer o coeficiente de constrição lateral (chamado

de coeficiente de Poisson, na técnica de resistência dos materiais) igual a 0,5, o que, de certo modo, é relativamente grosseiro (23).
Desenvolvendo o quadrado de $\ell + \Delta\ell$, e desprezando-se o termo de segunda ordem, por se tratar de deformações relativas muito pequenas, obtemos

$$R_f = \rho \left(\frac{\ell + 2\Delta\ell}{S} \right).$$

Substituindo na expressão (3.110), ficamos com

$$\frac{\Delta R}{R} = 2 \frac{\Delta\ell}{\ell}. \tag{3.111}$$

Nas solicitações dinâmicas, obtemos

$$\frac{\Delta R(t)}{\Delta\ell(t)/\ell} = 2R.$$

Ou seja, a variação de resistência ΔR é proporcional à deformação relativa do elemento resistivo, que, por sua vez, está vinculado à deformação relativa e à tensão do elemento de estrutura ao qual o *strain gage* foi aplicado. É lógico que, para deformações muito pequenas, a forma de se registrar a variação de resistência ΔR é fazer com que o *strain gage* tome parte de uma ponte de Wheatstone [Fig. 3.28(a)]. Assim, na situação de equilíbrio da ponte ($V_{AB} = 0$), ajustada para o elemento resistivo não-solicitado, teríamos a igualdade dos produtos das resistências opostas

$$R = \frac{R_2 R_3}{R_1}.$$

Para registros de solicitações estáticas ou estacionárias, satisfaz a medida da variação ΔR feita com a própria ponte, porém, nos casos de variações rápidas, a verificação deve ser feita com um osciloscópio ou um plotador, que possua resistência de entrada elevada, a ponto de se poder considerar circuito aberto entre A e B. A dedução da expressão da tensão entre A e B, em função dos elementos da ponte, é um problema relativamente simples de circuito e o leitor pode resolvê-lo como exercício. E, a partir daí, pode-se também concluir que, para essa ponte da Fig. 3.28(a), a variação de tensão $\Delta v_{AB} = v_{AB}(R) - v_{AB}(R + \Delta R)$ (desprezando-se os termos com ΔR quando em face dos outros) é proporcional a ΔR:

$$\Delta v_{AB} = V \frac{R_2}{(R + R_2)^2} \Delta R = V \frac{R_2}{(R + R_2)^2} 2R \left(\frac{\Delta\ell}{\ell} \right). \tag{3.112}$$

Com isso consegue-se uma tensão de saída proporcional à deformação relativa ou à solicitação no elemento de estrutura.

Outros sensores, específicos para tomada de pressão, embora pouco precisos, são as pastilhas de carvão. É comum o seu uso como microfones de aparelhos telefônicos, daí o seu nome generalizado de microfone de carvão. Consta de um recipiente de carvão (que já é um dos terminais elétricos do sensor) cheio de carbono granulado (Fig. 3.29). O diafragma dá uma compressão inicial no pó, o que lhe confere uma resistência elétrica inicial R. Isso possibilita que ele seja comprimido e descomprimido, variando sua resistência de $+\Delta R$ e $-\Delta R$, e o torna apropriado para tomada de pressão oscilatória do tipo acústico.

Nos aumentos de pressão sobre o diafragma, diminui a resistência ôhmica do pó e vice-versa; portanto, o ΔR pode ser positivo ou negativo. Se chamarmos de α a constante do carvão granulado, em ohm por milímetro, e o deslocamento do diafragma for $x(t)$ (em mm), teremos

$$\Delta R(t) = \alpha x(t), \tag{3.113}$$

variando entre os extremos $+\alpha x_{max}$ e $-\alpha x_{max}$, no caso de $x(t)$ alternativo.

Para uma tensão aplicada V constante (Fig. 3.29) a pastilha de carvão modula a corrente no circuito. Pela medida da variação dessa corrente, conclui-se a variação da resistência, que está relacionada com o deslocamento, que por sua vez está ligado à pressão sobre a parte móvel da pastilha.

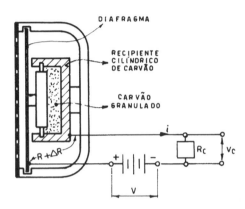

Figura 3.29 Corte esquemático de um microfone de carvão e o circuito elétrico correspondente

Para os processos dinâmicos, como a utilização como microfone, é interessante procurar a tensão $v_{AB}(t)$ entre os terminais A e B, ou seja,

$$v_{AB}(t) = \frac{V}{(R_c + R) + \alpha x(t)} R_c.$$

Multiplicando numerador e denominador por $(R_c + R) - \alpha x(t)$, e supondo deslocamentos x muito pequenos, que resultem em $(\Delta R)^2$ bem menores que $(R_c + R)^2$, teremos, aproximadamente,

$$v_{AB}(t) = V R_c \left[\frac{1}{R_c + R} - \frac{\alpha x(t)}{(R_c + R)^2} \right]. \tag{3.114}$$

Portanto, a componente alternativa dessa tensão é aproximadamente linear com o deslocamento. Para $x(t)$ senoidal, a resposta em freqüência desses microfones é razoavelmente plana (resposta proporcional) para freqüências da ordem de 150 até 1 000 Hz (21).

3.9.2 SENSORES DE DESLOCAMENTO

Não é difícil imaginar aplicações para os sensores de deslocamento. Suponhamos que se queira conhecer à distância, a posição angular de um eixo. Se tivermos componentes que consigam relacionar a tensão de saída com uma variável de entrada como o deslocamento angular, teremos, através de um voltômetro com escala adequada, a medida do ângulo de deslocamento.

Os resistores potenciométricos e os variadores de tensão alternativa servem para esse fim, pois eles fornecem uma tensão de saída que é função da posição do seu cursor. O deslocamento do cursor pode ser linear (de translação) ou angular (de rotação). Na Seç. 2.14 verificamos que os "variadores de tensão" de núcleo circular dão, em vazio, uma tensão alternativa de saída cujo valor eficaz varia com o deslocamento angular. Os potenciômetros de movimento circular, tão familiares nos circuitos elétricos, também podem fazê-lo. Suponhamos na Fig. 3.30 um resistor de resistência R com um cursor que possibilite tomar a tensão $v_{AB}(\theta)$, onde θ pode definir a posição, tanto no deslocamento linear como no angular, quer seja o potenciômetro cilíndrico ou toroidal.

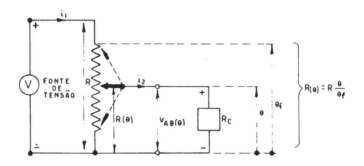

Figura 3.30 Potenciômetro com tensão aplicada constante

Para o potenciômetro em vazio, ou com uma carga de valor ôhmico muito elevado comparativamente com R, tal que i_2 seja desprezível, teremos

$$v_{AB} = V \frac{R(\theta)}{R}$$

ou

$$v_{AB} = V \frac{\theta}{\theta_f}. \qquad (3.115)$$

Se tivermos θ variável no tempo, a tensão de saída também será, e de maneira proporcional, ou seja,

$$\frac{v_{AB}(t)}{\theta(t)} = \frac{V}{\theta_f}.$$

Porém, com carga apreciável, a queda de tensão na parte do potenciômetro fora do cursor, torna-se função da posição θ e teremos um componente não-linear. A tensão de saída em função da resistência da posição θ, para o potenciômetro com pequena corrente i_2, pode ser deduzida pelo aluno, como exercício e, daí, ele verificará que a tensão de saída não é mais rigorosamente proporcional a θ.

Poderíamos ainda aqui lembrar os componentes que chamaremos de eixos elétricos e síncros. Eles constituem uma das possibilidades de funcionamento dos componentes consagrados com os nomes ingleses de *selsyn* ou *synchro* (*self-syncronous*). Podem não somente funcionar como sensores de posição angular, dando uma tensão de saída proporcional à posição angular de seu eixo, como transmiti-lo a um outro componente semelhante q· e, inversamente, dá uma posição angular proporcional à tensão que lhe é aplicada. Daí seu nome, *eixo elétrico*, pois "transporta" um deslocamento angular através de uma ligação elétrica. Faltam-nos, porém, elementos para analisarmos esses componentes que são mais conversores do tipo máquinas assíncronas que sensores eletromecânicos. Como tal, eles serão estudados no Cap. 6 referente às máquinas elétricas assíncronas

3.10 SUGESTÕES E QUESTÕES PARA LABORATÓRIO

Ainda, segundo o ponto de vista já apresentado na Seç. 2.20, vamos mais sugerir do que resolver. Nesta seção, mais do que naquela, as experiências de caráter quantitativo são mais difíceis de serem realizadas, pois as grandezas a medir são relativamente menores e exigem equipamentos mais refinados e de custo mais elevado. Seria, portanto, preferível concentrar-se mais nos fenômenos físicos dos transdutores e sensores, do que no aspecto quantitativo, que é conveniente ser deixado para os laboratórios das disciplinas especializadas. Quanto à verificação das leis fundamentais, são experiências que devem ser preferivelmente realizadas nos laboratórios de Física.

3.10.1 FORMA DE ONDA DE DISTRIBUIÇÃO DE INDUÇÕES NO ENTREFERRO DE UM CONVERSOR ROTATIVO

No Exemplo 3.4, foi demonstrado que a forma de onda, no tempo, da f.e.m. induzida numa bobina que gira no entreferro de um conversor (como os geradores tacométricos dos parágrafos 3.8.1 e 3.8.2) é a mesma da distribuição de induções radiais nesse entreferro. Isso sugere, então, um método de se levantar a forma de $B(\theta)$. Não é necessário ter-se em mãos um daqueles tacômetros. Pode ser qualquer outro gerador de C.A. (alternador) ou de C.C. (dínamo). Já afirmamos que os alternadores· e dínamos têm muitas ranhuras e bobinas ligadas em série no rotor (enrolamento distribuído). Isso resulta numa modificação da forma de onda da f.e.m. resultante, em relação à forma de $B(\theta)$ e, portanto, prejudica nosso objetivo. Então se deve utilizar um conversor que possua uma bobina independente sobre o rotor. Uma bobina que não faça parte daquele enrolamento principal ao qual se liga a carga. Essa bobina pode ser chamada de *exploratriz*. Pode possuir algumas espiras de fio muito fino, pois ela será destinada a fornecer apenas um sinal a um osciloscópio (Fig. 3.31). Num laboratório de Conversão Eletromecânica de Energia Básica, convém que se tenha pelo menos um dínamo já construído com essa bobina exploratriz. Em último caso, pode-se tentar colocar, num dínamo qualquer, uma pequena bobina "colada" sobre ʋ rotor, com passo igual ao passo polar do gerador e com terminais acessíveis por meio de dois anéis e duas escovas. É uma improvisação que deve ser feita com os devidos cuidados, e nem sempre é possível.

Excitando-se o gerador, isto é, estabelecendo-se o fluxo magnético, e fazendo-o girar, teremos na tela do osciloscópio a f.e.m. $e(t)$ que reproduz a forma de $B(\theta)$. Pode-se também aplicar uma carga nos terminais do gerador e verificar, através da $e(t)$ na exploratriz, quais as deformações que isso provocou no $B(\theta)$, que normalmente ficará diferente daquele que existia em vazio. Ainda se pode tirar outras conclusões e até mesmo medir o fluxo por pólo do gerador. Deve-se, para isso, integrar o oscilograma de $e(t)$ e conhecer-se a quantidade de espiras da exploratriz, a sua velocidade tangencial, as dimensões do rotor e as relações de escala utilizadas no osciloscópio (veja as expressões apresentadas no exemplo 3.4).

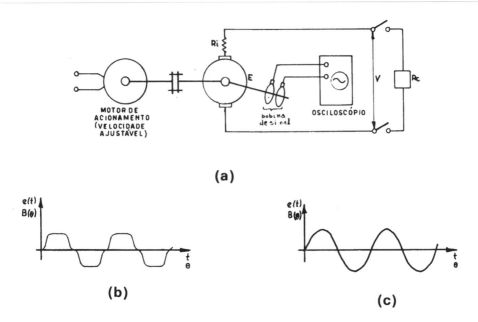

Figura 3.31 (a) Esquema para levantamento de $B(\theta)$ de um dínamo; (b) osciloterama típico de $B(\theta)$ para um dínamo de quatro pólos; (c) idem, para um alternador, que é praticamente senoidal

3.10.2 DETERMINAÇÃO DA CONSTANTE DE UM TACÔMETRO LINEAR

De posse de um transdutor como os da Seç. 3.8, pode-se determinar a relação V/Ω ou V/n (volt/radiano por segundo, ou volt/rotação por minuto). Na realidade, isso pode também ser feito com um alternador ou um dínamo comum, sem esperar, é lógico, um bom resultado, principalmente quanto à linearidade, quanto às diferenças de característica nos dois sentidos de rotação, etc. Se for um transdutor construído para ser um gerador tacométrico, normalmente não necessitará de fonte de excitação (veja o parágrafo 3.8.1). Caso contrário, é necessário providenciar a aplicação de uma corrente de excitação. Aciona-se o eixo do gerador tacométrico por meio de um motor de velocidade ajustável. Com um tacômetro manual (normalmente do tipo mecânico) aplicado ao eixo e um voltômetro de baixo consumo aplicado aos terminais, levanta-se os pontos V; n necessários ao traçado das curvas 1 e 1' da Fig. 3.32. Deve ser tomado o cuidado de se fazer as leituras simultâneas, pois é possível que a aplicação do tacômetro manual faça diminuir a velocidade do motor de acionamento e, conseqüentemente, a tensão de saída do gerador tacométrico. É necessário também verificar a constância da corrente de excitação durante as medidas, quando for o caso. Quando aplicada uma resistência de carga nominal, o gerador tacométrico apresenta curvas como as 2 e 2' da Fig. 3.32, perdendo a linearidade nas velocidades mais altas e já fora dos limites de sua especificação.

3.10.3 VERIFICAÇÃO DE VIBRAÇÕES EM ESTRUTURAS

Um caso simples e interessante num laboratório de conversão é verificar vibrações de um motor elétrico. Essas máquinas, após a fabricação, passam por um pro-

Relações eletromecânicas — exemplos de componentes eletromecânicos

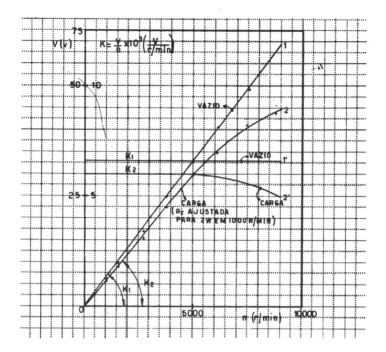

Figura 3.32 Curvas típicas de um alternador tacométrico de ímã permanente e de 6 V/1 000 rpm. Tensões em valor eficaz. (Desenho cedido por Eletro Equacional Elétrica e Mecânica Ltda.)

cesso de balanceamento dinâmico que corrige excentricidade e levam as amplitudes de vibração a intensidades muito pequenas que não sejam prejudiciais ao seu funcionamento. Porém, com um acelerômetro piezoelétrico, do tipo analisado em 3.5.3., aplicado à base ou à carcaça do motor em funcionamento, pode-se detetar ainda pequenas vibrações. Além disso, normalmente ocorre um aumento desse nível de vibração com a utilização prolongada e o envelhecimento do motor. Um equipamento com que se possa medir aceleração, velocidade e deslocamento de vibrações, deve constar de uma cápsula acelerométrica com curva de resposta em freqüência conhecida (para tomada da aceleração), dois circuitos integradores do sinal (para se conseguir sinal proporcional à velocidade e ao deslocamento), um amplificador e um instrumento indicador (para leitura e/ou registro da saída).

Um motor fixo a uma base é uma estrutura complexa que vibra não somente na freqüência das forças de excitação. Assim sendo, o instrumento fornece normalmente uma leitura que é o valor eficaz resultante da composição das intensidades em todas as freqüências de vibração, sejam as medidas em m/s², em *dB* (decibéis) ou em múltiplos de g (9,8 m/s²). Se se desejar determinar essas amplitudes de vibração por faixas de freqüências, é necessária a utilização de filtros. Os equipamentos de medida de vibração costumam ser acompanhados de uma série de filtros, cada um com uma banda de passagem de uma oitava. Normalmente são onze filtros de oitava abrangendo, no total, freqüências entre aproximadamente 30 e 30 000 Hz e possibilitando o levantamento do espectro da vibração, adotando-se o valor medido em cada faixa como sendo a intensidade da variável na freqüência central da oitava.

Certamente mais interessante que um motor tomado ao acaso, é o dispositivo idealizado na Fig. 3.33. Nele se pode conhecer a intensidade e a freqüência da força de excitação e modificá-la conforme as conveniências da experiência. Imagine-se um eixo com dois discos, e nestes alguns furos igualmente espaçados. O conjunto deve estar inicialmente equilibrado dinamicamente. Se colocarmos e fixarmos uma massa conhecida (m) num desses furos de um dos discos, teremos uma força centrífuga rotativa F_c dada por

$$F_c = m\Omega^2 \frac{d}{2}. \tag{3.116}$$

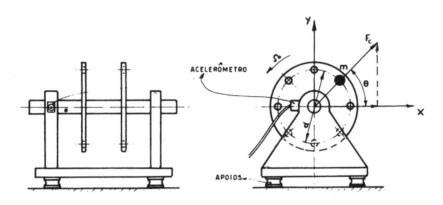

Figura 3.33 Dispositivo didático para provocação de desequilíbrios dinâmicos e verificação de vibrações mecânicas. (Desenho cedido por Equacional – Equipamentos Educacionais e Industriais Ltda.)

A projeção de F_c em cada instante, no eixo horizontal, será uma força de excitação cô-senoidal com amplitude F_c. Assim,

$$f_{ch}(t) = m\Omega^2 \frac{d}{2} \cos \theta(t) = F_c \cos \theta(t)$$

ou

$$f_{ch}(t) = F_c \cos \Omega t. \tag{3.117}$$

No eixo vertical a projeção será

$$f_{cv}(t) = F_c \operatorname{sen} \Omega t. \tag{3.118}$$

Se os apoios forem elásticos, previamente comprimidos pela força-peso do sistema de massa M, a variação de força no plano vertical será $f_{cv}(t)$ em torno do valor $M \cdot g$. No plano horizontal não teremos a ação da força-peso. A aceleração nesse plano será

$$a_h(t) = \frac{f_{ch}(t)}{M}.$$

Relações eletromecânicas — exemplos de componentes eletromecânicos

Se o sistema for assentado sobre apoios que permitam apenas deslocamento no eixo horizontal, pode-se aplicar um acelerômetro que tome a vibração nesse eixo. Com um acelerômetro e os integradores pode-se medir as variáveis aceleração, velocidade e deslocamento. Se colocarmos outra massa m num furo do mesmo disco, mas diametralmente oposto, teremos outra F_c que compensa a anterior nos dois eixos, e o sistema volta a ser balanceado. Se, porém, colocarmos a massa m diametralmente oposta, mas num furo do outro disco, teremos um quilíbrio estático (com discos parados) das forças, mas não dinâmico, (com discos girando), pois as duas f_c provocam em movimento um binário de plano rotativo que também provoca vibração. Mas estas também podem ser compensadas com outra massa m. Compense-as e verifique. É esse, em parte, o princípio de algumas máquinas balanceadoras dinâmicas.

3.10.4 VERIFICAÇÃO DE NÍVEL DE RUÍDO EM CONVERSORES ROTATIVOS

É uma experiência muito parecida com a anterior. Um motor elétrico em funcionamento emite ruído numa larga faixa de freqüências, devido não somente a causas mecânicas propriamente ditas, como também a magnéticas. Certamente a maior fonte de ruídos nos motores elétricos autoventilados é seu próprio ventilador. A um metro de distância do motor, valores de 60 a 90 dB são comuns, principalmente nos grandes motores de alta velocidade. Com um microfone de capacitância, de resposta em freqüência conhecida, como os apresentados em 3.6.2., em um amplificador e um instrumento indicador pode-se determinar o valor eficaz da pressão sonora em todas as freqüências da emissão. A leitura é normalmente em dB com referência a uma pressão sonora eficaz $P_0 = 2 \times 10^{-4} \mu\text{bar}$ (1 μbar = 0,1 N/m²) que é o limite inferior de audição humana, isto é,

$$\text{leitura em dB} = 20 \log_{10} \frac{P}{P_0}.$$

É comum os fabricantes de transdutores eletromecânicos apresentarem amplificador, filtros de oitava e instrumento indicador de ponteiro, os quais servem para a utilização tanto com esses microfones como com os acelerômetros. Apresentam, além disso, elementos e instruções necessários à execução da medida.

3.10.5 VERIFICAÇÃO DE TENSÃO EM UMA VIGA

Como sugestão, pode-se aplicar um *strain gage* do tipo adesivo a uma barra metálica de seção retangular, por exemplo, de $h = 3$ mm $\times b = 10$ mm. Podemos utilizar uma barra de aproximadamente $\ell = 500$ mm de comprimento, como uma viga simplesmente apoiada, com a maior dimensão da seção sobre os dois apoios. A tensão máxima, que se dá na superfície externa de uma viga submetida a flexão por uma carga P aplicada a meia-distância dos apios, é dada por

$$\sigma = \frac{P\ell/4}{bh^2/6} = \frac{3}{2} \frac{P\ell}{bh^2}.$$

Por essa expressão torna-se fácil calcular a carga P que produza uma tensão razoável no material utilizado, à inteira escolha do executante da experiência. Para um módulo de elasticidade E do material utilizado, encontrado nos manuais de resistência dos materiais, tem-se

$$\sigma = \frac{\Delta \ell}{\ell} E.$$

Por outro lado, verificamos que com certas aproximações um *strain gage* nos dá (3.9.1.):

$$\frac{\Delta R/R}{\Delta \ell/\ell} = K.$$

Se tivermos um *strain gage* de resistência inicial R e constante K conhecidas, pode-se montar uma ponte de Wheatstone, com sensibilidade suficiente para detetar as pequenas variações de resistência do *strain gage*, e medir a tensão σ. Equilibra-se a ponte primeiramente com a viga ainda não solicitada e, depois, já solicitada, com a carga P. Determina-se ΔR e $\Delta \ell/\ell$. Porém, mais interessante que isso, por se tratar de *strain gage*, é a observação da tensão dinâmica provocada por choques na viga. Deixando-se uma massa de peso P cair de pequena altura, pode-se com o auxílio de um oscilógrafo, registrar as oscilações da tensão (veja 3.9.1.). Dependendo dos parâmetros da viga, podemos, além de registrar o valor máximo dessa tensão, observar o grau de amortecimento das oscilações.

3.11 EXERCÍCIOS

1. Verifique que, a partir da expressão da força $F = B\ell i_1 \sin \theta$ e da lei de Biot-Savart, $B = \mu i_2/2D$, podemos chegar à expressão (3.15) que nos fornece a força por metro do condutor i_1, paralelo a outro i_2, longos e retilíneos.
2. Num barramento monofásico de casa de máquinas para altas correntes, composto de duas barras paralelas a 0,5 m uma da outra, a corrente de curto-circuito pode atingir 50 000 A (valor eficaz) a 60 Hz. Para se calcular os apoios das barras necessita-se saber a máxima força por metro de condutor e como varia essa força no tempo. Calcule.
3. Imagine um tubo de cerâmica de seção retangular de 25 × 100 mm cheio de um metal fundido em alta temperatura. Deseja-se impulsionar esse líquido (bombear), e para isso é necessário criar uma pressão de 2 N/cm². Submete-se a região do tubo a um campo magnético, de direção perpendicular à maior dimensão do tubo, disso resultando uma densidade de fluxo $B = 0,4$ Wb/m². Através de dois eletrodos, aplicados na menor dimensão do tubo, faz-se circular uma corrente I através do líquido. Calcule a corrente necessária, bem como verifique sentidos de campo e corrente para provocar deslocamento do líquido num sentido desejado.
4. Um vibrador eletromecânico consegue aplicar, numa larga faixa de freqüências, um conjugado alternativo senoidal $C(t)$ (transformada fasorial $\dot C$), com amplitude constante, a um sistema de rotação J, D. Procure a) a relação $G(j\omega) = \dot C_J/\dot C$, onde $\dot C_J$ é o conjugado absorvido pelo momento de inércia J, ou seja, é o conjugado de inércia; b) o lugar geométrico dos pontos representativos de $G(j\omega)$ no plano complexo para todas as freqüências, de 0 a ∞; c) o lugar geométrico das extremidades do fasor $\dot C_J$, no diagrama de fasores, também para todas aquelas freqüências.
5. Uma bobina de passo pleno, com N espiras, girando num entreferro de distribuição radial de induções pode apresentar forma de onda da f.e.m. retangular, triangular e senoidal com amplitude 1 e período de 1/120 s. Como serão as formas de onda do fluxo $\lambda(t)$, concatenado com essa bobina, e qual seu valor máximo em cada um dos três casos?
6. Idealize um acelerômetro de torsão (oscilação de rotação) a partir do acelerômetro de translação apresentado neste capítulo.

7. Suponha que se imponha à bobina de um alto-falante dinâmico uma velocidade $u(t)$ como se fosse microfone. No lugar da fonte de tensão $v(t)$ coloque uma resistência de carga R_c. Procure a função de transferência $I(s)/U(s)$ e a resposta em freqüência.
8. Suponha uma mesa vibratória que funcione segundo o princípio do alto-falante dinâmico. Procure a função de transferência para o deslocamento $X(s)$ da mesa, relativamente à tensão aplicada $V(s)$.
9. Vamos supor desprezível o elemento elástico no circuito análogo da Fig. 3.22. Procure a função: $G'(j\omega) = \dot{V}_{C'}/\dot{V}$ para esse circuito e relacione-a com a função $G(j\omega) = \dot{U}/\dot{V}$ do alto-falante.
10. Procure a expressão de V_{AB} nos terminais da ponte da Fig. 3.28(a) em função dos parâmetros da ponte e da tensão aplicada à mesma, quando se varia ΔR na resistência do *strain gage*.

CAPÍTULO 4

RELAÇÕES DE ENERGIA — APLICAÇÕES AO CÁLCULO DE FORÇAS E CONJUGADOS DOS CONVERSORES ELETROMECÂNICOS

4.1 INTRODUÇÃO

Este capítulo é seguramente o mais importante para a eletromecânica de potência, isto é, a parte da Eletromecânica que trata dos conversores rotativos do tipo *de potência*. Nele se evidenciará o princípio de funcionamento das máquinas elétricas rotativas síncronas, assíncronas e de corrente contínua. As equações para tensões elétricas, forças mecânicas e conjugados que serão deduzidos neste capítulo podem não ser exclusivas no aspecto quantitativo dos conversores eletromecânicos, pois pode-se chegar por outros processos ao cálculo das quantidades envolvidas nos projetos dos conversores. Mas no aspecto qualitativo elas são sobremaneira úteis, pois proporcionam uma visão ampla, segura e unificada do comportamento de diferentes conversores. Essas mesmas expressões se constituem no modelo matemático para forças e conjugados nos conversores do tipo magnético, tanto de relutância (por exemplo, eletroímãs) como de mútua indutância (por exemplo, motores de corrente contínua), como de ambos simultaneamente (por exemplo, geradores síncronos de pólos salientes). E com facilidade elas podem ser estendidas aos transdutores de campo elétrico. Aqui também são colhidos elementos úteis para generalização da teoria das máquinas elétricas rotativas, fornecendo uma visão global e objetiva do seu funcionamento. Reputamos, portanto, como essencial o seu entendimento.

4.2 ENERGIAS ARMAZENADAS NAS FORMAS MAGNÉTICA, ELÉTRICA E MECÂNICA

No Cap. 3 vimos que os sistemas eletromecânicos possuem elementos reativos, que contrariamente aos elementos dissipativos, podem armazenar energia. É o caso dos elementos elétricos, indutor e capacitor, que armazenam energia no campo magnético e elétrico respectivamente. É também o caso de certos elementos mecânicos, como a massa de um corpo animado de velocidade, que armazena energia cinética, ou uma mola armazenando energia potencial elástica. Mais adiante vamos necessitar de algumas expressões dessas energias armazenadas. Muitas delas já devem ser de uso corrente do leitor. Vamos então apresentar abaixo uma relação sucinta das expressões mais importantes, em função de diferentes variáveis e parâmetros, procurando lembrar o que já foi exposto nas Seçs. 3.2 e 3.3.

4.2.1 ENERGIA ARMAZENADA EM CAMPO MAGNÉTICO

A densidade da variação de energia armazenada em campo magnético (parágrafo 2.4.1) é dada genericamente por

$$\frac{\Delta E_{mag}}{\text{Vol}} = \int H \, dB.$$

Na hipótese de uma estrutura magnética linear, excitada com intensidade de campo magnético de 0 até H, com densidade de fluxo magnético B proporcional a H (através de uma permeabilidade magnética constante μ), a integral acima leva a

$$\frac{E_{mag}}{\text{Vol}} = \frac{1}{2} BH = \frac{1}{2} \mu H^2 = \frac{1}{2} \frac{B^2}{\mu}, \qquad (4.1)$$

onde E_{mag} é a variação de energia armazenada para a variação de 0 a H. Por aí se nota que, quando a densidade de fluxo magnético for a mesma num material ferro magnético (alta permeabilidade) e no ar, a densidade de energia armazenada será muito maior neste último. Nas mesmas hipóteses anteriores, a energia armazenada numa região de densidade de fluxo B e volume, Vol, pode ser escrita

$$E_{mag} = \frac{1}{2} BH \, \text{Vol}.$$

Certas estruturas magnéticas simples, como as de alguns transformadores, podem ser decompostas em quatro prismas de volume facilmente calculáveis, cada uma com B e H praticamente constantes. Se conseguirmos subdividir uma estrutura magnética mais complexa em um número finito de figuras próximas de prismas e cilindros, com seção de área S_i e altura h_i, onde a densidade de fluxo seja B_i e a intensidade de campo magnético seja H_i, teremos para cada uma

$$E_i = \frac{1}{2} B_i H_i (S_i h_i) = \frac{1}{2} \phi_i \Delta \mathscr{F}_i, \qquad (4.2)$$

onde $\Delta \mathscr{F}_i = H_i h_i$ é a diferença de potencial magnético entre as superfícies S_i . $\phi_i = B_i S_i$ é o fluxo magnético que "atravessa" as superfícies S_i. A energia total armazenada é a soma das energias armazenadas nesses volumes parciais. Esse é o procedimento que se adota não somente para o cálculo de energias armazenadas, mas também para as perdas no núcleo dos conversores. Podemos expressar essa energia em função de outras variáveis e parâmetros. Dado um tubo de fluxo magnético ϕ, se a f.m.m. a ele aplicada por uma bobina de N espiras for $\mathscr{F} = Ni$ e o fluxo concatenado com as N espiras for λ, teremos

$$E_{mag} = \frac{1}{2} \phi \mathscr{F} = \frac{1}{2} \phi N i = \frac{1}{2} \lambda i = \frac{1}{2} L i^2 = \frac{1}{2} \frac{\lambda^2}{L}, \qquad (4.3)$$

onde $L = \lambda/i$ é a indutância da bobina.

Quando se tem dois circuitos elétricos, cada um com indutância própria L_{11} e L_{22} e com uma mútua indutância M entre eles, prova-se que a energia armazenada é dada por

$$E_{mag} = \frac{1}{2} L_{11} i_1^2 + \frac{1}{2} L_{22} i_2^2 + M i_1 i_2. \qquad (4.4)$$

4.2.2 ENERGIA ARMAZENADA EM CAMPO ELÉTRICO

A densidade da variação de energia é dada por

$$\frac{\Delta E_{elet}}{\text{Vol}} = \int E\, dD,$$

onde E é a intensidade de campo elétrico e D a densidade de carga elétrica. Conduzindo de maneira análoga à do caso anterior, com $D = \varepsilon E$, onde ε é a constante dielétrica do meio onde se estabelece o campo elétrico excitado de 0 a E, obtemos

$$\frac{E_{elet}}{\text{Vol}} = \frac{1}{2} ED = \frac{1}{2} \varepsilon E^2 = \frac{1}{2} \frac{D^2}{\varepsilon}, \qquad (4.5)$$

num volume Vol, obtemos

$$E_{elet} = \frac{1}{2} DE\, \text{Vol} = \frac{1}{2}(DS)(Eh) = \frac{1}{2} QV. \qquad (4.6)$$

Sendo C a capacitância de um capacitor carregado com carga Q, onde $Q = CV$, teremos

$$E_{elet} = \frac{1}{2} CV^2 = \frac{1}{2} \frac{Q^2}{C}. \qquad (4.7)$$

Note-se a semelhança formal entre esse caso e o anterior, e a correspondência de L com C, V com I e λ com Q.

4.2.3 ENERGIA ARMAZENADA NOS ELEMENTOS MECÂNICOS

a) Nos elementos elásticos, seja de deslocamento angular ou de translação, a variação da energia armazenada também chamada de energia potencial das molas, é dada genericamente por

$$\Delta E_e = \int C(\alpha)\, d\alpha, \quad \text{ou} \quad \Delta E_e = \int f(x)\, dx.$$

Quando os materiais de molas ou eixos de torsão forem solicitados dentro do regime elástico, teremos os coeficientes de elasticidade (inverso das compliâncias) constantes. Assim sendo, o conjugado (ou momento de torsão) e a força serão

$$C(\alpha) = k_t \alpha, \quad \text{ou} \quad f(x) = kx$$

e, conseqüentemente, para uma deformação elástica de 0 a α, ou de 0 a x, teremos

$$E_e = \frac{1}{2} k_t \alpha^2 = \frac{1}{2} C\alpha = \frac{1}{2} \frac{C^2}{k_t}$$

ou

$$E_e = \frac{1}{2} kx^2 = \frac{1}{2} Fx = \frac{1}{2} \frac{F^2}{k} \qquad (4.8)$$

b) Nos elementos de inércia, a variação da energia armazenada, cinética (veja as Seçs. 3.2 e 3.3), é dada por

$$\Delta E_{cin} = \int J\Omega \, d\Omega, \quad \text{ou} \quad \Delta E_{cin} = \int mv \, dv$$

para uma variação de 0 a Ω, ou de 0 a v:

$$E_{cin} = J\Omega^2 \quad \text{ou} \quad E_{cin} = \frac{1}{2} mv^2. \tag{4.9}$$

Por unidade de massa, ou de momento de inércia, obtemos

$$(E_{cin}) = \frac{1}{2}\Omega^2, \quad \text{ou} \quad E_{cin} = \frac{1}{2} v^2. \tag{4.10}$$

c) A energia potencial de uma massa, na altura h, é

$$E_{pot} = mgh. \tag{4.11}$$

E, por unidade de massa,

$$(E_{pot}) = gh. \tag{4.12}$$

d) A variação total de energia mecânica armazenada será a soma

$$\Delta E_{mec} = \Delta E_c + \Delta E_{cin} + \Delta E_{pot}.$$

Chamaremos a soma das energias mecânicas armazenadas de ΣE_{armaz}.

4.3 ENERGIA DISSIPADA E RENDIMENTO DOS CONVERSORES ELETROMECÂNICOS

Embora o estudo pormenorizado das perdas nos conversores seja um capítulo de máquinas elétricas, não podemos deixar de apresentar pelo menos a natureza das perdas de energia. As perdas a serem dissipadas por um conversor são aquelas já vistas para o transformador (veja a Seç. 2.4). Porém, visto que nos conversores eletromecânicos existe movimento de uma ou mais de suas partes, ocorre neles mais algumas perdas de natureza mecânica. Vejamos, a seguir, essas perdas.

a) Possuindo um ou mais enrolamentos, com resistência elétrica R_i percorridos por corrente i_i, a potência dissipada por efeito Joule nos conversores será

$$p_J(t) = \sum_{i=1}^{n} R_i i_i^2(t), \tag{4.13}$$

onde n é o número de enrolamentos. Cada enrolamento do conversor é, portanto, uma fonte de calor Q_i a ser dissipado no meio ambiente. A energia perdida por efeito Joule, num intervalo de tempo t_1 a t_2, será

$$e_J = \sum_{i=1}^{n} \int_{t_1}^{t_2} R_i i_i^2(t) \, dt. \tag{4.14}$$

Para um caso de regime permanente de correntes contínuas, ou alternativas de valores eficazes I_i, teremos, no intervalo de tempo Δt,

$$e_J = \sum_{i=1}^{n} R_i I_i^2 \, \Delta t. \tag{4.15}$$

Essas resistências podem ser tomadas nos seus valores aparentes em correntes alternativas ou os valores medidos em corrente contínua. Tomando-se o segundo caso, os valores das perdas Joule calculadas deverão sofrer os devidos acréscimos (Seç. 2.4). Quanto às variações de resistência ôhmica com a temperatura valem as observações feitas em 2.4.3.

Nos pequenos conversores rotativos em regime permanente a potência perdida Joule pode atingir 10% ou mais da potência útil. Nos grandes conversores, como motores e geradores elétricos acima de algumas centenas de quilowatts, estas perdas não ultrapassam, de maneira geral, a 5% da potência útil. Nas máquinas de milhares de quilowatts não vão além de 1%.

b) Possuindo normalmente estrutura magnética de material ferromagnético, apresentarão perdas Foucault (p_f) e histerética (p_h) (2.4.1) nas partes onde a indução magnética variar de intensidade e, ou, de direção, no decorrer do tempo.

Se forem conhecidas as perdas de potência nos núcleos ferromagnéticos, (p_{Fi}) nas n partes núcleo ou dos n núcleos, a energia perdida sob a forma de calor, no intervalo de tempo desde t_1 a t_2 será

$$e_F = \sum_{i=1}^{n} \int_{t_1}^{t_2} p_{Fi}(t)\, dt, \tag{4.16}$$

e no regime permanente, num intervalo de tempo Δt, será

$$e_F = \sum_{i=1}^{n} p_{Fi} \Delta t.$$

Tomemos como exemplo um conversor bastante conhecido, o eletroímã (Fig. 4.1(a)]. Existem modelos que são excitados com corrente contínua e outros com corrente alternativa. Os do primeiro caso apresentam, em regime permanente, apenas perdas Joule. Perdas no ferro existirão apenas nos transitórios onde há variação de corrente de excitação e de fluxo no núcleo. Aqueles excitados com corrente alternativa, possuem fluxo alternativo e, portanto, apresentam perdas no ferro tanto no regime transitório como no permanente, como se fosse o núcleo de um transformador. O mesmo acontece com as máquinas elétricas de corrente alternativa como, por exemplo, os motores assíncronos e os alternadores. Nos motores assíncronos (motores de indução) temos dois núcleos ferromagnéticos (estator e rotor) cada um com seu enrolamento excitado com freqüência diferente do outro [Fig. 4.1(b)], portanto, com diferentes perdas Foucault e histerética por unidade de volume. Além disso, as densidades de fluxo em cada parte de cada núcleo são diferentes. Mais pormenores serão focalizados nos capítulos posteriores destinados às máquinas elétricas rotativas.

As perdas no núcleo, em regime permanente, também se apresentam percentualmente maiores nos pequenos conversores (10% ou mais da potência útil) e menores nos grandes conversores onde podem chegar a valores da ordem de 1% ou menos.

c) Possuindo elementos mecânicos de dissipação (como elementos viscosos ou não) os conversores eletromecânicos apresentarão inevitavelmente perdas mecânicas.

Imaginemos novamente um motor assíncrono em regime permanente. Os mancais de seu eixo, que podem ser de escorregamento ou, mais comumente, de rolamento, apresentam um atrito que apesar de não ser rigorosamente viscoso (Seç. 3.3), muitas vezes, é aproximado para esse tipo, ou seja,

$$C_r = D\Omega,$$

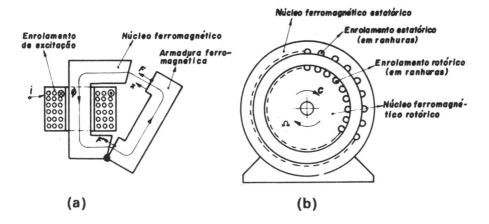

Figura 4.1 Cortes esquemáticos simplificados. (a) Eletroímã; (b) Motor assíncrono, do qual para maior simplicidade, foram representadas apenas algumas ranhuras do estator e do rotor

com
$$p_r = C_r \Omega = D\Omega^2. \tag{4.17}$$

A forma construtiva mais comum desses motores é aquela que apresenta um ventilador montado sobre seu eixo para propiciar um fluxo adequado de ar de refrigeração sobre as partes que são as fontes de calor Q_i (núcleo ferromagnético e enrolamentos). Com isso se consegue uma troca de calor eficiente que, conseqüentemente, resulta num pequeno acréscimo de temperatura Δt da superfície de dissipação S, relativamente ao meio ambiente ($Q = KS\,\Delta t$ onde K é o coeficiente de troca de calor). O tipo mais usual de ventilador é o centrífugo, que apresenta um conjugado resistente do tipo quadrático:

$$C_r = k\Omega^2,$$

conseqüentemente,

$$p_r = k\Omega^3. \tag{4.18}$$

A própria superfície do núcleo rotórico e o enrolamento rotórico, para se movimentarem no ar, encontram resistência mecânica, com conseqüente perda de potência. Esta tem um comportamento que não é o caso da expressão (4.17) nem o da (4.18). As perdas mecânicas dos conversores são em geral de cálculo pouco seguro, sendo na maioria dos projetos avaliados com fórmulas empíricas e por comparação com modelos já anteriormente construídos, onde as perdas foram objeto de medida direta. Existem ainda outras causas de perdas mecânicas, como nos casos onde existem contatos deslizantes com anéis e escovas. A potência mecânica perdida é, então, a soma dessas parcelas e a energia perdida nas n fontes de perdas mecânicas, num intervalo de t_1 a t_2, será

$$e_{mec} = \sum_{i=1}^{n} \int_{t_1}^{t_2} p_{mec,i}(t)\,dt. \tag{4.19}$$

No regime permanente

$$e_{mec} = \sum_{i=1}^{n} p_{mec,\,i}\,\Delta t$$

As perdas mecânicas constituem quase sempre a maior parcela das perdas nos conversores eletromecânicos. Elas podem chegar, nos pequenos conversores, a 15 ou 20% da sua potência útil e, nos maiores, a 1 ou 3%. Nos conversores de movimento de translação as expressões são análogas (Seç. 3.2).

d) Como nos transformadores, costuma-se apresentar também para os conversores em regime permanente, as perdas adicionais ou suplementares (veja o parágrafo 2.4.4). Os acréscimos de resistência ôhmica em C.A. são, em geral, muito mais fortes nos conversores rotativos do que nos transformadores, dado o pronunciado efeito de adensamento de corrente, provocado pelo fluxo disperso que ocorre nos condutores retangulares alojados em ranhuras. Na prática, se não se limitar as alturas desses condutores a valores da ordem de poucos milímetros esse efeito pode chegar, em 60 Hz, a acréscimos de resistência de 100% ou mais, em relação à resistência em C.C. Por isso a prática recomendável é o cálculo desse efeito (12) para uma estimativa mais realista da potência perdida por efeito Joule, e não simplesmente computá-lo como perdas adicionais.

As perdas ferromagnéticas nos conversores rotativos, calculadas apenas para o fluxo mútuo, podem também sofrer acréscimos quando o conversor entra em carga, devido não somente a modificações de configuração do campo magnético no núcleo, com aparecimento de harmônicas de indução, como também pelas perdas que o fluxo de dispersão pode acarretar em outras partes da estrutura. Para estas também existem maneiras de se estimar mais ou menos complexas.

Para uma aproximação relativamente grosseira, mais com a intenção de se estimar o rendimento, pode-se adotar, como avaliação das perdas adicionais, 1% da potência útil ou de saída (P_s) no caso das máquinas assíncronas, síncronas e de corrente contínua da categoria normalizada (não-especiais ou de fins específicos). Acarreta, portanto, uma perda de energias no intervalo de tempo Δt, ou seja,

$$e_{ad} = 0{,}01\;P_s\,\Delta t. \tag{4.20}$$

e) A soma dessas energias perdidas num intervalo de tempo Δt é representada por

$$\Sigma e = e_J + e_F + e_{mec} + e_{ad}. \tag{4.21}$$

f) Para o rendimento em potência, em valor p.u., vale a mesma definição dada em 2.4.5, isto é,

$$\eta = \frac{P_s}{P_e} = \frac{P_e - \Sigma p}{P_e} = \frac{P_s}{P_s + \Sigma p} = 1 - \frac{\Sigma p}{P_e}, \tag{4.22}$$

onde Σp engloba todas as perdas, P_e é a potência de entrada e P_s é a potência de saída, também chamada potência útil. Note-se que, nos geradores eletromecânicos, P_e é uma potência mecânica normalmente encarada como um produto de conjugado (ou força mecânica) por velocidade angular (ou velocidade de translação) e P_s é uma potência elétrica ativa, dada por um produto de tensão e corrente elétrica (afetada do fator de potência nos casos de C.A.). Nos motores a correspondência é a inversa, isto é, P_e é elétrica e P_s é mecânica.

4.4 BALANÇO DE CONVERSÃO ELETROMECÂNICA DE ENERGIA

Suponhamos uma máquina elétrica de corrente contínua acoplada a uma carga mecânica, por exemplo, um ventilador. Inicialmente ele está com seus circuitos elétricos desexcitados e o eixo em repouso. Ao ser ligado, como motor, a uma fonte elétrica, nos instantes iniciais certamente a energia por ele absorvida será diferente da energia mecânica fornecida à carga. Isso se deve ao fato de, nessa fase do funcionamento, chamada transitória de partida, estar havendo, além das perdas já mencionadas, armazenamentos de energia internamente ao motor. O primeiro armazenamento será no campo magnético que está se estabelecendo no núcleo ferromagnético e nos entreferros até atingir os valores finais de intensidade e de densidade de fluxo. Se a corrente magnetizante se mantiver constante após o fenômeno transitório, essa energia armazenada continuará inalterada no seu valor final, até que se desligue o motor. Ou se após ser atingido o regime permanente a corrente de magnetização sofrer variação para mais ou para menos, essa energia armazenada aumentará ou diminuirá. Haverá também um armazenamento de energia mecânica cinética nos elementos de inércia que estão sendo acelerados desde velocidade nula até a velocidade final de regime. E também armazenamento nos elementos elásticos solicitados, como o acoplamento mecânico (correias ou luvas) e o próprio eixo. Após atingir o regime essa variação, ou acréscimo de energia mecânica, continuará inalterada se a velocidade do eixo e as deformações elásticas não se alterarem. O termo elástico normalmente é muito pequeno face ao cinético dadas as pequenas deformações do eixo e dos acoplamentos. Finalmente haverá ainda armazenamento nos campos elétricos que se estabelecem após as aplicações das tensões elétricas de excitação do conversor.

Fazer um balanço dessas energias em jogo durante esse intervalo de tempo nada mais é que aplicar o Princípio da Conservação da Energia a esse sistema eletromecânico. Nesse caso de aceleração do motor elétrico, a energia elétrica absorvida da fonte durante o intervalo de tempo Δt, menos a energia mecânica fornecida ao receptor mecânico, deve ser igual à soma das perdas nesse tempo mais os acréscimos de energias armazenadas mecânica e nos campos magnéticos e elétricos [Fig. 4.2(a)]. Como esse dispositivo eletromecânico é reversível, ele pode também partir como gerador, bastando acoplar um motor ao seu eixo e uma carga elétrica aos seus terminais. Pode-se mesmo deixar a fonte elétrica ligada aos seus terminais, desde que a fonte seja do tipo que aceite retorno de energia. Nessa situação o dispositivo é chamado freio regenerativo, freio com recuperação, ou freio gerador. A diferença entre a energia mecânica introduzida no intervalo de tempo Δt e a elétrica de saída, é igual à soma das armazenadas, mais as perdas [Fig. 4.2(b)]. Existe ainda a possibilidade desse dispositivo funcionar como freio dissipativo, ou simplesmente freio, quando se introduzem energias mecânica e elétrica e a soma dessas duas energias é igual às perdas mais as energias armazenadas [Fig. 4.2(c)].

Assim sendo, para um intervalo de tempo Δt, podemos escrever o balanço de conversão eletromecânica de energia, de uma forma geral, como a expressão (4.23), considerando de maneira coerente os sinais algébricos de cada termo.

$$\begin{bmatrix} \text{Energia} \\ \text{elétrica} \\ \text{introduzida} \\ \text{no sistema} \end{bmatrix} + \begin{bmatrix} \text{Energia} \\ \text{mecânica} \\ \text{introduzida} \\ \text{no sistema} \end{bmatrix} = \begin{bmatrix} \text{Variação} \\ \text{de energia} \\ \text{mecânica} \\ \text{armazenada} \end{bmatrix} + \begin{bmatrix} \text{Variação} \\ \text{de energia} \\ \text{armazenada} \\ \text{no campo} \\ \text{magnético} \end{bmatrix} + \begin{bmatrix} \text{Variação} \\ \text{de energia} \\ \text{armazenada} \\ \text{no campo} \\ \text{elétrico} \end{bmatrix} + \begin{bmatrix} \text{Perdas ou} \\ \text{energias} \\ \text{dissipadas} \\ \text{sob forma} \\ \text{de calor} \end{bmatrix}$$

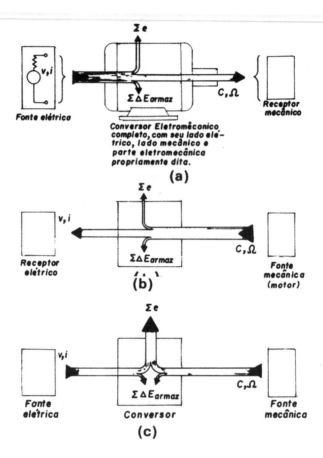

Figura 4.2 (a) Fluxos de energia para um motor elétrico; (b) para um gerador; (c) para um freio dissipativo

$$E_{elet\ intr} + E_{mec\ intr} = \Delta E_{mec} + \Delta E_{mag} + \Delta E_{elet} + \Sigma e. \qquad (4.23)$$

Para isso convencionemos que a energia elétrica ou mecânica entrando (ou introduzida) no sistema será considerada positiva, e que a energia elétrica ou mecânica saindo do (ou fornecida pelo) sistema será considerada negativa.

Isso acarreta

$$E_{forn} = -E_{intr}. \qquad (4.24)$$

Quanto aos três primeiros termos do segundo membro da expressão (4.23), podemos ter acréscimos ou decréscimos. Os acréscimos de energias armazenadas, de qualquer natureza, serão consideradas variações positivas. Decréscimos serão variações negativas. Quanto ao último termo só haverá acréscimos, pois a energia dissipada é sempre crescente no tempo e será considerada positiva. A partir, daí, pode-se fazer uma aplicação coerente para os três casos simples da Fig. 4.2. Quanto ao terceiro termo, normalmente não é considerado nos conversores de acoplamento por campo magnético, pois, para as tensões usuais ele é quantitativamente desprezível (mais adiante esse termo será focalizado para conversores de campo elétrico). Dessa maneira a expressão (4.23) se reduz a

$$E_{elet\ intr} + E_{mec\ intr} = \Delta E_{mec} + \Delta E_{mag} + \Sigma e. \qquad (4.25)$$

No regime permanente, que não implica em variações dos três primeiros termos, a expressão (4.23) se reduz a

$$E_{elet\ intr} + E_{mec\ intr} = \Sigma e. \qquad (4.26)$$

Exemplo 4.1. A partir dos fundamentos de um exercício clássico de aplicação da lei fundamental da indução podemos idealizar um exemplo numérico simples que focaliza bem o aspecto físico dos fluxos de potência, energia e perdas que acontecem nos conversores mais complexos. Tomemos uma barra condutora apoiada sobre dois trilhos metálicos com as medidas da Fig. 4.3. O conjunto está localizado numa região de campo magnético de indução B, dirigida de baixo para cima. Esse campo foi estabelecido por uma bobina não mostrada na figura, excitada por uma corrente constante, e a energia nele armazenada foi suprida por uma fonte de excitação externa ao sistema, não interferindo na solução do problema.

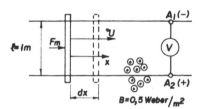

Figura 4.3

a) Apliquemos um voltômetro, de resistência interna considerada infinita, entre os terminais dos trilhos A_1 e A_2. Movimentando-se a barra da esquerda para a direita, conclui-se facilmente, pela aplicação da lei de Lenz, que a polaridade da f.e.m. induzida será $A_1(-)$ e $A_2(+)$ (veja o Exemplo 3.2). Se a barra não apresenta atrito contra os trilhos, não há reação contra o movimento, e a força necessária para mantê-la em movimento é nula. Não há envolvimento de energia no processo e não há conversão eletromecânica de energia. O valor numérico da f.e.m. induzida, que será a própria tensão nos terminais, pode ser calculado pela lei de Faraday para um deslocamento elementar $dx = udt$, ocorrido num intervalo de tempo elementar dt. Se o voltômetro indicar 6 V, teremos

$$e = \frac{d\lambda}{dt} = B\ell \frac{dx}{dt} = B\ell u; \text{ donde, } u = \frac{6}{0,5 \times 1} = 12 \text{ m/s}.$$

Essa situação corresponde a um conversor eletromecânico ideal (sem perdas), funcionando como gerador em vazio (sem carga).

b) Apliquemos, em paralelo com o voltômetro, uma resistência de carga com valor de 5Ω. Se as resistências internas da barra e dos trilhos forem nulas, a corrente será

6 V/5 Ω = 1,2 A, com o sentido marcado na Fig. 4.4. Agora, para manter a velocidade de 12 m/s, será necessária uma força motora F_m igual à força mecânica resistente F_r, dada pela lei das forças de Laplace. Suponhamos que a presença dessa corrente não afete o campo inicialmente existente. No equilíbrio, teremos

$$F_m = F_r = B\ell I = 0,5 \times 1,2 = 0,6 \text{ N}.$$

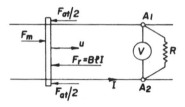

Figura 4.4

Essa força, logicamente, age da direita para a esquerda. Existe conversão e corresponde a um gerador ideal, em carga. A aplicação do balanço, com a convenção de sinais adotada, num intervalo de tempo elementar, iguala a energia de entrada (mecânica) com a saída (elétrica).

$$-VI\,dt + F_m U\,dt = 0$$

ou, para potências:

$$P_s = VI = 6 \times 1,2 = F_m U = 0,6 \times 12 = 7,2 \text{ W}.$$

Se a barra possuísse uma resistência interna, digamos de 0,1 Ω, a potência de saída seria menor. Aplicando a (4.26) com os devidos sinais:

$$-VI\,dt + F_m U\,dt = R_i I^2\,dt, \tag{4.27}$$

donde

$$F_m U = (V + R_i I)I = EI.$$

Sendo

$$I = \frac{E}{R + R_i} = \frac{6}{5 + 0,1} = 1,18 \text{ A},$$

teremos

$$V = 6 - 0,1 \times 1,18 = 5,88 \text{ V}.$$

Conseqüentemente,

$$P_s = VI = 5,88 \times 1,18 = 6,92 \text{ W},$$
$$P_e = F_m U = EI = 6 \times 1,18 = 7,08 \text{ W}.$$

Note-se que tanto a potência de saída como a potência mecânica de entrada diminuíram com o aumento da resistência. Conseqüentemente a força motora, necessária para manter a velocidade de 12 m/s, também deve ter diminuído, ou seja,

$$F_m = \frac{7,08}{12} = F_r = B\ell I = 0,5 \times 1 \times 1,18 = 0,59 \text{ N}.$$

Se a barra, além de resistência elétrica, apresentar uma força de atrito contra os trilhos, teremos agora perda mecânica, e aplicando a expressão (4.26), vem

$$-VI\,dt + F_m U\,dt = R_i I^2\,dt + F_{at} U\,dt, \qquad (4.28)$$

donde

$$(F_m - F_{at})\,U = (V + R_i I)\,I.$$

Fazendo os mesmos cálculos anteriores resultará para $F_m - F_{at}$ o mesmo valor de 0,59 N, para a mesma velocidade de 12 m/s. Logo, a nova força F_m que deve ser aplicada, considerando $F_{at} = 0,01$ N, será

$$F_m = 0,59 + F_{at} = 0,60 \text{ N}$$

e, conseqüentemente,

$$P_e = F_m U = 0,60 \times 12 = 7,20 \text{ W}.$$

Corresponde a um gerador eletromecânico real em carga com perdas Joule e mecânica, mas sem perda magnética, por possuir núcleo de ar. O rendimento, nesse caso, será

$$\eta = \frac{P_s}{P_e} = \frac{6,92}{7,20} = 0,961.$$

c) Substituamos agora a resistência R por uma fonte de tensão contínua de resistência interna nula e tensão de 6 V. Ao ligar a fonte suponhamos que a barra esteja parada e travada e que a polaridade da pilha seja a marcada na Fig. 4.5. A corrente de regime nessa situação será

$$I_p = \frac{V}{R_i} = \frac{6}{0,1} = 60 \text{ A}$$

e que corresponde a uma força

$$F_m = BLI_p = 0,5 \times 1 \times 60 = 30 \text{ N},$$

dirigida da esquerda para a direita ($\vec{F} = I\vec{\ell} \wedge \vec{B}$), e que agora é a força motora aplicada à barra. Não há conversão, pois toda energia cedida pela fonte elétrica é transformada em calor por efeito Joule na barra. Corresponde à situação de eixo bloqueado nos motores elétricos e que coincide também com o instante inicial de ligação dos motores às suas fontes. A corrente I_p é chamada corrente de partida.

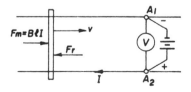

Figura 4.5

Se agora destravarmos a barra, ela acelerará da esquerda para a direita. Se F_r for nula, e não houver atrito, não haverá necessidade de F_m para manter o movimento. Portanto, no regime permanente, a corrente será nula e a velocidade da barra se estabilizará num valor limite que corresponde a uma f.e.m. induzida igual e oposta à tensão da fonte, resultando

$$E = B\ell U,$$

donde

$$U = \frac{6}{0.5 \times 1} = 12 \text{ m/s}.$$

Não haverá conversão e o caso corresponde a um conversor eletromecânico ideal funcionando como um motor em vazio. A energia cinética armazenada na massa da barra ($1/2\ mu^2$) também foi suprida pela fonte, porém as relações entre essa energia cinética, a perda Joule e a absorvida durante o transitório de aceleração serão analisadas posteriormente, especificamente para os conversores rotativos. Apliquemos agora à barra uma força resistente igual a 5 N. A mesma desacelera-se até atingir o equilíbrio das forças $F_m = F_r = 5$ N, o que resulta numa corrente

$$I = \frac{F_m}{B\ell} = \frac{5}{0.5 \times 1} = 10 \text{ A}.$$

A f.e.m. induzida na barra será

$$E = V - R_i I = 6 - 0.1 \times 10 = 5 \text{ V}$$

e a nova velocidade será

$$U = \frac{E}{B\ell} = \frac{5}{0.5 \times 1} = 10\ m/s.$$

No balanço de energias temos agora a energia mecânica saindo e a elétrica entrando. Aplicando a expressão (4.26) com os devidos sinais, obtemos

$$VI\,dt - F_m U\,dt = R_i I^2\,dt + F_{at} U\,dt, \qquad (4.29)$$

$$P_e = VI = 6 \times 10 = 60 \text{ W}, ,$$
$$P_s = VI - RI^2 - F_{at}U = EI - F_{at}U,$$
$$P_s = 5 \times 10 - 0.01 \times 10 = 49.9 \text{ W},$$
$$\eta = \frac{P_s}{P_e} = \frac{49.9}{60} = 0.83.$$

Esse caso corresponde ao funcionamento como motor real em carga.

d) E se a força aplicada externamente à barra passasse de 5 N para 60 N, no mesmos sentido, o que aconteceria? Vejamos, com a barra travada e sem f.e.m. induzida a corrente seria $I_p = 60$ A e a força $B\ell I = 30$ N. Para haver o equilíbrio de forças, seria necessário agora uma corrente de $I = F/B\ell = 60/0.5 \times 1 = 120$ A. Para isso a barra deve movimentar-se no sentido contrário ao caso anterior para que a f.e.m. induzida inverta sua polaridade (Fig. 4.5), some com a tensão aplicada e faça resultar $I = 120$ A na barra, ou seja,

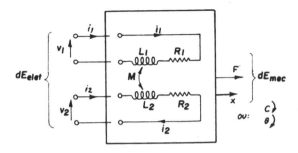

Figura 4.6 Conversor genérico com dois circuitos elétricos

$$I = \frac{V + E}{R_i} = 120 \text{ A},$$
$$V + E = R_i I,$$

donde

$$E = 0{,}1 \times 120 - 6 = 6 \text{ V}.$$

A velocidade será

$$U = \frac{E}{B\ell} = \frac{6}{0{,}5 \times 1} = 12 \text{ m/s}.$$

Essa velocidade é contrária à anterior. Agora $B\ell I$ passa a ser força resistente, F_r. A força aplicada externamente passa a ser a motora, F_m.

Tanto a energia elétrica como a mecânica entram no sistema. Desprezando a energia perdida por atrito, que nesse caso será bem pequena, face à perda Joule, teremos

$$VI\, dt + FU\, dt = R_i I^2 \, dt,$$
$$R_i I^2 = 6 \times 120 + 60 \times 12 = 1\,440 \text{ W}!$$

Haverá conversão eletromecânica, mas toda a energia mecânica e elétrica serão dissipadas sob forma de calor na resistência da barra. Essa modalidade de funcionamento corresponde ao freio dissipativo. O rendimento, logicamente, será nulo, pois $P_s = 0$. E se a força aplicada externamente fosse tal que conservasse o sentido de velocidade do item c) (funcionamento como motor) mas dobrasse o seu valor (24 m/s)?

A f.e.m. induzida na barra voltaria a ter polaridade oposta à fonte, mas com 12 V. A corrente seria novamente 60 A, mas no sentido contrário. Teríamos, então, fornecimento de energia elétrica à fonte. Esse funcionamento é o correspondente ao freio regenerativo. Deixamos ao aluno o cálculo da corrente, das potências mecânica e elétrica, do rendimento, das forças motora e resistente e das perdas.

4.5 ENERGIA MECÂNICA EM FUNÇÃO DE INDUTÂNCIAS

A procura de uma expressão da energia mecânica em função de indutâncias, nos sistemas lineares, é uma aplicação importante do balanço de conversão eletromecânica. Na Eletromecânica, podem ocorrer sistemas de uma única excitação elétrica e de múltiplas excitações. Deduzir a expressão da energia mecânica, para um caso de excitação múltipla de m circuitos independentes, parece-nos uma complicação desnecessária e dispersiva. São raros os casos onde seja necessário considerar mais que dois circuitos de excitação. Nosso grande interesse está no caso de dupla excitação. Os sistemas de circuito elétrico único, como os eletroímãs simples e os motores de relutância, serão encarados como uma particularização do caso de duplo circuito.

Suponhamos que a Fig. 4.6 represente um conversor eletromecânico genérico do tipo de campo magnético, no qual a energia elétrica introduzida, $dE_{elet\ intr}$, seja a soma das energias elétricas introduzidas em cada um dos dois circuitos no intervalo de tempo infinitesimal dt (veja o Cap. 1). Procuremos a energia mecânica desenvolvida, ou fornecida, pelo sistema. Cada excitação da Fig. 4.6 já está representada por um circuito indutivo equivalente do tipo R, L série, com indutâncias próprias L_1 e L_2 e mútua indutância M entre eles.

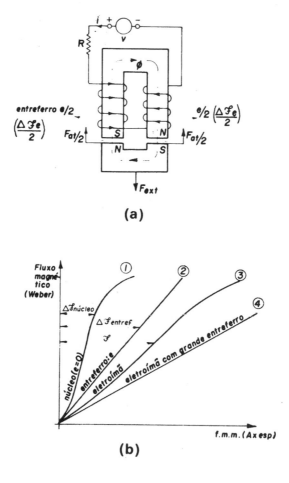

Figura 4.7 (a) Representação esquemática de um modelo de eletroímã simples; (b) composição da curva de magnetização do núcleo com a do entreferro

Tomemos a expressão genérica (4.25) e apliquemos ao caso

$$dE_{elet\ intr} + dE_{mec\ intr} = dE_{mec} + dE_{mag} + \Sigma de. \qquad (4.30)$$

Preparemos cada um dos termos da (4.30)

$$dE_{elet\ intr} = v_1 i_1\, dt = v_2 i_2\, dt; \qquad (4.31)$$

$$v_1 = R_1 i_1 + \frac{d}{dt}(L_1 i_1) + \frac{d}{dt}(M i_2),$$

$$v_2 = R_2 i_2 + \frac{d}{dt}(L_2 i_2) + \frac{d}{dt}(M i_1).$$

O sistema será suposto linear em todos os aspectos e, portanto, isento de saturação nos circuitos magnéticos. As indutâncias próprias e mútua serão independentes das correntes. As variações de indutâncias que possam haver no decorrer do tempo poderão ser provocadas por alterações geométricas e do meio, como modificação de posição relativa por movimentação dos enrolamentos, forma dos enrolamentos e posição relativa dos núcleos ferromagnéticos, etc., mas não por efeito da variação de corrente. Assim sendo, vamos derivar nas expressões anteriores os produtos indutância x corrente,

$$v_1 = R_1 i_1 + L_1 \frac{di_1}{dt} + i_1 \frac{dL_1}{dt} + M \frac{di_2}{dt} + i_2 \frac{dM}{dt},$$

$$v_2 = R_2 i_2 + L_2 \frac{di_2}{dt} + i_2 \frac{dL_2}{dt} + M \frac{di_1}{dt} + i_1 \frac{dM}{dt}. \qquad (4.32)$$

Nas expressões de (4.32) os termos genéricos em $L di/dt$ e $M di/dt$ são f.e.m. na forma variacional, que ocorrem em qualquer circuito passivo indutivo, e que não vão tomar parte no processo de conversão eletromecânica de energia. Por sua vez, os termos em $i\, dL/dt$ e $i\, dM/dt$ ocorrem devido a variações das indutâncias no tempo e podem ser consequência de um certo deslocamento dx no intervalo de tempo dt. Basta que as indutâncias sejam função de posição x e teremos

$$i \frac{dL(x)}{dx} \frac{dx}{dt}; \quad i \frac{dM(x)}{dx} \frac{dx}{dt}, \qquad (4.33)$$

onde dx/dt é a velocidade de deslocamento na posição x, e $dL(x)/dx$ e $dM(x)/dx$ são chamados indutâncias mocionais. Nos movimentos de rotação, teremos $dL(\theta)/d\theta$ e $dM(\theta)/d\theta$. Assim sendo, esses termos correspondem a f.e.m. mocionais, e eles é que interessam no processo de conversão, como veremos a seguir. Substituindo as expressões de (4.32) em (4.31) e agrupando convenientemente os termos, vem

$$dE_{elet\ intr} = [R_1 i_1^2 + R_2 i_2^2]\,dt + [L_1(x) i_1 + M(x) i_2]\,di_1 + [L_2(x) i_2 + M(x) i_1]\,di_2 +$$
$$+ i_1^2 dL_1(x) = i_2^2 dL_2(x) + 2 i_1 i_2 dM(x). \qquad (4.34)$$

O termo $(R_1 i_1^2 + R_2 i_2^2)\,dt$ representa a energia perdida por efeito Joule (de_j), mas será eliminado, como veremos mais à frente, na aplicação do balanço de energia. Poderíamos também considerar mais um termo na (4.34) para representar perdas nos núcleos (se forem passíveis de perdas) que também são supridas pela fonte elétrica. Mas esse termo também seria cancelado na aplicação do balanço. Para maior simplicidade vamos então supor que não haja perdas nos núcleos.

Analisemos agora dE_{mag}. Diferenciando a expressão (4.4) da energia armazenada em função das indutâncias próprias e mútuas $L(x)$ e $M(x)$, teremos

$$dE_{mag} = \frac{1}{2}[i_1^2\, dL_1(x) + 2i_1 L_1(x)\, di_1] + \frac{1}{2}[i_2^2\, dL_2(x) + 2i_2 L_2(x)\, di_2] +$$
$$+ i_1 i_2\, dM(x) + M(x) i_1\, di_2 + M(x) i_2\, di_1,$$

$$dE_{mag} = [L_1(x) i_1 + M(x) i_2]\, di_1 + [L_2(x) i_2 + M(x) i_1]\, di_2 +$$
$$+ \frac{1}{2} i_1^2\, dL_1(x) + \frac{1}{2} i_2^2\, dL_2(x) + i_1 i_2\, dM(x) \qquad (4.35)$$

Consideremos agora $dE_{mec\ intr}$ e Σde. Na hipótese de não se considerar perdas no ferro e adicionais, a expressão (4.21) se reduz a

$$\Sigma de = de_J + de_{mec}. \qquad (4.36)$$

Nossa intenção é a procura da energia mecânica desenvolvida, ou fornecida, pelo sistema; logo, pela expressão (4.24),

$$dE_{mec\ intr} = -\, dE_{mec\ forn}. \qquad (4.37)$$

Substituindo (4.36) e (4.37) em (4.30) e agrupando os termos correspondentes à energia mecânica, obtemos

$$-\, dE_{mec\ forn} - dE_{mec} - de_{mec} = dE_{mag} + de_J - dE_{eletr\ intr}.$$

Os três primeiros termos somados representam a energia elementar, total, desenvolvida pelo sistema no intervalo de tempo elementar dt. Vamos designá-la por $dE_{mec\ total}$. Ela inclui a energia mecânica útil, as perdas mecânicas e as variações de energia cinética e potencial que houverem nesse intervalo de tempo, nas partes móveis do sistema. Trocando sinais na expressão anterior, teremos

$$dE_{mec\ total} = dE_{elet\ intr} - dE_{mag} - de_J. \qquad (4.38)$$

Substituindo (4.34) e (4.35) em (4.38) observamos que $(R_1 i_1^2 + R_2 i_2^2)\, dt$ cancela-se com de_J. Os termos em di_1 e di_2, pertencentes a $dE_{elet\ intr}$ e dE_{mag}, cancelam-se também. Note-se que esses termos são provenientes das f.e.m. variacionais e envolvem apenas a parcela de energia que é trocada entre a fonte elétrica e campo magnético, confirmando o que foi dito anteriormente. Os termos em dL e dM pertencentes a $dE_{elet\ intr}$ e dE_{mag} e oriundos das f.e.m. mocionais, subtraem-se, restando para a energia mecânica apenas metade daquela introduzida pela fonte elétrica (já descontadas as perdas Joule) no intervalo de tempo dt. Logicamente, a outra metade foi para suprir variações de energia armazenada magnética. Podemos escrever finalmente

$$dE_{mec\ total} = \frac{1}{2} i_1^2\, dL_1(x) + \frac{1}{2} i_2^2\, dL_2(x) + i_1 i_2\, dM(x) \qquad (4.39)$$

ou na forma matricial, compacta

$$dE_{mec\ total} = \frac{1}{2}\, [I]^T\, d\,[L(x)]\, [I], \qquad (4.40)$$

onde

$[I] = \begin{bmatrix} i_1 \\ i_2 \end{bmatrix}$ é a matriz das correntes,

$[I]^T = [i_1\ i_2]$ é a matriz transposta das correntes,

$[L] = \begin{bmatrix} L_1(x)\ M(x) \\ M(x)\ L_2(x) \end{bmatrix}$ é a matriz das indutâncias e d simboliza a operação de diferenciação dos elementos de $[L]$.

4.6 EQUAÇÃO DE FORÇA MECÂNICA E CONJUGADO MECÂNICO EM FUNÇÃO DE INDUTÂNCIAS

Encarando o trabalho mecânico desenvolvido pelo sistema eletromecânico como o produto da força desenvolvida F_{des} na direção x, pelo seu deslocamento elementar dx, ocorrido no intervalo de tempo dt (ou o produto do conjugado desenvolvido C_{des} pelo deslocamento angular $d\theta$ nos movimentos de rotação), teremos, aplicando (4.39),

$$F_{des} = \frac{1}{2} i_1^2 \frac{dL_1(x)}{dx} + \frac{1}{2} i_2^2 \frac{dL_2(x)}{dx} + i_1 i_2 \frac{dM(x)}{dx}$$

ou (4.41)

$$C_{des} = \frac{1}{2} i_1^2 \frac{dL_1(\theta)}{d\theta} + \frac{1}{2} i_2^2 \frac{dL_2(\theta)}{d\theta} + i_1 i_2 \frac{dM(\theta)}{d\theta}$$

Em notação matricial

$$F_{des} = \frac{1}{2} [I]^T \left[\frac{dL(x)}{dx} \right] [I], \qquad (4.42)$$

onde

$$\left[\frac{dL(x)}{dx} \right] = \begin{bmatrix} \dfrac{dL_1(x)}{dx} & \dfrac{dM(x)}{dx} \\ \dfrac{dM(x)}{dx} & \dfrac{dL_2(x)}{dx} \end{bmatrix}$$

é a matriz das indutâncias mocionais de translação. As análogas nos movimentos de rotação são chamadas de indutâncias mocionais de rotação.
Se a dedução da expressão (4.39) fosse feita para um dispositivo triplamente excitado, chegaríamos a

$$F_{des} = \frac{1}{2} i_1^2 \frac{dL_1(x)}{dx} + \frac{1}{2} i_2^2 \frac{dL_2(x)}{dx} + \frac{1}{2} i_3^2 \frac{dL_3(x)}{dx} + i_1 i_2 \frac{dM_{12}(x)}{dx} +$$
$$+ i_1 i_3 \frac{dM_{13}(x)}{dx} + i_2 i_3 \frac{dM_{23}(x)}{dx}. \qquad (4.43)$$

Devemos notar que essa força ou esse conjugado são desenvolvidos pelo sistema e não aplicados ao sistema, pois foram concluídos da expressão da energia mecânica desenvolvida, ou fornecida, pelo sistema. Além disso, eles representam a força, ou o conjugado, desenvolvidos totais, incluindo força ou conjugado úteis, força ou conjugado reativos (de inércia e elástico) e força ou conjugado de perdas.

Exemplo 4.2. O eletroímã simples, funcionando com pequenos entreferros, é um exemplo típico e clássico de sistema não-linear. As indutâncias são, portanto, função de corrente. Vamos procurar as relações de energia por processo gráfico. Existem muitas formas e finalidades para os eletroímãs. Existem com força de atração desde alguns newtons até centenas de milhares de newtons. Existem com excitação de C.C., de C.A.

monofásica e C.A. polifásica. Entendemos por eletroímã simples, aquele constituído por um núcleo ferromagnético excitado por uma fonte, através de um único enrolamento. Pode possuir um entreferro, ou dois, conforme o da Fig. 4.7(a). Se aplicarmos uma fonte de tensão v, contínua, ao enrolamento da Fig. 4.7(a) irá se estabelecer, após um transitório de crescimento uma corrente i, que resulta uma f.m.m. Ni e um fluxo magnético ϕ no núcleo ferromagnético e no entreferro e, que, nesse caso, está subdividido em duas partes iguais. Entre as superfícies dos entreferros, que se polarizam magneticamente, N e S, há forças de atração que somadas resultam F_{at}, a qual é equilibrada por uma força F_{ext} aplicada externamente ao eletroímã. Não está havendo, portanto, movimento da armadura e nem conversão eletromecânica. Antes de prosseguir, vamos lembrar as construções gráficas expostas a seguir.

a) A curva de magnetização do eletroímã

É conseguida a partir das curvas de magnetização (correspondência fluxo × f.m.m.) do núcleo ferromagnético e do entreferro. A curva do núcleo ferromagnético é não-linear e está representada na Fig. 4.7(b) pela curva 1, supondo-se o material sem retentividade magnética. Ela coincide com a curva do eletroímã para entreferro nulo. A curva de magnetização do entreferro é linear e corresponde à reta 2 da Fig. 4.7(b). Como o circuito magnético é formado pela série núcleo mais entreferro, teremos a f.m.m. de excitação

$$\mathscr{F} = Ni = \Delta\mathscr{F}_e + \Delta\mathscr{F}_{núcleo}.$$

Para entreferros relativamente grandes (isso na prática pode corresponder a apenas alguns milímetros num núcleo de comprimento de dezenas de centímetros) a diferença de potencial magnético $\Delta\mathscr{F}_e$ no entreferro é normalmente dezenas de vezes maior que a parte do núcleo ferromagnético. Desse modo a curva de magnetização do eletroímã para entreferros grandes, praticamente, coincide com a curva de magnetização do próprio entreferro [curva 4 da Fig. 4.7(b)]. A curva real do eletroímã com entreferro e [curva 3 da Fig. 4.7(b)] é a composição série (soma das abcissas para cada ordenada) das curvas de magnetização do núcleo ferromagnético (curva 1) com a do entreferro no seu valor e (curva 2).

b) Representação da energia armazenada

Já vimos no Cap. 2 que a energia armazenada no campo magnético de uma estrutura magnética de volume. Vol, que foi excitado por uma f.m.m. $\mathscr{F}$, suficiente para estabelecer o fluxo ϕ, é dada pela integral

$$E_c = \int_0^\phi \mathscr{F} \, d\phi.$$

Na Fig. 4.8(a) essa energia está representada pela área hachurada, à esquerda da curva 2 (área $0A\phi_1 0$). Essa curva pode corresponder, por exemplo, ao eletroímã aberto com entreferro e, e excitado com f.m.m. $\mathscr{F}$. Analogamente, a energia armazenada na estrutura do eletroímã, fechado e excitado com a mesma f.m.m. $\mathscr{F}$, pode ser representada pela área $0B\phi_2 0$, à esquerda da curva 1 que corresponde ao caso de entreferro $e = 0$. A variação de energia armazenada no campo magnético, a partir do entreferro e, até 0, é a diferença entre a energia armazenada final e a inicial. Graficamente é representada pela diferença das áreas

$$\Delta S_{mag} = S_{0B\phi_2 0} - S_{0A\phi_1 0}. \tag{4.44}$$

É claro que se fizéssemos o caminho inverso, isto é, partir de $e = 0$ até e, ΔS_{mag} seria o negativo da expressão (4.44). Quando a variação (4.44) for um acréscimo, significará que o campo magnético recebeu energia da fonte elétrica ou mesmo da fonte mecânica. Quando for um decréscimo, significará que o campo magnético enviou energia ao lado elétrico e/ou ao lado mecânico do conversor.

c) Representação da energia elétrica
Por outro lado, sabemos que, se variarmos o fluxo ϕ na estrutura magnética desde um valor ϕ_1 até um valor ϕ_2, teremos uma f.e.m. induzida na bobina de excitação, a qual dependerá do tempo e da forma como variou esse fluxo no tempo. Seu valor instantâneo é dado pela lei de Faraday

$$e(t) = N \frac{d\phi(t)}{dt}.$$

Suponhamos que o enrolamento apresente apenas indutância. Não apresentando resistência ôhmica, teremos $v = e$. Conseqüentemente a energia elétrica cedida pela fonte, no intervalo de tempo em que se processa a variação de fluxo ϕ_1 a ϕ_2, será

$$\Delta E_{elet} = \int_{t_1}^{t_2} e(t)\, i(t)\, dt = \int_{t_1}^{t_2} N \frac{d\phi(t)}{dt} i(t)\, dt;$$

logo,

$$\Delta E_{elet} = \int_{\phi(t_1)}^{\phi(t_2)} \mathcal{F}(t)\, d\phi(t) = \int_{\phi_1}^{\phi_2} \mathcal{F}(t)\, d\phi. \qquad (4.45)$$

Voltemos à Fig. 4.8(a). Se o processo de fechamento do eletroímã fosse a corrente constante, teríamos $\mathcal{F}(t) = Ni(t)$ constante durante a passagem de ϕ_1 a ϕ_2, e essa energia dada por (4.45) seria representada pela área do retângulo $AB\phi_2\phi_1A$. Na prática, uma aproximação dessa situação é excitar o eletroímã com uma fonte CC, para que se estabeleça uma corrente de regime I, limitada pela resistência da bobina, que pode ser muito pequena. A partir da posição de entreferro e, deixamos que a armadura se desloque muito lentamente para que a f.e.m. induzida na bobina seja muito pequena. Se a f.e.m. fosse nula a corrente continuaria no seu valor ditado pela resistência e pela tensão aplicada. O eletroímã passaria então do ponto de magnetização A para o B, através da reta AB, no sentido da seta indicada na Fig. 4.8(a).

Se o processo de fechamento do eletroímã fosse a fluxo constante ele passaria do ponto de magnetização A para C (sobre a curva de $e = 0$). Na prática, uma aproximação dessa situação seria deixar a armadura fechar-se rapidamente. No final deste capítulo essas situações serão focalizadas novamente, como sugestões para laboratório. Com o fechamento num intervalo de tempo muito pequeno teríamos, mesmo para pequenos $\Delta\phi$, um grande valor $e = \Delta\phi/\Delta t$ induzida no sentido de contrariar a entrada da corrente no enrolamento e procurar manter o fluxo constante (lei de Lenz). Uma vez atingido o ponto de magnetização C, a corrente tende a voltar novamente para o valor anterior, que era limitado apenas pela resistência ôhmica e pela tensão aplicada, e será novamente atingido o valor $\mathcal{F}$. Nesse caso a passagem do ponto de magnetização de A para B foi através do percurso gráfico ACB da Fig. 4.8(a). A energia cedida pela fonte é dada então pela área da figura irregular $ACB\,\phi_2\phi_1$ que é igual à área da figura $CB\phi_2\phi_1C$.

Na prática nenhum dos dois casos acima ocorre, e sim um caso intermediário, e a energia cedida pela fonte é então representada pela área

$$\Delta S_{elet} = S_{ADB\phi_2\phi_1A} \qquad (4.46)$$

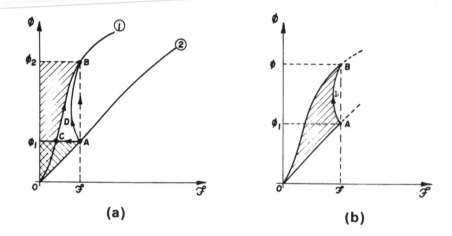

Figura 4.8 (a) Representação gráfica das energias armazenadas na estrutura magnética e da energia absorvida da fonte elétrica; (b) representação gráfica da energia mecânica desenvolvida no fechamento do eletroímã

e a passagem de A para B é através da linha ADB, no sentido da seta na Fig. 4.8(a). Na abertura do eletroímã teríamos para ΔS_{elet} o negativo da expressão (4.46), pois na integral (4.45) teríamos o extremo superior menor que o inferior, com um integrando positivo.

Estamos agora em condições de verificar graficamente as relações de energias, durante o fechamento real de um eletroímã. Suponhamos também que as perdas do núcleo (histerética e Foucault), ocorridas durante a variação de ϕ_1 a ϕ_2, sejam desprezíveis. A aplicação do balanço de conversão de acordo com a expressão (4.30), no intervalo Δt de fechamento do eletroímã, considerando perdas nulas e energia mecânica total englobada num só termo, leva a

$$\Delta E_{mec\ intr} + \Delta E_{elet\ intr} = \Delta E_{mag}. \qquad (4.47)$$

Sem nos preocuparmos com a escala gráfica, ΔE_{mag} e $\Delta E_{elet\ intr}$ podem ser substituídas pelas áreas das expressões (4.44) e (4.46), resultando

$$\Delta E_{mec\ intr} = -S_{ADB\phi_2\phi_1 A} + (S_{0B\phi_2 0} - S_{0A\phi_1 0}) = -\left[S_{ADB\phi_2\phi_1 A} - S_{0B\phi_2 0} + S_{0A\phi_1 0}\right];$$

logo

$$\Delta E_{mec\ intr} = -S_{0ADB0}. \qquad (4.48)$$

O sinal negativo significa uma energia fornecida ($\Delta E_{mec\ intr} = -\Delta E_{mec\ forn}$) pelo conversor ao receptor mecânico que aplica a força externa à armadura do eletroímã. Essa área S_{0ADB0} está representada na Fig. 4.8(b) e corresponde à energia mecânica total desenvolvida pelo eletroímã durante o fechamento de sua armadura. Aplicando uma força externa que supere a força de atração e provoque a abertura da armadura, a energia mecânica será introduzida no eletroímã e, portanto, deverá ser positiva. Deixamos a cargo do aluno a análise do caso da abertura do eletroímã, bem como a devida consideração dos sinais.

4.7 APLICAÇÃO DA EQUAÇÃO DE FORÇA A UM SISTEMA DE EXCITAÇÃO SIMPLES – RELAÇÃO COM O PRINCÍPIO DA MÍNIMA RELUTÂNCIA

Com a intenção de maior objetividade vamos tomar o caso de um eletroímã linear, simples, com entreferro de faces planas e paralelas. Os eletroímãs abertos, com entreferros relativamente grandes, podem ser considerados lineares com boa aproximação, como vimos no exemplo 4.2. A eles se aplicam, portanto, as relações de energia e força dadas pelas expressões (4.39) e (4.41), com indutância consideradas invariáveis com as correntes de excitação.

No eletroímã simples, aberto, da Fig. 4.9 a corrente de excitação I está sendo fornecida, em regime permanente, pela fonte de tensão contínua V.

O cálculo da força desenvolvida por esse eletroímã pode ser feito por particularização da expressão (4.41) para o caso de excitação simples, isto é, com L_2 e M nulas. Assim, para cada posição x, da Fig. 4.6, teremos para I constante:

$$F_{des}(x) = \frac{1}{2} I^2 \frac{dL(x)}{dx}. \tag{4.49}$$

Uma conclusão interessante, tirada da expressão (4.49), é que, de acordo com o processo dedutivo de (4.39) e (4.41), F_{des} é a força desenvolvida pelo sistema, e essa força desenvolvida resultou em um quadrado de corrente, precedida de sinal positivo. Como i^2 é sempre positiva, independente do sinal da variável i, resulta dL/dx positiva. Isso significa que, independentemente do sentido da corrente, o eletroímã apresenta indutância crescente ($dL/dx > 0$) com o deslocamento produzido pela força desenvolvida. Em outras palavras, a força desenvolvida se manifesta numa direção e numa orientação segundo as quais a indutância deve crescer. Assim sendo, esse sistema eletromecânico tende a uma posição de máxima indutância que coincide com o máximo fluxo, ou máxima permeância, ou mínima relutância, conforme é afirmado em 3.4.6., item a). Note-se porém que na Fig. 4.9 a orientação x escolhida foi tal que a indutância L decrescerá para acréscimos dx no deslocamento. Comentaremos a seguir.

Voltemos à Fig. 4.9. Seja F uma força externa aplicada ao eletroímã (por exemplo, uma mola presa à sua armadura) e dirigida no sentido de aumentar o entreferro. Pro-

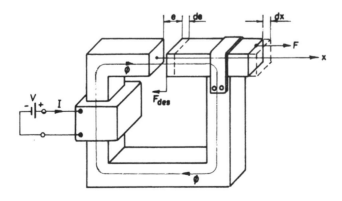

Figura 4.9 Um tipo de eletroímã de excitação única

positadamente façamos a orientação do eixo x coincidente com a dessa força. Os deslocamentos dx produzidos por ela, no seu sentido, serão considerados positivos. Vamos procurar a expressão da força desenvolvida pelo eletroímã segundo essas convenções estabelecidas. Se o entreferro é razoavelmente grande, a ponto de podermos desprezar a diferença de potencial magnético no material ferromagnético, teremos

$$\mathcal{R}t = \mathcal{R}e + \mathcal{R}_{Fe} \cong \mathcal{R}e,$$

onde $\mathcal{R}e$ é a relutância do entreferro e.

Logo, a indutância L_1, será com boa aproximação,

$$L_1 = \frac{N^2}{\mathcal{R}t} \cong \frac{N^2}{\mathcal{R}e} = \frac{N^2}{1/\mu_0 \cdot e/S}, \qquad (4.50)$$

onde S é a área da superfície tomada na região central do entreferro e, sobre um plano perpendicular ao eixo x, e devidamente corrigido pelo fator de espraiamento (essa correção será focalizada no exercício 8 no final deste capítulo).

Suponhamos um deslocamento infinitesimal dx positivo, no sentido da força F aplicada ao eletroímã, e correspondendo a uma energia mecânica elementar Fdx. Essa variação dx coincide com um acréscimo de no entreferro e, assim, teremos

$$\frac{dL_1(x)}{dx} = \frac{dL_1}{de} = -\frac{\mu_0 N^2 S}{e^2}. \qquad (4.51)$$

Substituindo em (4.49), teremos a expressão da força desenvolvida para um entreferro e, ou seja,

$$F_{des} = -\frac{1}{2}\mu_0 S \frac{N^2 I^2}{e^2}$$

ou

$$F_{des} = -\frac{1}{2}\mu_0 S \frac{\mathcal{F}^2}{e^2} \qquad (4.52)$$

Podemos estender a expressão (4.52) mesmo para os eletroímãs onde não seja desprezível a relutância da parte em material ferromagnético. Basta considerarmos a f.m.m. $\mathcal{F}$ como sendo apenas a diferença de potencial magnético entre as superfícies do entreferro, ou seja $\Delta\mathcal{F}_e$. Assim,

$$F_{des} = -\frac{1}{2}\mu_0 S \left(\frac{\Delta\mathcal{F}_e}{e}\right)^2. \qquad (4.53)$$

No exemplos 4.3 serão feitos comentários sobre a utilização dessa expressão no cálculo da força com pequenos entreferros. Substituindo a relação $\Delta\mathcal{F}_e/e$ pela intensidade de campo magnético no entreferro, teremos

$$F_{des} = -\frac{1}{2}\mu_0 S H_e^2. \qquad (4.54)$$

Em função da densidade de fluxo magnético no entreferro, obtemos

$$F_{des} = -\frac{1}{2\mu_0} S B_e^2, \qquad (4.55)$$

ou, em função do fluxo,

$$F_{des} = - \frac{1}{2\mu_0} \frac{\phi^2}{S}. \qquad (4.56)$$

Aqui cabem outras observações. 1. A presença do sinal negativo na expressão (4.52), da força desenvolvida, explica-se pelo fato de ser contrária à orientação de x adotada, que, na Fig. 4.9, coincide com a força aplicada ao eletroímã. Se o leitor deduzir a (4.52) com uma orientação x contrária, concluirá que $de = -dx$, e terá a força desenvolvida, sem o sinal negativo. E a indutância seria realmente crescente com o x adotado.

2. Para se aplicar a expressão da força ao eletroímã não é necessário haver deslocamento da armadura. A força existe e pode ser calculada com a armadura estacionária na posição x. O que fizemos foi idealizar um deslocamento virtual dx em torno da posição x, correspondendo ao trabalho virtual $F\,dx$. A esse deslocamento virtual corresponde uma variação virtual dL_1 na indutância e dE_{mag} na energia armazenada no campo magnético. O que é necessário para haver força desenvolvida, segundo a expressão (4.49), é que exista uma variação potencial da indutância ou da relutância em torno da posição desejada. Para os dispositivos de movimento de rotação, que serão focalizados mais à frente, valem as mesmas observações com relação ao deslocamento angular θ.

3. A pressão magnética como é chamada a relação F_{des}/S, obtida da expressão (4.55) é igual, em valor absoluto, à densidade de energia armazenada no entreferro, no entorno da superfície de área S, para a qual foi calculada a força. Basta, para isso, comparar a expressão (4.55) com a (4.1).

4.8 EXPRESSÕES DA FORÇA E DO CONJUGADO DESENVOLVIDOS EM FUNÇÃO DE PARÂMETROS DO CIRCUITO MAGNÉTICO NOS SISTEMAS DE EXCITAÇÃO ÚNICA

Tomando novamente a expressão (4.49) a indutância L_1 do enrolamento pode ser posta em função da permeância do circuito magnético (procure em seguida resolver o exercício 7, no final deste capítulo),

$$L_1(x) = N^2 \mathcal{P}(x).$$

Substituindo-se em (4.49), obtemos

$$F_{des} = \frac{1}{2} i_1^2 N^2 \frac{d\mathcal{P}(x)}{dx} = \frac{1}{2} \mathcal{F}^2 \frac{d\mathcal{P}(x)}{dx}. \qquad (4.57)$$

O que nos leva à conclusão esperada de que a força desenvolvida atua também, no sentido de aumentar a permeância do circuito magnético ($d\mathcal{P}(x) > 0$).

Por sua vez,

$$\mathcal{P}(x) = \frac{1}{\mathcal{R}(x)}.$$

Substituindo em (4.57), obtemos

$$F_{des} = \frac{1}{2} i_1^2 N^2 \frac{d[1/\mathcal{R}(x)]}{dx} = - \frac{1}{2} \frac{\mathcal{F}^2}{\mathcal{R}^2(x)} \frac{d\mathcal{R}(x)}{dx},$$

logo

$$F_{des} = -\frac{1}{2}\phi^2(x)\frac{d\mathcal{R}(x)}{dx}.\qquad(4.58)$$

A presença do sinal negativo confirma a força desenvolvida no sentido da relutância decrescente $(d\mathcal{R}(x) < 0)$.

As expressões para o conjugado desenvolvido nos sistemas de rotação com excitação única são normalmente análogas às anteriores, ou seja,

$$C_{des} = \frac{1}{2}\mathcal{F}^2\frac{d\mathcal{P}(\theta)}{d\theta},\qquad(4.59)$$

$$C_{des} = -\frac{1}{2}\phi^2\frac{d\mathcal{R}(\theta)}{d\theta}.\qquad(4.60)$$

A força e o conjugado dos sistemas de excitação única são chamadas de força e conjugado de relutância ou força e conjugado de excitação simples.

4.9 VALORES MÉDIOS E INSTANTÂNEOS DA FORÇA E DO CONJUGADO MECÂNICOS – EXCITAÇÃO EM C.C. E C.A.

As expressões (4.41) fornecem o valor da força e do conjugado desenvolvidos para os valores i_1 e i_2 das correntes. Para uma determinada posição x ou θ elas nos dão os valores instantâneos da força ou do conjugado quando i_1 e i_2 variarem no tempo. Assim, podemos escrever

$$F(x,t) = \frac{1}{2}i_1^2(t)\frac{dL_1(x)}{dx} + \frac{1}{2}i_2^2(t)\frac{dL_2(x)}{dx} + i_1(t)i_2(t)\frac{dM(x)}{dx},$$
$$C(\theta,t) = \frac{1}{2}i_1^2(t)\frac{dL_1(\theta)}{d\theta} + \frac{1}{2}i_2^2(t)\frac{dL_2(\theta)}{d\theta} + i_1(t)i_2(t)\frac{dM(\theta)}{d\theta}.\qquad(4.61)$$

Na prática, quando as excitações são em correntes alternativas senoidais, interessam, muitas vezes, mais os valores médios das forças e dos conjugados em regime permanente do que os valores instantâneos. Por exemplo, um dinamômetro aplicado à armadura de um eletroímã, excitado com CA de 60 Hz, registra o valor médio da força, embora essa força seja alternativa. Para um motor que tenha conjugado mecânico alternativo em seu eixo, interessa o valor médio desse conjugado para o cálculo da potência mecânica (valor médio).

Vamos então tomar uma das expressões de (4.61), por exemplo, a da força, e aplicar a definição do valor médio, para uma posição x, onde existam as derivadas $dL(x)/dx$ e $dM(x)/dx$ com um valor finito, não-nulo

$$F_{médio}(x) = \frac{1}{T}\int_0^T F(t) = \frac{1}{2}\frac{dL_1(x)}{dx}\frac{1}{T}\int_0^T i_1^2(t)\,dt + \frac{1}{2}\frac{dL_2(x)}{dx}\cdot$$
$$\cdot\frac{1}{T}\int_0^T i_2^2(t)\,dt + \frac{dM(x)}{dx}\frac{1}{T}\int_0^T i_1(t)i_2(t)\,dt.\qquad(4.62)$$

Verifiquemos então o caso da força média em regime de excitação senoidal permanente com correntes i_1 e i_2, podendo ser defasadas de um ângulo φ.

$$i_1(t) = I_{1\,max} \operatorname{sen} \omega t; \quad i_2(t) = I_{2\,max} \operatorname{sen}(\omega t + \varphi).$$

Considerando a definição de valor eficaz

$$I_{ef} = I = \sqrt{\frac{1}{T}\int_0^T i^2(t)\,dt}.$$

Substituindo nos dois primeiros termos da (4.62), teremos

$$\frac{1}{2}I_1^2 \frac{dL_1(x)}{dx},\quad \frac{1}{2}I_2^2 \frac{dL_2(x)}{dx},$$

onde

$$I_1 = I_{1\,max}/\sqrt{2}, \quad \text{e} \quad I_2 = I_{2\,max}/\sqrt{2}.$$

Substituindo-se $i_1(t)$ e $i_2(t)$ no último termo da (4.62), obtém-se, após alguma elaboração,

$$I_1 I_2 \frac{dM(x)}{dx}\cos\varphi,$$

onde φ é o angulo de fase entre as correntes I_1 e I_2.

Deixamos de entrar em pormenores dedutivos por ser um resultado inteiramente análogo ao da potência em circuito monofásico (14) excitado com tensão alternativa senoidal v e corrente senoidal i defasada da tensão de um ângulo φ, e, além disso, nos exemplos 4.3 e 4.4 serão feitos alguns comentários.

Finalmente, para se obter o valor médio da força, basta simplesmente aplicar os valores eficazes da corrente no lugar dos valores instantâneos e acrescentar o co-seno do ângulo de fase no último termo, ou seja,

$$F_{des\,médio}(x) = \frac{1}{2}I_1^2\frac{dL_1(x)}{dx} + \frac{1}{2}I_2^2\frac{dL_2(x)}{dx} + I_1 I_2 \frac{dM(x)}{dx}\cos\varphi. \qquad (4.63)$$

Exemplo 4.3. A Fig. 4.10 representa o corte longitudinal de um eletroímã cilíndrico.

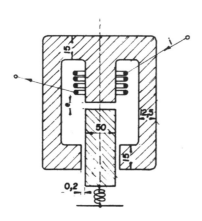

Figura 4.10 Eletroímã simples utilizado no exemplo 4.3.

A armadura, também cilíndrica, é puxada para baixo por uma mola helicoidal, e seu peso próprio pode ser considerado desprezível. Na posição inicial, sem excitação, o entreferro é $e_0 = 15$ mm e a força de tração na mola é $F_0 = 0$. Para a ordem de grandeza das densidades de fluxo utilizados no material ferromagnético, o entreferro é considerado grande para esse eletroímã e, portanto, $\Delta\mathscr{F}_e = NI$, onde $N = 1\,000$ espiras. A folga lateral da armadura é um pequeno entreferro circular de 0,2 mm.

I. Quando excitado com 3 A de corrente contínua o entreferro final é 12,5 mm e nessa situação vamos procurar
a) a constante elástica da mola que permitiu a redução do entreferro, e a força de tração na mola; b) as características força-entreferro e seu ponto de funcionamento; c) o valor de uma corrente alternativa para reproduzir a mesma situação (desprezar perdas no núcleo ferromagnético); d) a forma de variação da força no tempo para uma corrente alternativa senoidal de 60 Hz.

II. Aplica-se, em seguida, uma corrente que possibilite ao eletroímã fechar-se completamente. Nessas condições insere-se entre a fonte e o enrolamento uma resistência que reduza a corrente a 0,2 A. Qual a força de atração nessas condições?

Solução

I. a) A expressão mais cômoda para a solução desta primeira parte é a expressão (4.53). Como temos feito até aqui vamos utilizar todas as unidades do sistema métrico internacional.
Logo,

$$|F_{des}(e)| = \frac{\mu_0 S}{2} \cdot \frac{(NI)^2}{e^2} = \frac{4\pi \times 10^{-7} \times \pi(25)^2 \, 10^{-6} \times (1\,000 \times 3)^2}{2e^2}$$

$$|F_{des}(e)| = \frac{1,10 \times 10^{-2}}{e^2} \text{ (em newtons, para entreferro em metros).} \qquad (4.64)$$

Por outro lado,

$$|F_{mola}| = K\,\Delta x = K\,\Delta e = K(e_0 - e). \qquad (4.65)$$

Igualando-se a (4.64) com (4.65) e, substituindo-se e e e_0 pelos valores do enunciado obtemos

$$K = \frac{1,10 \times 10^{-2}}{(12,5)^2\,10^{-6} \times (15 - 12,5)\,10^{-3}} = 2,82 \times 10^4\,\frac{N}{m}.$$

A força na mola

$$F_{mola} = 2,82 \times 10^4 \times 2,5 \times 10^{-3} = 70,5\,N = 7,2\,\text{kgf}.$$

b) A característica força/entreferro para o eletroímã e para a mola está traçada na Fig. 4.11, com o auxílio de (4.64) e (4.65).

O ponto de funcionamento com $I = 3$ A é o ponto A da Fig. 4.11. Pelas características do cruzamento das duas curvas é um ponto de funcionamento estável, pois qualquer perturbação tendente a aumentar o entreferro a força de atração do eletroímã torna-se maior que a força de reação da mola. Isso provoca uma aceleração na armadura no sentido de diminuir o entreferro e voltar ao ponto A. Dependendo dos parâmetros do sistema podem ocorrer oscilações em torno dessa posição, mas a situação final de equilíbrio será o ponto A. Isso não ocorre com a posição correspondente ao ponto B, que é instável. A partir de B, uma perturbação no sentido de diminuir o entreferro leva a armadura ao fechamento completo, e se for no sentido de diminuir o entreferro leva a armadura ao ponto A.

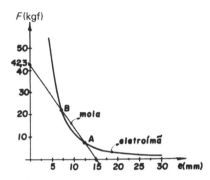

Figura 4.11 Características da mola e do eletroímã do exemplo 4.3.

c) Se a corrente for alternativa, para produzir uma força média igual à força anteriormente calculada, basta que seu valor eficaz seja 3 A. Veja a Seç. 4.9 e a expressão (4.63). É lógico que a tensão aplicada ao enrolamento deve ser bem maior que no caso anterior, pois em CA temos, além da resistência ôhmica, a reatância correspondente à indutância ($X = 2\pi 60L$),

d) a forma de variação da força no tempo é obtida da expressão (4.61). Para a posição x, que corresponde ao entreferro e, teremos,

$$f_{des}(t) = \frac{1}{2} i^2(t) \frac{dL(e)}{de}. \quad (4.66)$$

A indutância, que cresce com a diminuição do entreferro, apresenta no ponto A um certo valor da derivada, que designaremos por K, resultando

$$f_{des}(t) = \frac{K}{2} i^2(t). \quad (4.67)$$

Sendo

$$i(t) = I_{max} \operatorname{sen} \omega t$$

$$f_{des}(t) = \frac{K}{2} I_{max}^2 \operatorname{sen}^2 \omega t = \left[\frac{K}{2} I_{max}^2\right] \frac{1}{2} (1 - \cos 2\omega t). \quad (4.68)$$

O valor máximo atingido pela força, no tempo, é portanto $K/2\, I_{max}^2$ (veja a Fig. 4.12). O valor médio obtido da expressão (4.68) é

$$F_{des\,medio} = \frac{1}{T} \int_0^T \frac{K}{2} I_{max}^2 \frac{1}{2} (1 - \cos 2\omega t)\, dt = \frac{1}{2} \cdot \frac{K I_{max}^2}{2} = \frac{1}{2} K I^2. \quad (4.69)$$

Confirma-se o exposto na Seç. 4.9 sobre o valor médio da força com excitação em C.A.

A força tem, portanto, uma componente alternativa com freqüência dupla da corrente de excitação (no caso 2 × 60 = 120 Hz) oscilando sobre um valor médio que é metade do valor máximo. Nota-se na Fig. 4.12 que a força oscila entre 0 e $K/2\, I_{max}^2$, portanto, dependendo dos parâmetros do sistema, principalmente a massa da armadura e a constante da mola, a amplitude da aceleração e do deslocamento vibratório da armadura podem ser intensas. É a principal causa do ruído de muitos eletroímãs quando excitados em C.A. Esse mesmo princípio, de se conseguir força oscilatória com o dobro da freqüência da excitação é utilizado com a intenção de produzir som em certos tipos de campainha.

II. A curva força/entreferro do eletroímã (Fig. 4.11) mostra que a força tende para infinito quando o entreferro tende a zero. Isso se prende ao fato de termos feito a aproximação de permeabilidade infinita no material ferromagnético do núcleo ($\mu_{núcleo} = \infty$). Fica claro que essa aproximação não é válida para o cálculo da força com entreferro tendendo a zero. Mesmo porque a expressão (4.53) não se presta ao cálculo da força nessas condições, pois, para $e \to 0$, teremos $\Delta \mathscr{F}_e \to 0$, o que representa uma indeterminação. O fato prático é que o eletroímã completamente fechado ainda apresenta força de atração na armadura. Para explicar a existência física dessa força idealizamos que num eletroímã completamente fechado deva existir entre as superfícies do núcleo fixo e da armadura uma diferença de potencial magnético muito pequena, devido à possível existência de uma película muito fina não-ferromagnética (permeabilidade próxima de μ_0) que pode ter origem na própria saturação magnética dos pontos de contato das duas partes do núcleo. Assim sendo, a expressão (4.55), que advém da (4.53) por substituição de ($\Delta \mathscr{F}_e/e$) por (H) e por (B/μ_0), pode ser utilizada para o cálculo da força nessa situação. Vamos, então, calcular essa força, bastando que se conheça o valor de B na junção núcleo fixo/armadura.

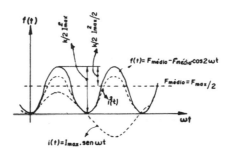

Figura 4.12 Representação do andamento no tempo, da corrente e da força mecânica no caso de excitação CA, conforme expressão (4.68).

Com o eletroímã fechado, o único entreferro existente no circuito magnético é o entreferro lateral de 0,2 mm. Por isso se diminui a corrente para 0,2 A, que já é suficiente para produzir em todo o núcleo uma densidade de fluxo maior que a anterior; com isso evita-se a saturação magnética do mesmo e pode-se, novamente, desprezar a diferença de potencial magnético no material ferromagnético. Assim, teremos

$$B_{ent\ lateral} = \mu_0 \frac{NI}{e} = 4\pi\ 10^{-7} \times \frac{1\,000 \times 0{,}2}{0{,}2 \times 10^{-3}} = 1{,}25\ \text{Wb/m}^2.$$

Na área S da junção núcleo-armadura, teremos

$$B = B_{ent\ lateral} \frac{S_{ent\ lateral}}{S} = 1{,}25\ \frac{\pi 50 \times 10^{-3} \times 15 \times 10^{-3}}{\pi(25)^2 \times 10^{-6}} = 1{,}50\ \text{Wb/m}^2.$$

Aplicando a expressão (4.55), obtemos.

$$|F_{des}| = \frac{1}{2 \times 4\pi \times 10^{-7}} \times \pi(25)^2 \times 10^{-6} \times (1{,}5)^2 = 1758\ \text{N} = 179\ \text{kgf}.$$

Aqui cabe a seguinte nota: com a densidade de fluxo de 1,5 Wb/m² que resultou no núcleo, o erro em se desprezar o material ferromagnético já é apreciável, e um cálculo mais correto exigiria a solução com a curva de magnetização do núcleo.

4.10 APLICAÇÃO DA EQUAÇÃO DO CONJUGADO A UM SISTEMA DE EXCITAÇÃO SIMPLES – RELAÇÃO COM O PRINCÍPIO DO ALINHAMENTO

Tomemos agora um dispositivo eletromecânico como o da Fig. 4.13, considerado linear, e vamos, aqui também, considerar a f.m.m. do enrolamento como sendo aplicada totalmente aos entreferros. Tomemos a segunda das (4.61) façamos L_2 e M nulas, e suponhamos uma excitação de corrente contínua constante I, ou seja,

$$C_{des}(\theta) = \frac{1}{2} I^2 \frac{dL(\theta)}{d\theta}. \tag{4.70}$$

A conclusão é a mesma da Seç. 4.7. Manifesta-se um conjugado de relutância com a tendência de levar a armadura, que neste caso é chamado rotor, a se deslocar no sentido

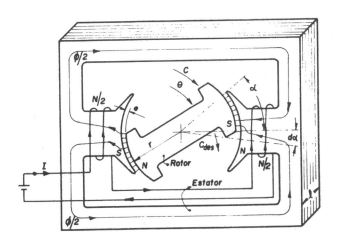

Figura 4.13 Representação esquemática de um eletroímã de torção

da indutância crescente ($dL(\theta)/d\theta > 0$). Qualquer que seja o sentido da corrente ele tende a se alinhar com a parte fixa do núcleo, que nesse caso é chamada estator. Essa tendência de alinhamento (veja o parágrafo 3.4.5) coincide com a tendência de máxima indutância ou mínima relutância. Nota-se que o conjugado desenvolvido pode manifestar-se nos dois sentidos, isto é, se forçarmos o rotor a se desalinhar do estator tanto no sentido horário como anti-horário, ele retorna à posição central. O dispositivo em questão, excitado com uma fonte de tensão contínua pode ser utilizado, por exemplo, para aplicar um conjugado constante (momento de torsão) a um eixo e, por isso, poderíamos dar-lhe um nome como eletroímã de torsão. Com alguns arranjos pode ser transformado no motor síncrono monofásico de relutância, como veremos mais à frente. Por ora retomemos a Fig. 4.13 para convencionar os sentidos do conjugado externo aplicado e do deslocamento angular. Nesse caso vamos fazer o conjugado C, aplicado ao rotor, com um sentido coincidente com o do deslocamento angular positivo θ, que na figura está dirigido no sentido de introduzir o rotor no estator.

Vamos procurar o conjugado desenvolvido para a posição desenhada na Fig. 4.13. Suponhamos não haver espraiamento de fluxo nas extremidades do entreferro. Suponhamos também que a construção tenha sido executada de forma que as superfícies polares (sapatas polares) do rotor sejam concêntricas com as superfícies polares do estator, de tal modo que à medida que se for introduzindo o rotor no estator, a variação das áreas de passagem do fluxo nos entreferros aumentem linearmente com o angulo α. Portanto, nesse caso, o entreferro permanece constante e a relutância varia com a área. O ângulo α mede a introdução dos pólos do rotor no estator. Essa área em função de α será, de acordo com a Fig. 4.13,

$$S(\alpha) = \ell r \alpha. \tag{4.71}$$

Como, em geral, $r \gg e$, pode-se confundir o raio do estator com o raio do rotor. E a relutância do entreferro será

$$\mathcal{R}_e(\alpha) = \frac{1}{\mu_0} \frac{2e}{\ell r \alpha}. \tag{4.72}$$

Vamos desprezar a queda de potencial magnético no material ferromagnético. Para um deslocamento virtual $d\alpha$ coincidente com $d\theta$, teremos

$$\frac{dL(\theta)}{d\theta} = \frac{dL(x)}{d\alpha} = \frac{d[N^2/\;(x)]}{d\alpha} = \frac{\mu_0 \ell r}{2e} N^2. \tag{4.73}$$

Substituindo em (4.70), vem

$$C_{des} = \frac{\mu_0 \ell r}{4e} N^2 I^2 = \frac{\mu_0 \ell r}{4e} \mathcal{F}^2 \tag{4.74}$$

Notas. 1. O conjugado desenvolvido foi positivo, pelas convenções adotadas neste caso.
2. Pelo fato da área ser proporcional ao ângulo de introdução, a indutância também será; logo, fica claro que sua taxa de variação $dL/d\theta$ seja constante e, portanto, o conjugado, que se torna independente de θ. Isso acontecerá, porém, enquanto houver potencialidade de variação da relutância do circuito magnético, coisa que não mais haverá quando o rotor estiver completamente introduzido no estator, ou alinhado com ele. Aí, então, o conjugado desenvolvido será nulo e a indutância será máxima. Essa constância do conjugado sugere que a sua forma de variação com o ângulo θ seja, neste caso, retangular.

4.11 CONJUGADO DE RELUTÂNCIA SENOIDAL – O MOTOR SÍNCRONO MONOFÁSICO DE RELUTÂNCIA

Se a construção do rotor fosse tal que a medida que ele fosse sendo introduzido, a variação da indutância fosse co-senoidal com o ângulo θ, então o conjugado seria senoidal com θ [veja a expressão (4.70)]. Isso é de particular interesse nas máquinas rotativas que serão objeto dos próximos capítulos e lá serão focalizados os meios de se conseguir esse tipo de variação. A Fig. 4.14(b) mostra essa variação da indutância, e do conjugado desenvolvido, com o ângulo.

Tomemos o dispositivo da Fig. 4.14(a) onde o ângulo θ foi substituído por um ângulo δ que mede o deslocamento da linha central dos pólos do rotor em relação a uma origem que é a linha central dos pólos do estator. Antes de analisar o funcionamento do motor de relutância, vejamos como se comporta o conjugado. A indutância do enrolamento do estator altera-se com o ângulo δ do rotor, e de tal modo que ela será mínima para δ igual a $\pi/2$ e $3/2\,\pi$, e será máxima para δ igual a 0 e π.

Isso faz com que a indutância faça dois ciclos de variação para uma volta ($\delta = 2\pi$) do rotor. Pela Fig. 4.14(b), vem

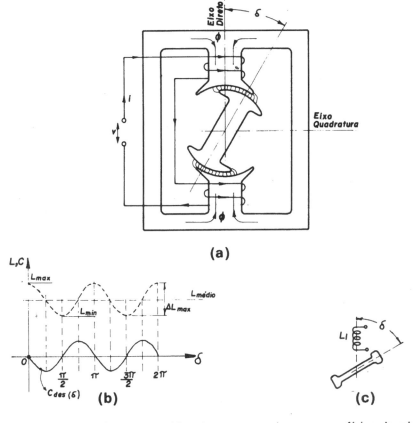

Figura 4.14 (a) Corte esquemático de um motor síncrono, monofásico de relutância, (b) forma de variação da indutância e do conjugado de relutância, (c) representação simbólica de um sistema de excitação simples com conjugado de relutância

$$L(\delta) = \frac{L_{max} + L_{min}}{2} + \frac{L_{max} - L_{min}}{2} \cos 2\delta, \qquad (4.75)$$

$$L(\delta) = L_{med} + \frac{\Delta L_{max}}{2} \cos 2\delta.$$

Derivando a indutância relativamente ao ângulo δ e substituindo em (4.70), obtemos

$$C_{des}(\delta) = -\frac{1}{2} I^2 \Delta L_{max} \operatorname{sen} 2\delta. \qquad (4.76)$$

Conclui-se que o conjugado desenvolvido será cíclico com ângulo δ e, portanto, apresenta valor médio nulo numa volta completa. Verifica-se também que esse conjugado de relutância desenvolvido tem freqüência dupla daquela do movimento de rotação do rotor, isto é, perfaz dois ciclos em cada volta do rotor [Fig. 4.14(b)]. Tem valor nulo nos máximos e mínimos da indutância e valores máximos nas posições de inflexão da indutância que correspondem ao rotor fazendo 45° com o eixo direto e com o eixo quadratura do estator. Essas conclusões são de muita importância também para as máquinas síncronas de dupla excitação, como veremos adiante. (Procure justificar, nas Figs. 4.14(a) e (b), as posições de conjugado nulo, estável e instável, dando variações $\Delta\delta$ positivas e negativas, e observando se C será positivo ou negativo).

Pelo que foi exposto conclui-se a existência e o comportamento do conjugado, mas não se explica o funcionamento contínuo como motor, girando continuamente e vencendo uma resistência mecânica aplicada ao seu eixo. É o que veremos. Vamos focalizar o rotor no instante em que ele esteja na posição desenhada na Fig. 4.15(a). Nessa posição fecha-se uma chave C que é acionada pelo próprio eixo do rotor. A corrente de alimentação I é fornecida por uma fonte de tensão contínua. Essa posição, $\delta = \pi/2$, é uma posição de conjugado desenvolvido nulo, porém é uma posição instável, podendo deslocar-se em um ou em outro sentido, conforme a perturbação. Note-se, contudo, que o rotor na posição da Fig. 4.15(a) está adiantado de um ângulo $\Delta\delta$, em relação a $\delta = 90°$, no sentido de rotação e, portanto, a atração será nesse sentido. O conjugado continuará com esse sentido, passando pelo seu valor máximo, até o alinhamento com o estator. Daí para a frente o conjugado se inverterá, porém com um $\Delta\delta$ antes da posição $\delta = \pi$, a chave C será aberta por um ressalto no eixo e a corrente se anulará [Fig. 4.15(b)]. O rotor continuará girando por inércia. Se a quantidade de movimento que ele adquiriu no trajeto de $\pi/2$ até π (por efeito do conjugado acelerador no intervalo de tempo correspondente) for igual à que ele perder no trajeto de π até $3\pi/2$ (por efeito do conjugado resistente) então o enrolamento poderá permanecer desligado nessa parte do percurso. Quando o rotor atingir a posição $\delta = 3\pi/2 + \Delta\delta$, o ressalto fechará automaticamente a chave C [Fig. 4.15(c)] e o conjugado desenvolvido se manifestará novamente no sentido da rotação, reiniciando-se um processo análogo àquele do trecho $\pi/2$ até π, que terminará em $2\pi - \Delta\delta$. Aí se abrirá novamente a chave C [Fig. 4.15(d)], o rotor fará o percurso até $\pi/2 + \Delta\delta$ e recomeçará o ciclo.

Como se vê, dessa maneira é possível utilizar dispositivos semelhantes aos da Fig. 4.14 para funcionarem como pequenos motores alimentados por tensão contínua. Por meio de um regulador auxiliar que possibilite ajustar o ângulo de fase do rotor, $\Delta\delta$ (que condiciona a posição de aparecimento do conjugado após a passagem por $\pi/2$ e $3\pi/2$), consegue-se alterar o conjugado desenvolvido médio para as condições da carga mecânica aplicada ao eixo. O contato da chave C está sincronizada com o movimento de rotação do eixo. Contudo não é essa a razão que justifica o nome de "motor síncrono monofásico de relutância" para esse conversor rotativo, mas sim o seu funcionamento em corrente alternativa que exporemos a seguir.

Suponhamos que ao dispositivo da Fig. 4.15(e) seja imposta uma corrente $i(t)$ alternativa, não obrigatoriamente senoidal, mas que podemos, para simplificar, considerá-la dessa natureza. Teremos então

$$C(\delta, t) = \frac{1}{2} i(t)^2 \frac{dL(\delta)}{d\delta}.$$

Sendo nosso caso o de um motor de dois pólos, suponhamos que o rotor já tenha sido acelerado até uma freqüência de rotação igual à freqüência f da corrente elétrica de alimentação (no capítulo destinado às máquinas síncronas serão citados métodos de partida para os motores síncronos, pois intrinsecamente eles não apresentam conjugado médio fora da velocidade síncrona). Isso significa sincronizar o rotor com a freqüência da corrente elétrica.

Estando assim "sincronizado com a linha" o rotor dará uma volta completa, no tempo correspondente a um ciclo da corrente. Examinando a Fig. 4.15(f) verifica-se que a melhor condição de conjugado desenvolvido, para o trajeto do rotor desde $\delta = \pi/2$ até $\delta = \pi$, é que a corrente esteja nos seus maiores valores instantâneos, isto é, de $\omega t = \pi/4$ até $\omega t = 3\pi/4$. Quando o conjugado manifestar-se no sentido oposto ao do movimento do rotor ($\delta = \pi$ até $\delta = 3\pi/2$) a corrente terá baixos valores, inclusive passando pelo valor nulo. Como o conjugado varia com o quadrado da corrente, os seus valores negativos são bem pequenos comparados com os valores positivos que ocorreram no quarto de ciclo anterior. Isso se repete nos dois quartos de ciclo seguintes até se completar um ciclo da corrente. Por aí se conclui que teremos um valor médio positivo do conjugado desenvolvido [Fig. 4.15(f)].

Por outro lado, nota-se que fora do sincronismo, isto é, com freqüência de rotação do rotor maior ou menor que a da corrente, o valor médio do conjugado é nulo. Basta repetir o raciocínio, por exemplo, para freqüência de corrente igual a $2f$ e do rotor igual a f, e se comprova rapidamente essa afirmação. Posteriormente, num exemplo que também se aplica a esse motor, será feita a demonstração analítica para o caso.

Ainda resta lembrar que, dependendo do conjugado resistente aplicado ao eixo desses pequeno motores (que podem ser utilizados em pequenos acionamentos, como relógios elétricos, contadores de rotações ou de tempo, etc.), a diferença angular entre o rotor e a senóide da corrente se ajeita para dar maior ou menor conjugado desenvolvido médio.

Se a corrente estivesse passando por valores entre $\omega t = \pi/2$ e $\omega t = \pi$, enquanto o rotor estivesse percorrendo o trecho $\delta = \pi/2$, até $\delta = \pi$, o conjugado médio seria nulo [Fig. 4.15(e)]. Nota-se, portanto, que o maior conjugado médio desenvolvido, acontece para um ângulo de fase $\Delta\delta = \pi/4$, fase essa entre o ângulo de giro do rotor e o senóide da corrente no tempo, como está na Fig. 4.15(f).

4.12 APLICAÇÃO DA EQUAÇÃO DE FORÇA A UM SISTEMA DE EXCITAÇÃO DUPLA

Esse caso é formalmente análogo ao do conjugado em sistema de excitação dupla, que será visto a seguir. Portanto o desenvolvimento desta seção será deixado ao estudante, que poderá fazê-lo resolvendo o exercício 3, proposto ao final deste capítulo.

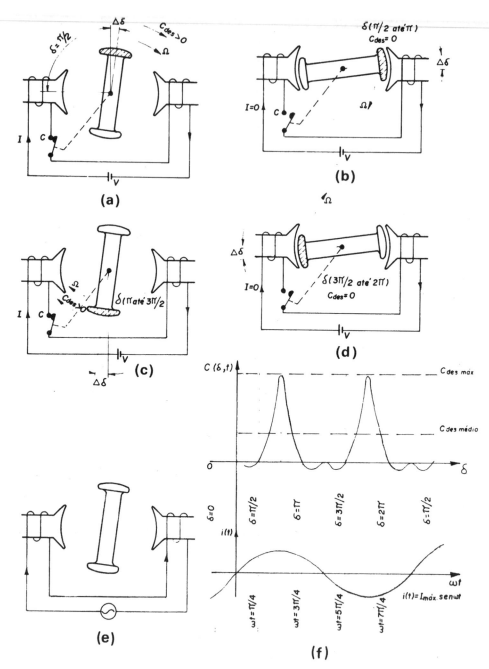

Figura 4.15 (a), (b), (c), (d) Representação da sincronização da chave C com a rotação do rotor para que o dispositivo da Fig. 4.14 gire continuamente. (e), Excitação em C.A. senoidal, (f) representação das correntes e conjugados correspondentes a um trecho do percurso do rotor resultando $C_{des\ médio}$ não-nulo, com excitação C.A.

4.13 APLICAÇÃO DA EQUAÇÃO DE CONJUGADO AOS SISTEMAS DE DUPLA EXCITAÇÃO

Aqui podem ser distinguidos os dois casos dados a seguir.

1. Aqueles em que só existe o conjugado por variação de mútua indutância (chamado conjugado de mútua ou conjugado de dupla excitação) não havendo variação das indutâncias próprias em relação ao deslocamento angular. É um caso comum na prática, e pode ocorrer tanto em conversores de potência como transdutores de sinal ou informação.

2. Aqueles em que, além do conjugado devido à variação da mútua indutância entre os dois circuitos de excitação, existe também conjugado de variação da indutância própria (conjugado de relutância) dos dois circuitos, ou de um deles apenas. Na prática é difícil ocorrer variação das duas indutâncias próprias, sendo mais comum o caso de variação de uma delas apenas, como ocorre nos grandes geradores síncronos de "pólos salientes".

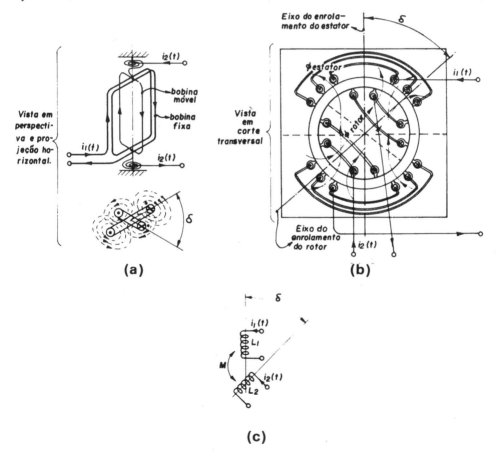

Figura 4.16 Enrolamentos com (a) núcleo de ar e (b) núcleo ferromagnético, em sistema de excitação dupla, apresentando apenas conjugado de mútua, (c) representação simbólica desses dois sistemas

4.13.1 CONJUGADO EXCLUSIVAMENTE DE MÚTUA INDUTÂNCIA

Examinemos a Fig. 4.16(a) na qual temos duas bobinas imersas num meio homogêneo de permeabilidade $\mu_0 = 4\pi\,10^{-7}$ H/m, que pode ser vácuo ou o próprio ar. Portanto são enrolamentos com núcleo não-ferromagnético. Sendo a indutância própria, a indutância de cada enrolamento com o outro desexcitado, nota-se claramente que, se deslocarmos a bobina móvel em relação à fixa, as indutâncias próprias das duas bobinas não se alterarão, pois a configuração do fluxo próprio de cada uma independe da sua posição relativa. Porém o acoplamento magnético entre elas se alterará e, conseqüentemente, a mútua indutância. Esses enrolamentos, quando excitados com correntes i_1 e i_2, desenvolverão um conjugado de dupla excitação, que pode ser óbtido por particularização da (4.41) ou (4.61), fazendo-se

$$\frac{dL_1}{d\theta} = \frac{dL_2}{d\theta} = 0.$$

Teremos então para o conjugado desenvolvido

$$C_{des}(\delta, t) = i_1(t)\, i_2(t)\, \frac{dM(\delta)}{d\delta} \qquad (4.77)$$

Esse tipo de construção em núcleo de ar, é típico de pequenos conversores de sinal ou de informação. Certos transdutores como os instrumentos de medida tipo eletrodinamométrico (amperômetros, voltômetros, wattômetros e fasômetros eletrodinamométricos) utilizam, em princípio, essa forma construtiva. Na Fig. 4.16(b) temos outra forma de construção, com núcleo ferromagnético, onde também não há variação das indutâncias próprias com o ângulo δ. Os enrolamentos estão distribuídos em ranhuras feitas nas superfícies dos cilindros. Se desprezarmos os efeitos de variação de relutância dos circuitos magnéticos dos dois enrolamentos, provocados pelos pequenos entalhes (ranhuras) praticados nas superfícies dos cilindros, estes podem ser considerados de superfície "lisa". Daí o nome que se dá a esse tipo de dispositivo *de rotor e estator lisos*. É fácil confirmar que as indutâncias próprias independem da posição relativa dos enrolamentos.

Por ora, pouco interessa o fato dos enrolamentos do estator e rotor serem distribuídos em bobinas parciais. Uma das finalidades dessa distribuição é conseguir uma distribuição espacial de $\mathscr{F}$, H e B aproximadamente senoidais. Em capítulos posteriores vamos apresentar métodos para a substituição de um enrolamento distribuído por um concentrado em uma única bobina equivalente. Vamos por ora admitir que cada um desses enrolamentos se comporte como um enrolamento concentrado cuja linha central seja coincidente com o eixo do enrolamento distribuído, como mostra a Fig. 4.16(b).

Como existe apenas a derivada da mútua indutância, vale para o conjugado a expressão (4.77). Essa forma construtiva é típica de conversores do tipo de potência como é o caso dos turbogeradores síncronos (turboalternadores) e dos motores síncronos do tipo assíncrono-sincronizado (28). Analisando a expressão (4.77) nota-se que temos um produto de corrente e não um quadrado de corrente como em (4.70). Isso revela que o conjugado, nesse caso, depende do sentido da corrente. Se convencionarmos como correntes positivas aquelas que entram pelos terminais correspondentes (veja a Seç. 2.7) marcados com ponto na Fig. 4.16(a), o conjugado desenvolvido é no sentido de tender a deslocar a bobina móvel para mútua indutância crescente $(dM(\delta)/d\delta > 0)$. Ela tenderá para a posição de mútua máxima (bobinas coplanares) com máximo fluxo mútuo, e mínima relutância do circuito magnético do fluxo mútuo. Com a inversão de uma das correntes o conjugado se inverte e tende a haver deslocamento no sentido de mútua decrescente para se atingir a posição de máximo fluxo mútuo, com bobinas coplanares mas com terminais marcados em oposição. A variação do conjugado e da mútua indutância com o ângulo δ será melhor examinada no exemplo 4.4.

Exemplo 4.4. A Fig. 4.17(a) representa esquematicamente as bobinas fixa e móvel de um transdutor semelhante a um instrumento eletrodinamométrico. Vamos procurar

a) o conjugado desenvolvido em função do ângulo δ existente entre elas, para correntes contínuas e constantes I_1 e I_2, na suposição que o fluxo concatenado com a bobina móvel varie senoidalmente com o ângulo δ;

b) a posição de maior sensibilidade, ou seja, o maior conjugado desenvolvido por unidade de corrente nas bobinas;

c) a variação do conjugado no tempo, para uma determinada posição da bobina móvel, com correntes alternativas senoidais, e ainda analisar o funcionamento como amperômetro e como wattômetro;

d) o conjugado resistente nas molas de restauração para I_1 e I_2, correntes alternativas de 50 mA, com $\delta = 90°$.

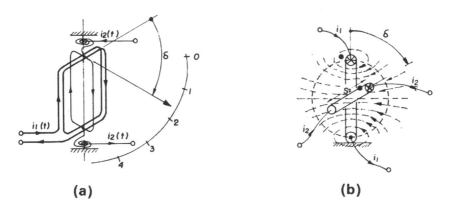

(a)   (b)

Figura 4.17

Nota. Para o cálculo numérico do item d) necessitamos do valor numérico de M_{max} e, para isso, foram medidos os valores máximo e mínimo da indutância vista dos terminais da ligação série das duas bobinas. O valor máximo (0,20 H) acontece com as bobinas coplanares e concordantes. O mínimo (0,10 H) com as bobinas no mesmo plano, mas em discordância.

Solução

a) Aplicando a (4.77) para correntes I_1 e I_2 contínuas, constantes, teremos

$$C_{des}(\delta) = I_1 I_2 \frac{dM(\delta)}{d\delta}. \qquad (4.78)$$

A Fig. 4.17(b) mostra a seguinte aproximação: as "linhas de fluxo" produzidas pela bobina 1 na região onde se encontra a bobina 2 são retilíneas, paralelas e homogeneamente distribuídas. Isso implica na suposição feita no enunciado do item a), como veremos a seguir.

Sendo λ_2 o fluxo concatenado com a bobina 2, devido à corrente I_1 (com a bobina 2 desexcitada), temos

$$\lambda_2(\delta) = N_2 \ \phi_2(\delta) = N_2 \ BS_2(\delta) = N_2 BS_2 \cos \delta = \lambda_{max} \cos \delta; \quad (4.79)$$

logo,

$$M(\delta) = \frac{\lambda_2(\delta)}{I_1} = \frac{\lambda_{max}}{I_1} \cos \delta = M_{max} \cos \delta. \quad (4.80)$$

Substituindo em (4.78), vem

$$C_{des}(\delta) = - I_1 I_2 M_{max} \operatorname{sen} \delta = - C_{max} \operatorname{sen} \delta. \quad (4.81)$$

A presença do sinal negativo resulta da origem de δ, que implica num decréscimo dM para uma variação positiva $d\delta$. O conjugado desenvolvido manifesta-se contrariamente à orientação de δ.

A representação gráfica da mútua indutância e do conjugado, em função do ângulo δ, está na Fig. 4.18.

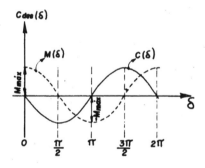

Figura 4.18 Variação do conjugado com o ângulo entre bobinas no caso de dupla excitação, com conjugado de mútua somente

Nota-se que aqui o conjugado completa um ciclo numa volta da bobina móvel. No trecho de 0 a π o conjugado desenvolvido é no sentido contrário ao deslocamento angular e, no trecho de π a 2π, é no mesmo sentido do deslocamento. A posição de bobinas coplanares concordantes (mútua máxima e conjugado nulo) é uma posição estável. A posição coplanar discordante (ângulo $\delta = \pi$) é de conjugado nulo, porém, instável, pois uma perturbação que provoque um deslocamento $\Delta\delta > 0$ resulta num conjugado desenvolvido $\Delta C > 0$, tendente a levar a bobina até $\delta = 2\pi$; ao passo que um deslocamento $\Delta\delta < 0$ resulta em $\Delta C < 0$, que tende a retornar a bobina para a posição $\delta = 0$.

Como se vê, esse dispositivo, com esse tipo de excitação, também não gira continuamente por seus próprios meios. Em parágrafos posteriores iremos introduzir modificações para que ele se transforme, por exemplo, em um motor síncrono.

b) O conjugado máximo, por unidade de corrente na bobina 2, quando a corrente na bobina 1 é I_1, e dado pela expressão (4.81), considerando-se as bobinas cruzadas,

Relações de energia — aplicações ao cálculo de forças e conjugados dos conversores eletromecânicos **203**

$$\left. \begin{array}{c} \left| \dfrac{C(\pi/2)}{I_2} \right| = I_1 M_{max} \\ \left| \dfrac{C(3\pi/2)}{I_2} \right| = I_1 M_{max} \end{array} \right\} \left(\text{em } \dfrac{N \times m}{A} \right). \tag{4.82}$$

É, portanto, nas imediações dessas posições que se prefere fazer funcionar os instrumentos eletrodinamométricos, como mostra a Fig. 4.17(a).

c) Vamos focalizar o caso do funcionamento como amperímetro do tipo eletrodinamométrico. Ligam-se as duas bobinas em série de modo que $i_1(t) = i_2(t)$. Para uma determinada posição do ponteiro [Fig. 4.17(b)] onde exista $dM(\delta)/d\delta \neq 0$, teremos, pela expressão (4.77),

$$C_{des}(t) = i^2(t) \dfrac{dM(\delta)}{d\delta} = K i(t)^2. \tag{4.83}$$

O conjugado varia como o quadrado da corrente; logo, é um resultado formalmente análogo ao da força do item c) do exemplo 4.3. O valor médio será metade do conjugado máximo.

Existem molas de restauração que levam o ponteiro à posição de zero quando $i = 0$. Então, o valor médio do conjugado desenvolvido na posição δ, é o conjugado motor que deve equilibrar-se com o conjugado resistente elástico da mola, nessa posição. Devido a expressão (4.83) conclui-se que a escala de leitura desse instrumento não é linear.

$$C_{mot} = C_{res} = k_t \delta. \tag{4.84}$$

No funcionamento como wattômetro deixa-se a bobina 1 em série e a bobina 2 em paralelo, com os terminais de carga cuja potência absorvida se deseja medir (Fig. 4.19).

Suponhamos desprezíveis as impedâncias das duas bobinas. Seja $i_1(t)$ e $v(t)$ a corrente e a tensão na carga. Seja R_2 uma resistência elevada, que limite a corrente na bobina 2 a um valor que possa ser desprezado em face de I_1 (Fig. 4.19). Para $v(t)$ senoidal, teremos

$$i_2(t) = \dfrac{v(t)}{R_2} = \dfrac{V_{max}}{R_2} \operatorname{sen} \omega t. \tag{4.85}$$

A carga, que absorve corrente eficaz I_1, pode ser suposta de natureza indutiva; logo,

$$i_1(t) = I_{1\,max} \operatorname{sen}(\omega t - \varphi), \tag{4.86}$$

onde φ é o ângulo de fase entre $\dot{V}$ e $\dot{I}_1$.

Substituindo (4.85) e (4.86) em (4.77), para uma posição onde $dM(\delta)/d\delta = K$, teremos

$$C_{des}(t) = \left[I_{1\,max} \dfrac{V_{max}}{R_2} \operatorname{sen} \omega t \operatorname{sen}(\omega t - \varphi) \right] K.$$

Lembrando que

$$\operatorname{sen} \omega t \operatorname{sen}(\omega t - \varphi) = -\dfrac{1}{2} [\cos(2\omega t - \varphi) - (\cos \varphi)]$$

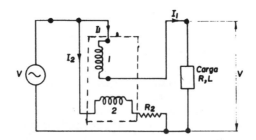

Figura 4.19 Circuito equivalente do wattômetro eletrodinamométrico com fonte e carga

$$C_{des}(t) = \frac{K}{R_2} \frac{V_{max} I_{1\,max}}{2} \cos\varphi - \frac{K}{R_2} \frac{V_{max} I_{max}}{2} \cos(2\omega t - \varphi). \quad (4.87)$$

Aplicando a definição do valor médio, verifica-se que o termo de freqüência dupla [segundo termo de (4.87)] dá valor médio nulo e resta apenas

$$C_{des\,médio} = \frac{K}{R_2} V I_1 \cos\varphi, \quad (4.88)$$

onde V e I_1 são os valores eficazes da tensão e da corrente ($V_{max}/\sqrt{2}$ e $I_{max}/\sqrt{2}$).

Confirma-se o exposto na Seç. 4.9, sobre o valor médio da força ou do conjugado de mútua indutância quando a excitação é CA. Basta apenas colocar os valores eficazes das correntes e acrescentar $\cos\varphi$ na expressão (4.77).

Pela expressão (4.88) verifica-se que o conjugado médio que desloca o ponteiro, é proporcional à potência ativa média ($V \cdot I_1 \cos\varphi$) passante da fonte para a carga, justificando a utilização desse transdutor como wattômetro.

d) É fácil demonstrar (procure fazê-lo) que a indutância série, de duas bobinas com mútua, em posição concordante ($+M_{max}$), é dada por

$$L' = L_1 + L_2 + 2M_{max},$$

e, em posição discordante, por

$$L'' = L_1 + L_2 - 2M_{max}.$$

Assim sendo, subtraindo-se membro a membro e substituindo-se pelos valores numéricos de L' e L'', teremos

$$L' - L'' = 0{,}2 - 0{,}1 = 4M_{max}.$$

Portanto,

$$M_{max} = 0{,}025\,H.$$

Com correntes $I_1 = I_2 = 50\,mA$, consideradas em fase ($\varphi = 0$) e com ângulo $\delta = 90°$ entre bobinas, teremos, aplicando a expressão (4.81) para valores eficazes

$$C_{médio}(\delta = \pi/2) = (0{,}05)^2 \times 0{,}025 = 6{,}25 \times 10^{-5}\,N \times m.$$

4.13.2 CONJUGADO DE MÚTUA E DE RELUTÂNCIA CONCOMITANTES

Examinemos as Figs. 4.20(a) e (b). Na verdade não passam de modificações da Fig. 4.16(b), onde o enrolamento do rotor, em vez de estar distribuído na superfície de um cilindro, está concentrado num núcleo ferromagnético com duas saliências, ou expansões, chamados sapatas polares. Esse rotor chama-se, na prática, *rotor de pólos salientes*. Nota-se facilmente que, com o enrolamento do rotor desexcitado, a indutância do enrolamento estatórico varia com a posição do rotor. Por outro lado, se desprezarmos o efeito dos dentes do estator, a bobina do rotor não varia sua indutância com o movimento, pois, quando excitada, o circuito magnético de seu fluxo não encontra direções preferenciais de relutância; logo, $dL_2(\delta)/d\delta = 0$. A mútua indutância entre elas varia com o ângulo δ, como no caso do parágrafo anterior. Logo, a segunda das expressões de (4.61) fica apenas

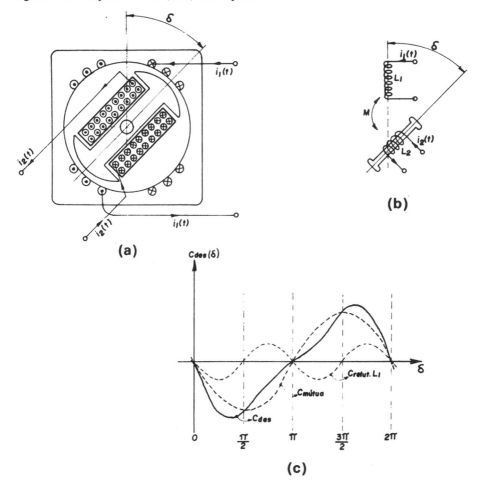

Figura 4.20 Dispositivo com ocorrência simultânea de conjugado de relutância e de mútua; (b) representação simbólica; (c) andamento do conjugado desenvolvido total, com o ângulo δ

$$C_{des}(\delta,t) = \frac{1}{2} i_1^2(t) \frac{dL_1(\delta)}{d\delta} + i_1(t) i_2(t) \frac{dM(\delta)}{d\delta}. \qquad (4.89)$$

Se aplicarmos correntes contínuas e constantes nos dois enrolamentos, teremos

$$C_{des}(\delta) = \frac{1}{2} I_1^2 \frac{dL_1(\delta)}{d\delta} + \frac{I_1 I_2 \, dM(\delta)}{d\delta}, \qquad (4.90)$$

$$C_{des}(\delta) = C_{relut\ L_1}(\delta) + C_{mútua}(\delta).$$

Supondo variações senoidais de $L_1(\delta)$ e $M(\delta)$, como nos casos anteriores, teremos, de acordo com (4.76) e (4.81),

$$C_{des}(\delta) = -\frac{1}{2} I_1^2 \Delta L_1 \operatorname{sen} 2\delta - I_1 I_2 M_{max} \operatorname{sen} \delta. \qquad (4.91)$$

A representação gráfica será a da Fig. 4.20(c), que, dada a hipótese de linearidade, nada mais é que a superposição das Figs. 4.14(b) e 4.18. O valor máximo do conjugado desenvolvido manifesta-se num ângulo δ menor que $\pi/2$ e é mais intenso que o caso dos dispositivos onde existe exclusivamente conjugado de mútua indutância. Nas máquinas síncronas de pólos salientes a contribuição do conjugado de relutância pode chegar a 20 ou 30% do conjugado de mútua.

Poderíamos também construir o estator com *pólos salientes* em vez de *pólos lisos*, de tal modo que tivéssemos variação de relutância, tanto para o fluxo produzido isoladamente pelo enrolamento do rotor, como para o produzido isoladamente pelo estator. Teríamos então L_1 e L_2, funções de δ e, conseqüentemente, existirá $C_{relut\ L_1}$ e $C_{relut\ L_2}$. Sugerimos ao leitor desenhar e interpretar esse caso.

4.14 PRINCÍPIO DE FUNCIONAMENTO DAS PRINCIPAIS MÁQUINAS ELÉTRICAS ROTATIVAS DE DUPLA EXCITAÇÃO

4.14.1 MÁQUINAS SÍNCRONAS OU SINCRÔNICAS

Pertence à categoria das máquinas de campo rotativo. Podem ser tanto de pólos salientes como de pólos lisos. Vejamos inicialmente o funcionamento como motor síncrono.

Tomemos inicialmente o dispositivo da Fig. 4.20(a) e excitemos ambos os enrolamentos com correntes I_1 e I_2 contínuas, constantes. Suponhamos que o rotor esteja completamente livre e alinhado com o eixo do enrolamento estatórico. Se impusermos um movimento de rotação, em sentido anti-horário, à parte externa (anteriormente estática), o rotor irá acompanhá-la nesse movimento. Se aplicarmos externamente um conjugado contrário ao movimento do rotor este se deslocará de um ângulo δ [como o da Fig. 4.20(b)] suficiente para que o conjugado desenvolvido seja igual ao conjugado resistente. Esse princípio é utilizado em certos acoplamentos eletromecânicos. É um acoplamento entre eixos sem contato mecânico entre eles e cujo conjugado máximo desenvolvido pode ser controlado pelas correntes de excitação [veja (4.91)]. É claro que, se o conjugado resistente for tal que a posição relativa estator-rotor ultrapasse o ângulo δ de máximo conjugado, o rotor deslizará continuamente em relação ao estator e o conjugado desenvolvido médio será nulo. É fácil de verificar que se o ângulo δ variasse ciclicamente no tempo, devido a um deslizamento relativo entre estator e rotor, teríamos o ângulo $\delta(t)$ e, conseqüentemente,

Relações de energia — aplicações ao cálculo de forças e conjugados dos conversores eletromecânicos

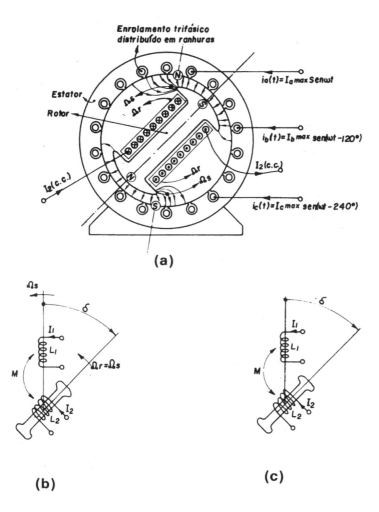

Figura 4.21 (a) Corte transversal esquemático de uma máquina síncrona polifásica de dois pólos, mostrando o campo rotativo *N S* produzido pelo enrolamento trifásico; (b) e (c) representações simbólicas

$$C_{médio} = \frac{1}{T} \int_0^T K_L \operatorname{sen} 2\delta(t) + K_M \operatorname{sen} \delta(t) dt = 0. \tag{4.92}$$

Mas, para transformar o dispositivo da Fig. 4.20(a) em um motor síncrono duplamente excitado, lança-se mão da seguinte modificação: no rotor conserva-se a excitação com corrente contínua, porém, no estator que deve permanecer estacionário, constrói-se um enrolamento polifásico [Fig. 4.21(a)], normalmente trifásico, que, quando excitado por um sistema de correntes polifásicas, simétrico e equilibrado, tem a propriedade de criar uma distribuição quase senoidal de f.m.m. com amplitude constante, distribuição essa que se desloca continuamente com velocidade angular constante Ω_s. Essa velocidade depende da freqüência das correntes alternativas de excitação. No caso particular de máquina de dois pólos, essa velocidade angular é $\Omega_s = 2\pi f$, onde f é a freqüência das correntes. Esses enrolamentos particulares que apresentam essa propriedade serão estudados mais adiante nos capítulos específicos das máquinas síncronas e assíncronas. Por ora vamos apenas admitir sua existência. Poderíamos chamá-los de *pseudo-rotativos*, pois, embora eles sejam estacionários no espaço, produzem campo magnético rotativo.

Suponhamos que o rotor tenha sido acelerado até a velocidade de sincronismo Ω_s, isto é, suponhamos que $\Omega_r = \Omega_s$. A seqüência de pólos magnéticos rotativos N-S desse campo girante do estator tende a se alinhar não somente com o núcleo ferromagnético do rotor (conjugado de relutância), como também com o campo magnético que seria produzido, isoladamente, pelo enrolamento do rotor, ou, em outras palavras, tende a se alinhar também com a linha central do enrolamento rotórico (conjugado de dupla excitação). Esse conjugado resultante tende a arrastar o rotor, continuamente, na direção do campo rotativo, com um atraso de um ângulo δ que depende do conjugado resistente a ser vencido no eixo. Fica claro que aqui também o conjugado desenvolvido médio será nulo para qualquer $\Omega_r \neq \Omega_s$.

Esses enrolamentos estatóricos, excitados com C.A. polifásica, podem então ser simulados por uma bobina, à qual se impusesse um movimento de rotação com a mesma velocidade Ω_s que se manifesta no campo rotativo, e que fosse excitada com uma corrente contínua de valor apropriado para produzir a mesma amplitude de f.m.m. do campo rotativo [veja a Fig. 4.21(b)].

Com o rotor acompanhando essa bobina (atrasado de um ângulo δ) com a mesma velocidade angular Ω_s, a velocidade relativa é nula e, então, a representação pode ser feita estacionária como a da Fig. 4.21(c), idêntica à da Fig. 4.20(b). L_1 e M seriam as indutâncias própria e mútua desse enrolamento equivalente. E o conjugado pode ser ainda interpretado pela expressão (4.90). Essa é uma simulação do motor síncrono.

Vejamos o funcionamento como gerador síncrono (alternador) polifásico. Suponhamos que o enrolamento seja trifásico, com as suas três fases ligadas em Δ ou $\curlyvee$, porém com os terminais da linha em aberto. O enrolamento rotórico está excitado com corrente contínua constante I_2. Acionando-se o rotor com velocidade Ω_r, a configuração espacial N-S de f.m.m. (e, conseqüentemente, de fluxo) produzida pelo enrolamento rotórico induzirá f.e.m. nas bobinas das três fases estatóricas. Devido à construção adequada do enrolamento trifásico essas três f.e.m. serão praticamente senoidais e defasadas de 120° entre si. Portanto não haverá circulação de corrente nesse enrolamento mesmo ligado em Δ. Se, porém, conectarmos uma resistência de carga nos terminais da linha aparecerão as correntes trifásicas $i_1(t)$, $i_2(t)$ e $i_3(t)$ defasadas entre si de 120°.

A circulação dessas correntes nas três fases do enrolamento estatórico produzirá um campo rotativo, como já exposto no funcionamento do motor síncrono. Aqui surge a seguinte questão: a que velocidade girará esse campo? Ora, as três f.e.m. do estator foram induzidas pelo movimento do rotor que apresenta velocidade $\Omega_r = 2\pi n_r$. Logo, cada volta de um rotor de dois pólos induzirá um ciclo de f.e.m. em cada fase e, conseqüentemente, a freqüência (f_s) dessas f.e.m., (e das correntes) será igual à freqüência de rotação do rotor ($f_s = n_r$). Então a velocidade angular do campo rotativo por elas produzido será

$$\Omega_s = 2\pi f_s = 2\pi n_r.$$

Temos mais uma vez velocidade relativa nula entre o campo rotativo e o rotor propriamente dito, manifestando-se um conjugado desenvolvido, constante, desde que os valores eficazes das correntes estatóricas permaneçam constantes. A diferença, relativamente ao caso do motor síncrono, é que, como gerador, o conjugado desenvolvido é resistente, ao contrário do motor, e o conjugado externo aplicado ao eixo deve ser motor em vez de resistente. O resultado é que o ângulo entre as linhas centrais do campo girante e do rotor agora é em avanço, isto é, o rotor caminhará à frente, sendo continuamente acompanhado e atraído pelo campo rotativo [examine e compare essa situação com a das Figs. 4.21(a), (b) e (c)]. O fluxo de potência se inverte, entrando energia mecânica e saindo energia elétrica (veja Fig. 4.2).

4.14.2 MÁQUINAS ASSÍNCRONAS OU ASSINCRÔNICAS

Pertencem também à categoria das máquinas rotativas de campo rotativo. Se a síncrona apresenta conjugado apenas na velocidade síncrona do rotor, a máquina assíncrona apresenta conjugado em todas as velocidades, exceto na velocidade síncrona. É o que veremos a seguir.

Construtivamente a diferença fundamental, relativamente à máquina síncrona, é que ela apresenta enrolamentos polifásicos tanto no estator como no rotor, portanto é sempre de estator e rotor "lisos".

Tomemos o caso da Fig. 4.22(a) com dois enrolamentos trifásicos ligados em Δ ou ⅄, idênticos àqueles utilizados no estator da máquina síncrona. O acesso aos terminais do rotor é feito por meio de três contatos deslizantes (anéis e escovas). Suponhamos que o rotor seja mantido imobilizado por meio de uma trava mecânica. Se injetarmos correntes trifásicas senoidais, simétricas e equilibradas — $i_{a1}(t)$, $i_{b1}(t)$ e $i_{c1}(t)$, no estator, e $i_{a2}(t)$, $i_{b2}(t)$ e $i_{c2}(t)$, no rotor — com a mesma freqüência ($f_r = f_s$) e com a mesma seqüência de fases, teremos dois campos rotativos, um sobre o estator e outro sobre o rotor. Ambos terão a mesma velocidade angular, que no caso de dois pólos é $\Omega_s = 2\pi f$, a velocidade relativa será nula, e guardarão entre si um ângulo δ. É a condição para existir um conjugado desenvolvido que tende a arrastar o rotor quando libertado da trava.

Suponhamos agora que a freqüência das correntes injetadas no rotor seja, por exemplo, 1/3 da freqüência do estator ($f_r = 1/3 f_s$). O campo rotativo produzido pelo enrolamento rotórico girará, em relação ao rotor, com velocidade angular de 1/3 da velocidade do campo rotativo produzido pelo enrolamento estatórico ($\Omega_{cr} = 1/3 \Omega_s$). Se a freqüência das correntes estatóricas ainda for f_s, e o rotor ainda estiver travado, a velocidade relativa entre os campos não será nula e, conseqüentemente, o conjugado médio será nulo. Mas existe pelo menos uma velocidade (Ω_r) do rotor, no mesmo sentido do campo rotativo estatórico, onde as velocidades dos dois campos rotativos se igualam. Essa velocidade é $\Omega_r = 2/3 \Omega_s$, que somada à do campo rotórico (Ω_{cr}) resulta em Ω_s. Se designarmos a velocidade angular do campo rotórico, relativamente ao estator, por Ω_{crs}, teremos

$$\Omega_{crs} = \Omega_r + \Omega_{cr} = 2/3 \Omega_s + 1/3 \Omega_s = \Omega_s.$$

O resultado é, então, velocidade relativa nula entre os dois campos girantes, com conjugado médio não-nulo e, mais uma vez, tudo pode ser interpretado como duas bobinas girando na mesma velocidade, com indutância mútua adequada entre elas e excitadas com correntes contínuas constantes [Fig. 4.22(b)]. Conseqüentemente, a expressão 4.78 e o modelo estacionário da Fig. 4.22(c) ainda são representativos. Como o rotor e o estator são "lisos" não há conjugado de relutância. Com raciocínio análogo para qualquer outra velocidade do rotor (mesmo para velocidades Ω_r negativas, isto é contrárias à do campo estatórico Ω_s), verificar-se-á que, para cada uma delas, existe

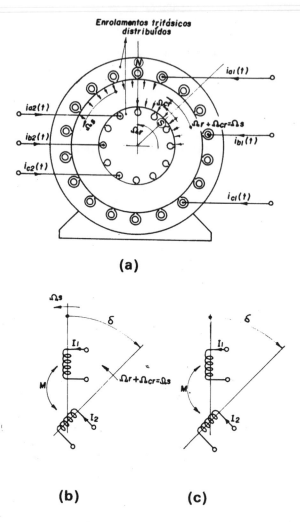

Figura 4.22 (a) Corte transversal esquemático de uma máquina assíncrona polifásica de dois pólos; (b) e (c) representações simbólicas

uma freqüência de corrente rotórica bem determinada e exatamente a necessária para produzir conjugado de dupla excitação com valor médio não-nulo. Em particular se o rotor estiver em sincronismo ($\Omega_r = \Omega_s$) só existirá conjugado desenvolvido para freqüência de corrente rotórica nula ou seja, excitação com corrente contínua. Esse tipo de funcionamento é denominado de *máquina assíncrona-sincronizada* (28).

Na prática, é muito comum construir-se a máquina assíncrona como se descreveu anteriormente, isto é, com *rotor bobinado*, mas que quase sempre funciona com o enrolamento rotórico curto-circuitado. Porém a forma construtiva mais freqüente nos motores assíncronos é a de um rotor permanentemente em curto-circuito, chamado de *rotor em gaiola de esquilo*. Nesse tipo as ranhuras do rotor são preenchidas com barras de material condutor elétrico (mais comumente cobre e alumínio), curto-circuitadas por meio de dois anéis condutores [Fig. 4.23(a)]. Embora a construção em gaiola apresente a desvantagem de menor versatilidade — principalmente pela impossibilidade de acesso externo aos terminais do rotor, durante o processo de partida — ela tem a vantagem da simplicidade e da robustez mecânica. A máquina ainda permanece do tipo de dupla excitação, onde o circuito rotórico é excitado por indução pelo enrolamento estatórico. Daí o fato de o nome técnico desse tipo de máquina assíncrona ser *máquina de indução* e, em particular, *motor de indução de curto-circuito* ou *em gaiola*.

Imaginemos um desses rotores em gaiola, travado e colocado num estator alimentado por fonte de tensão com freqüência f_s. O campo girante estatórico girará com velocidade Ω_s, tanto em relação ao estator como em relação ao rotor. Ele induzirá f.e.m. de freqüência f_s no estator, para se opor à tensão de linha aplicada ao enrolamento estatórico. Mas induzirá também f.e.m. de mesma freqüência nas barras do rotor ($f_r = f_s$). Como as barras têm circuito fechado, circularão correntes. Será melhor entendido no estudo particular das máquinas assíncronas, que essas correntes induzidas serão polifásicas, de mesma seqüência de fases do estator, e que o barramento rotórico se comporta como um enrolamento polifásico, cuja quantidade de fases depende da quantidade de barras por pólo. É lógico, então, que se estabeleça um campo girante rotórico com velocidade $\Omega_{cr} = \Omega_s$ e caímos no caso já descrito com conjugado médio não-nulo.

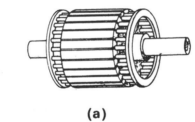

(a)

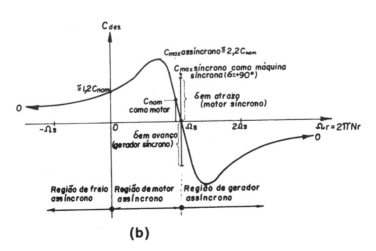

(b)

Figura 4.23 (a) Aspecto do rotor de máquina assíncrona em gaiola. (b) Curva $C = f(\Omega r)$ para máquina assíncrona, mostrando inclusive a possibilidade de funcionamento como síncrona na hipótese de injeção CC no rotor

Se o rotor for conservado eletricamente curto-circuitado, mas estiver girando, por exemplo, a 2/3 de Ω_s, a velocidade relativa entre o campo girante estatórico e as barras do rotor será $1/3\,\Omega_s$. A freqüência das f.e.m. induzidas no estator continuará f_s, mas nas barras do rotor passará a ser $1/3\,f_s$. A conseqüente circulação de correntes rotóricas com $f_r = 1/3\,f_s$, dará origem a um campo rotativo rotórico com velocidade $\Omega_{cr} = 1/3\,\Omega_s$, que superposta à velocidade do rotor ($\Omega_r = 2/3\,\Omega_s$) resultará em velocidade relativa nula e conseqüente $C_{des} \neq 0$.

Se o leitor fizer raciocínio análogo, encontrará $C_{des} \neq 0$ em todas as velocidades Ω_r, exceto em $\Omega_r = \Omega_s$. Isso se prende ao fato de o enrolamento rotórico ser excitado por indução do estator. Se o rotor chegasse ao sincronismo não haveria mais velocidade relativa entre o campo indutor estatórico e as barras induzidas do rotor e, conseqüentemente, não haveria corrente rotórica e nem conjugado. Só haveria conjugado em sincronismo se fosse possível injetar corrente contínua no rotor.

A máquina assíncrona de indução, por seus próprios meios, não consegue atingir o sincronismo e, usualmente, os motores assíncronos funcionam em carga nominal com uma velocidade Ω_r da ordem de 1 a 5% menor que Ω_s, conforme o tamanho e a aplicação específica. O conjugado das máquinas assíncronas de indução, mesmo alimentadas sob tensão constante, não apresenta o mesmo valor em toda a faixa de velocidades do rotor. Embora existam diferentes formas da curva de conjugado em função da velocidade Ω_r, a mais comum nas máquinas assíncronas em gaiola é a apresentada na Fig. 4.23(b), e que será melhor focalizada nos capítulos posteriores. Nessa figura, na região correspondente ao funcionamento como motor, a máquina apresenta conjugado desenvolvido positivo, girando o rotor com velocidade positiva e vencendo um conjugado mecânico resistente externo. Na região de freio assíncrono, a máquina apresenta conjugado desenvolvido positivo (agora, conjugado resistente), mas com velocidade negativa imposta pelo conjugado externo, que passou a conjugado motor mas conservou o sentido anterior. Tanto a energia elétrica como a mecânica entram na máquina e são por ela dissipadas (veja Fig. 4.2).

Para o funcionamento como gerador o conjugado externo deve ser motor, mas deve atuar no sentido da velocidade positiva. O conjugado desenvolvido será negativo e resistente. O ângulo δ entre os campos será em avanço, isto é, com o campo rotórico à frente do estatórico, com potência mecânica entrando pelo eixo e potência elétrica sendo fornecida à linha.

4.14.3 MÁQUINAS DE CORRENTE CONTÍNUA COM COMUTADOR

Embora possam existir máquinas de corrente contínua sem comutador (25) (26), chamadas homopolares, estas se restringem praticamente a uma pequena minoria mais dirigida à técnica de sinal ou de informação, ou à técnica de altas correntes.

As máquinas de corrente contínua com comutador é que apresentam grande interesse prático, tanto em pequenas potências com a finalidade de controle ou sinal, a exemplo dos tacômetros de tensão contínua, já por nós focalizado no capítulo anterior, como nos grandes conversores do tipo de potência. Devemos lembrar, antes de prosseguir, que existem também máquinas de comutador alimentadas com corrente alternativa (por exemplo, motores universais, motores trifásicos de velocidade variável, tipo derivação e tipo série) mas que não serão focalizados por ora e muitas delas escapam, logicamente, a um curso de Conversão Eletromecânica de Energia, por serem temas específicos das disciplinas de máquinas elétricas. Vamos tratar do tipo básico, e mais importante na prática, que é a das máquinas de corrente contínua, com comutador, pertencentes à categoria de máquinas rotativas de campo estacionário.

Tomemos a Fig. 4.24(a). O estator ou parte imóvel, construída em material ferromagnético serve tanto de estrutura mecânica como de caminho de baixa relutância ao fluxo (ϕ_1) produzida pela f.m.m. das bobinas de excitação que são alimentadas com corrente contínua I_1. Estabelece-se, portanto, no entreferro uma distribuição de induções, fixa no espaço, cuja linha central coincide com a linha central dos pólos e está representada na figura pela direção e sentido $\mathscr{F}_1$. No rotor, ou armadura, existe um enrolamento distribuído em ranhuras, onde cada bobina parcial tem seus terminais ligados à lâminas de cobre, dispostas em forma de cilindro e isoladas uma das outras, constituindo o comutador. No parágrafo 3.8.2 e no Exemplo 3.8 já analisamos o funcionamento de comutador elementar de duas lâminas, e no capítulo referente às máquinas de corrente contínua analisaremos um comutador real de muitas lâminas. Lá também veremos que esse enrolamento com comutador, quando lhe é injetado corrente contínua de intensidade constante, através de escovas fixas à carcaça, apresenta a interessante propriedade de produzir uma f.m.m. de amplitude constante e estacionária no espaço, mesmo com o rotor girando. Por isso ele pode ser chamado de enrolamento pseudo-estacionário. É como se fosse uma bobina estacionária no espaço, alimentada com uma corrente contínua constante.

Além disso, esse campo produzido pela corrente de armadura, quando agindo isoladamente, tem uma direção perpendicular a $\mathscr{F}_1$ — a sua linha central está identificada com $\mathscr{F}_2$ na Fig. 4.24(a) — desde que as escovas estejam colocadas na posição correta.

Essa condição de campos cruzados é a ideal para produção de conjugado de dupla excitação, pois corresponde a mútua indutância nula entre enrolamentos de estator e rotor, mas máxima taxa de variação potencial da mútua $(dM(\delta)/d\delta)$.

É fácil notar que, se desprezarmos os efeitos das ranhuras, não haverá variação da indutância própria das bobinas 1 com a variação angular do rotor, pois não haverá alteração na relutância magnética vista pelo fluxo por elas produzido: logo, $dL_1(\delta)/d\delta = 0$.

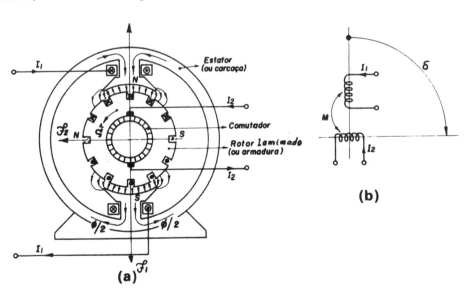

Figura 4.24 (a) Corte transversal esquemático de uma máquina elementar de C.C. de comutador com dois pólos; (b) representação simbólica

Por sua vez, como o enrolamento de armadura comporta-se como uma bobina estacionária mesmo com o rotor girando, também não haverá variação de L_2 com a posição do rotor e, conseqüentemente, $dL_2(\delta)/d\delta = 0$. Portanto a expressão (4.78) pode interpretar o conjugado desenvolvido pela máquina de corrente contínua de comutador, bem como é válido o modelo estacionário da Fig. 4.24(b).

Quando o eixo da armadura é forçada a girar contrariamente ao conjugado desenvolvido pela máquina de C.C. a mesma é um gerador de C.C. (dínamo) e absorve energia mecânica. Quando o conjugado desenvolvido imprime uma velocidade Ω_r no eixo, vencendo um conjugado resistente externamente aplicado, ela é um motor.

4.15 FORÇA E CONJUGADO MECÂNICO NOS CONVERSORES DE CAMPO ELÉTRICO

Examinamos no capítulo anterior o microfone de capacitância, que é um transdutor de acoplamento elétrico. Eles são restritos a conversores de sinal. Se o aluno tomar o modelo da Fig. 4.25 que consta de um capacitor ideal de capacitância C (elemento reativo) em paralelo com um resistor ideal (elemento dissipativo) representado pela sua condutância G, e, apenas como treinamento, seguir todo o processo da Seç. 4.5, terá a energia mecânica em função da capacitância.

Basta apenas lembrar que na aplicação da expressão (4.23) é o termo ΔE_{mag} que deve ser desprezado, por estarmos supondo não haver campo magnético de intensidade apreciável. Como se trata de um dispositivo simplesmente excitado a corrente será única. A energia armazenada no campo é dada pela expressão (4.7), onde a capacitância é função da posição x. A corrente é dada por

$$i = Gv + \frac{d(C \cdot v)}{dt}.$$

Finalmente, pelo processo da Seç. 4.6, chegamos à força de atração entre as placas, que é a *expressão dual* da força de relutância, instantânea, dada pela expressão (4.41), desde que particularizada para sistema simplesmente excitado. A força desenvolvida, na posição x, e no instante t, é no sentido de levar à capacitância máxima, e é dada por

$$F_{des}(x, t) = \frac{1}{2} v^2(t) \frac{dC(x)}{dx}. \qquad (4.93)$$

Para o movimento de rotação existe uma expressão análoga na forma.

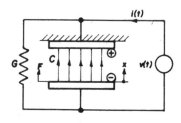

Figura 4.25 Circuito equivalente de um capacitor real

Relações de energia — aplicações ao cálculo de forças e conjugados dos conversores eletromecânicos

Podem ser escritas outras expressões em função de grandezas do campo elétrico, a exemplo do que foi feito para o caso de conversores de campo magnético.

Exemplo 4.5. Consideramos este exemplo interessante, por evidenciar as dificuldades práticas do motor de capacitância (ou *motor eletrostático*). Esse motor é o *dual* do motor síncrono monofásico do tipo de relutância. Todas as afirmações e conclusões da Seç. 4.11, sobre aquele tipo de motor, serão confirmadas quantitativamente neste caso, bastando trocar indutância por capacitância e tensão por corrente. Verificaremos a) a velocidade síncrona, como sendo a única onde o conjugado médio não é nulo, b) as expressões para o conjugado em função do tempo e c) o conjugado desenvolvido médio em função do ângulo de fase $\Delta\delta$ entre a linha central do estator e a posição da linha central do rotor, quando a senóide da excitação elétrica passa pelo máximo no tempo.

A Fig. 4.26 representa, esquematicamente, um motor de capacitância constituído de várias placas fixas e móveis com capacitância entre elas.

a) Vamos procurar a expressão do máximo conjugado médio possível para uma tensão aplicada senoidal.

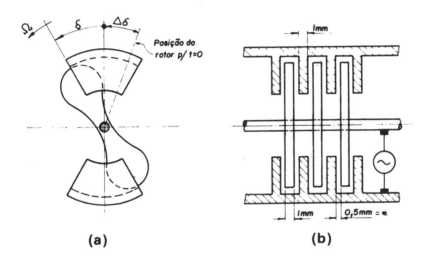

(a)   (b)

Figura 4.26 (a) Corte transversal esquemático do motor de capacitância, (b) corte longitudinal

b) Supondo que a máquina desenvolva no eixo uma potência de 0,746 kW; a freqüência de alimentação seja 60 Hz e a área total de cada face da placa seja 400 cm², vamos determinar o mínimo comprimento axial desse motor, construído para funcionar no ar e no vácuo [na ref. (5) pode ser visto o caso dual (relutância)].

Vamos admitir que a máxima intensidade do campo elétrico permissível seja 10 kV/cm no ar, e 1 000 kV/cm no vácuo e supor que por questões construtivas a espessura mínima das placas fixas e móveis seja 1 mm e a do dielétrico (entreferro) seja 0,5 mm.

Solução

a) Representaremos o conjugado por T (*torque*) para não confundir com capacidade, representada por C.

$$T = \frac{1}{2} v^2 \frac{dC}{d\delta}, \tag{4.94}$$

$$v(t) = V_{max} \cos \omega t.$$

Pela origem do tempo da Fig. 4.26, temos

$$\delta = \Omega t - \Delta\delta,$$

onde Ω é a velocidade angular das placas móveis (rotor).

As placas têm uma forma que produz variação senoidal da capacitância com o ângulo δ, sendo C_{max} a capacitância máxima ($\delta = 0$) e C_{min} a capacitância mínima ($\delta = 90$),

$$\frac{C_{max} + C_{min}}{2} + \frac{C_{max} - C_{min}}{2} \cos 2\delta. \tag{4.95}$$

Essa expressão é análoga à (4.75).

$$\frac{dC}{d\delta} = -(C_{max} - C_{min}) \operatorname{sen} 2\delta = -(C_{max} - C_{min}) \operatorname{sen}(2\Omega t - 2\Delta\delta), \tag{4.96}$$

$$v^2(t) = V_{max}^2 \cos^2 \omega t = \frac{1}{2} V_{max}^2 (1 + \cos 2\omega t). \tag{4.97}$$

Substituindo em (4.96) e (4.97) em (4.94), obtemos

$$T = -\frac{1}{4} V_{max}^2 (C_{max} - C_{min}) [\operatorname{sen}(2\Omega t - 2\Delta\delta) + \operatorname{sen}(2\Omega t - 2\Delta\delta) \cos 2\omega t].$$

Sendo,

$$\operatorname{sen} a \cos b = \frac{1}{2} \operatorname{sen}(a + b) + \frac{1}{2} \operatorname{sen}(a - b),$$

teremos

$$T = -\frac{1}{4} V_{max}^2 (C_{max} - C_{min}) \{\operatorname{sen}(2\Omega t - 2\Delta\delta) + \frac{1}{2} \operatorname{sen}[2(\Omega + \omega)t - 2\Delta\delta] +$$

$$+ \frac{1}{2} \operatorname{sen}[2(\Omega - \omega)t - 2\Delta\delta]\}.$$

Por aí se vê que, se $\omega \neq \Omega$, teremos conjugado médio nulo num período, pois todos os termos são funções senoidais do tempo.

Porém, para a freqüência angular da corrente de linha igual à velocidade angular do rotor, teremos

$$T = -\frac{1}{4} V_{max}^2 (C_{max} - C_{min}) [\operatorname{sen}(2\omega t - 2\Delta\delta) + \frac{1}{2} \operatorname{sen}(4\omega t - 2\Delta\delta) + \frac{1}{2} \operatorname{sen}(-2\Delta\delta). \tag{4.98}$$

A representação gráfica está na Fig. 4.27.

Aplicando a definição do valor médio, conclui-se facilmente que sobra somente o último termo do segundo membro. E, como $\operatorname{sen}(-a) = -\operatorname{sen} a$, vem

$$T_{med}(\Delta\delta) = \frac{1}{8} V_{max}^2 (C_{max} - C_{min}) \operatorname{sen} 2\Delta\delta = \frac{1}{4} V^2 (C_{max} - C_{min}) \operatorname{sen} 2\Delta\delta, \tag{4.99}$$

Relações de energia — aplicações ao cálculo de forças e conjugados dos conversores eletromecânicos

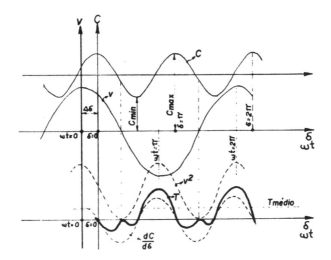

Figura 4.27 Tensão, capacitância e conjugado do motor de capacitância

onde V é o valor eficaz.

Daí conclui-se que esse motor é síncrono, pois somente apresenta conjugado médio não-nulo quando gira sincronizado com a freqüência da tensão de alimentação.

Se a capacitância C_{min} for pequena de modo que possamos fazer $C_{min} = 0$, teremos

$$T_{med}(\Delta\delta) = \frac{1}{8} V^2_{max} C_{max} \operatorname{sen} 2\Delta\delta = \frac{1}{4} V^2 C_{max} \operatorname{sen} 2\Delta\delta. \qquad (4.100)$$

Para o rotor girando atrasado 45°, isto é, se quando a tensão passar pelo valor máximo, o rotor estiver com $\Delta\delta = 45°$, teremos o máximo valor médio possível, pois assim, sen $2\Delta\delta = 1$, o que confirma o exposto na Seç. 4.11.

$$T_{médio\ max} = \frac{1}{8} V^2_{max} C_{max} = \frac{1}{4} V^2 C_{max}, \qquad (4.101)$$

onde V é o valor eficaz de $v(t)$.

b) Assumindo a condição ótima $\Delta\delta = 45°$ e $C_{min} = 0$.

No caso do ar:

A tensão entre placas para o caso do ar, deve ter um valor máximo dado por

$$V_{max} \leq 0,05 \times 10\,000\ \text{V/cm} = 500\ \text{V}; \text{ ou } V \leq \frac{500}{V_2} = 353\ \text{V}.$$

Sendo $\Omega = \omega = 2\pi 60$ rad/s, teremos $n = 60$ rps ou 3 600 rpm.

Essa velocidade angular $\Omega = \omega$ é a velocidade síncrona Ω_s para máquina de dois pólos.

$$T = \frac{P}{\Omega} = \frac{746}{2\pi\,60} = 1,98\ \text{N m}$$

utilizando a expressão (4.101),

$$C_{max} \geq \frac{1,98 \times 8}{(3,53\sqrt{2})^2} = 6,35 \times 10^{-5}\ \text{F}.$$

Sendo $C = \varepsilon S/e$; $\varepsilon = 8{,}85 \times 10^{-12}$ F/m para o ar, vem

$$S \geq \frac{6{,}35 \times 10^{-5} \times 0{,}5 \times 10^{-3}}{8{,}85 \times 10^{-12}} = 3\,588 \text{m}^2,$$

$$S_{placa} = 2 \times 400 = 800 \text{ cm}^2 = 8 \times 10^{-2} \text{ m}^2.$$

$$\text{Quantidade de placas} \geq \frac{3\,588}{8 \times 10^{-2}} = 44\,845!$$

Comprimento axial, $44\,845(0{,}5 + 1 + 0{,}5 + 1)10^{-3} = 135$ m.

As quantidades acima, mostram a impraticabilidade desse tipo de motor. No caso do vácuo:

$$V_{max} \leq 0{,}05 \times 10^6 \, V/\text{cm} = 50\,000 \text{ V}; \text{ ou } V \leq \frac{50 \text{ kV}}{\sqrt{2}} = 35{,}3 \text{ kV}.$$

Relacionando com a solução anterior chegamos a

$$\text{Quantidade de placas} \leq 44\,845 \left(\frac{353}{35\,300}\right)^2 = 4{,}5.$$

Adotando cinco placas, obtemos o comprimento de 5×3 mm $= 15$ mm.

Resultou um volume pequeno, porém uma tensão exagerada para máquina rotativa tão pequena, além dos problemas de manutenção do vácuo.

4.16 SUGESTÕES E QUESTÕES PARA LABORATÓRIO

Neste capítulo podem ser realizadas várias experiências demonstrativas, mas certamente muitas delas já foram objetos de disciplinas básicas anteriores. Vamos, portanto, nos deter nos dispositivos conversores eletromecânicos mais correntes e de maior interesse na prática. Vamos verificar um de translação e um de rotação.

4.16.1 ELETROÍMÃ SIMPLES

Num eletroímã que possa ser excitado tanto com C.C. como com C.A., podem ser feitas várias demonstrações qualitativas e quantitativas. Convém que o eletroímã seja operado com correntes de excitação que produzem baixas densidades de fluxo no material ferromagnético, para que se possa considerar toda f.m.m. aplicada ao entreferro.

a) Inicialmente, com C.C. num valor de corrente de excitação compatível com o eletroímã em questão, pode-se verificar que essa corrente (que em regime permanente é limitada somente pela resistência ôhmica do enrolamento) não depende da espessura do entreferro, mas o fluxo (devido à variação da relutância) sim, e, conseqüentemente, a força de atração será função do entreferro [expressão (4.56)]. Se tomarmos a montagem da Fig. 4.28, e mantivermos a corrente de excitação e formos variando o entreferro com as próprias mãos, teremos feito uma verificação qualitativa desse fato.

b) Se aplicarmos C.A. num valor compatível, podemos verificar que para pequenas variações de entreferro o valor médio da força de atração mantém-se aproximadamente constante porque o valor máximo e o eficaz do fluxo se mantêm (para grandes variações o espraiamento de fluxo é de tal ordem que altera e invalida a demonstração). O fato da amplitude do fluxo em C.A. (senoidal) independer da relutância, está ligado ao fato de a impedância normalmente encontrada nos eletroímãs ser praticamente igual à reatância do enrolamento nas freqüências industriais usuais. Assim sendo, é fácil de demonstrar que um aumento de entreferro implicará uma diminuição de indutância e, conseqüentemente, uma elevação da corrente de excitação, dada a constância do valor eficaz da tensão aplicada ao enrolamento. O aumento da corrente (e da f.m.m.) faz conservar a amplitude do fluxo que é também senoidal no tempo. Note que para produzir mesmos valores de corrente em C.A. é necessário valores bem mais alto da tensão do que em C.C. Por quê?

c) Aplique-se novamente C.C. num valor que não provoque saturação do material de núcleo. Mantém-se a armadura fechada e toma-se um sinal da corrente de excitação através de um osciloscópio, ou, mais grosseiramente, através do ponteiro de um amperômetro de baixa inércia. Abrindo-se bruscamente ou lentamente o entreferro, pode-se observar o comportamento daquela corrente.

Procure antes, rever a metade final do Exemplo 4.2, onde estão expostas as bases dessa demonstração qualitativa. Sendo o enrolamento do eletroímã, um circuito indutivo, ao se abrir rapidamente a armadura, o fluxo tende inicialmente a se manter. Para isso a corrente de excitação deve sofrer uma brusca variação, necessária à manutenção do fluxo, a despeito da maior relutância do circuito magnético. Sabendo-se que o circuito tem perdas (resistência) a corrente sofrerá apenas uma variação transitória observável no ponteiro do amperômetro. Antes de observar procure determinar como será o comportamento dessa variação transitória da corrente. Será um surto de acréscimo ou decréscimo? Após o transitório a corrente voltará novamente ao valor inicial. A duração e a amplitude atingidas no transitório dependem de quais fatores? E o fluxo final no entreferro, será igual ao inicial? Explique fisicamente as causas da variação associada de corrente e fluxo. Pode-se observar fenômeno análogo no fechamento rápido da armadura? Quais as diferenças com o caso anterior? Para variações muito lentas do entreferro o ponteiro deverá permanecer inalterável.

d) Medida de força em C.C. Tomemos o eletroímã da Fig. 4.28. Ele se presta bem às nossas medidas proporcionando resultados razoavelmente precisos. Resultou do modelo original do professor Rubens Guedes Jordão da Escola Politécnica da Universidade de São Paulo e no qual introduzimos alguma modificação. O núcleo é laminado, podendo ser excitado tanto com C.C. como com C.A. Funciona com valores usuais de tensões e correntes dos instrumentos de medida mais comuns.

A armadura tem movimento de rotação em torno da articulação A. Com isso e com o parafuso de ajuste B, consegue-se eliminar a influência do peso próprio da armadura, deixando que a linha de ação da força-peso atue na vertical que passa pela articulação A. Os entreferros são mantidos por calços de material não-metálico. A perpendicularidade entre a linha de ação da força externa (aplicada pelo dinamômetro) e a reta AC é obtida pelo parafuso de ajuste D. Sendo o dinamômetro de mola, a força é proporcional à deformação do elemento elástico. O ajuste da força aplicada pelo dinamômetro é conseguido, portanto, afastando-se ou aproximando-se o suporte do dinamômetro por meio do parafuso E. Esse ajuste da força no dinamômetro é feito com a armadura fechada, com o eletroímã excitado com uma corrente que resulte numa força de atração maior que a externa.

Convém utilizar um amperômetro e um voltômetro do tipo "de ferro móvel" que serve para C.C. e C.A. e registra valores eficazes em C.A.

Feitos os ajuste com um determinado entreferro, vai-se diminuindo lentamente a corrente de excitação até que a armadura se abra. Nesse instante a força de atração é igual àquela externamente aplicada. Estando o operador atento ao amperômetro é fácil registrar o mínimo atingido imediatamente antes de ocorrer o transitório de corrente de abertura do entreferro.

d1) Pode-se ir variando a força externa do dinamômetro e determinando as correntes correspondentes. Com isso se traça a curva de força de atração em função da corrente de excitação, para um determinado entreferro.

d2) Podem ser traçadas as curvas força/corrente para vários calços (espessuras de entreferro) e, daí podem ser obtidas as curvas força × entreferro para cada corrente de excitação.

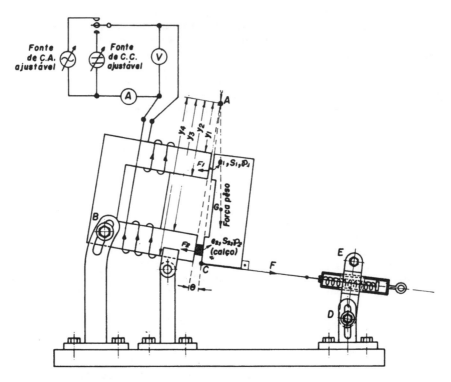

Figura 4.28 Representação esquemática de um eletroímã específico para demonstrações e respectivas ligações elétricas

d3) Podem ser feitas as mesmas medidas em C.A. Considerando-se o funcionamento com baixas densidade de fluxo no núcleo, podem ser desprezadas as perdas Foucault e histeréticas, pois são pequenas em face da potência reativa de magnetização requerida pelo entreferro. Logo, pode-se admitir que a componente de corrente de perdas I_{1p} (veja o Exemplo 2.2) é desprezível. Assim sendo, a corrente alternativa que produz a mesma força em C.C. é maior ou menor? (Note que está sendo usado um instrumento do tipo de ferro móvel). Em C.A. nota-se que a armadura, antes de se desprender (no mínimo de corrente que sustenta a força externa), pode apresentar vibrações mais ou menos intensa. Por quê? (procure resolver o exercício 4).

d4) Cálculo do erro absoluto e relativo dos valores medidos em relação aos valores teóricos.

Para isso vamos apresentar a dedução da expressão matemática para cálculo de valores teóricos. A dedução da força de atração pode ser feita de várias maneiras. Como se trata de um eletroímã de dois entreferros de faces planas não-paralelas, idealizamos o processo dedutivo apresentado a seguir, utilizando a permeância resultante, o que simplifica sobremaneira a dedução.

Hipóteses:

i) $\mu_{Fe} \gg \mu_{ar}$; ou $\mathscr{R}_{ferro} = 0$.

ii) Entreferro considerado com uma dimensão tal que ainda não seja necessário aplicar correção para espraiamento (veja o exercício 8, no final deste capítulo), logo, $S_{ar} = S_{ferro}$, ou seja, o fluxo está confinado na área geométrica do entreferro.

Sejam F_1 e F_2 as forças em cada entreferro. Podemos calcular essas forças pela aplicação da expressão (4.57). Mas torna-se mais simples calcular esse eletroímã como um dispositivo de rotação em torno da articulação A, utilizando a expressão (4.59). Lançando mão de uma expressão mecânica que nos dá o momento em relação a A, temos

$$F_1 \cdot d_1 + F_2 \cdot d_2 = F \cdot d = C_{des}, \qquad (4.102)$$

onde d_1, d_2 e d são as distâncias dos pontos de aplicação de F_1, F_2 e F até a articulação A (Fig. 3.28) e C_{des} é o conjugado resultante desenvolvido pela armadura. Tanto para as forças como para conjugados verifica-se que seus valores resultantes, quando se tem entreferro em série, podem ser calculados pela permeância série resultante dos dois entreferros (procure resolver o exercício 7), isto é,

$$\mathscr{P}_{res} = \frac{\mathscr{P}_1 \cdot \mathscr{P}_2}{\mathscr{P}_1 + \mathscr{P}_2}. \qquad (4.103)$$

As permeâncias $\mathscr{P}_1$ e $\mathscr{P}_2$ dos entreferros, sendo estes de faces planas mas não paralelas, podem ser calculadas por integração (o significado dos símbolos está na Fig. 4.28), ou seja,

$$\mathscr{P}_1 = \int_{y_1}^{y_2} d\mathscr{P} = \int_{y_1}^{y_2} \frac{\mu_0 \, dS(y)}{e(y)} = \int_{y_1}^{y_2} \frac{\mu_0 L}{y\theta} \, dy,$$

onde θ é o ângulo de abertura da armadura, em radianos. L é a espessura.

$$\mathscr{P}_1 = \frac{\mu_0 L}{\theta} \ell n \frac{y_2}{y_1}, \qquad (4.104)$$

analogamente,

$$\mathscr{P}_2 = \frac{\mu_0 L}{\theta} \ell n \frac{y_4}{y_3}. \qquad (4.105)$$

Substituindo em (4.103), teremos

$$\mathscr{P}_{res}(\theta) = \frac{\mu_0 L}{\theta} \cdot \frac{\ell n \, y_2/y_1 \; \ell n \, y_4/y_3}{\ell n (y_2/y_1 \cdot y_4/y_3)} = K_1 \frac{1}{\theta}. \qquad (4.106)$$

Utilizando a (4.59), vem

$$|C_{des}| = \frac{1}{2} N^2 i^2(t) \frac{d\mathscr{P}_{res}(\theta)}{d\theta} = \frac{K_1 N^2}{2} \left[\frac{i(t)}{\theta} \right]^2. \qquad (4.107)$$

Pela expressão (4.102), a força é dada pela relação entre o conjugado e o braço de alavanca de comprimento d, ou seja,

$$F = \frac{C_{des}}{d} = \frac{K_1 N^2}{2d}\left[\frac{i(t)}{\theta}\right]^2 = K\left[\frac{i(t)}{\theta}\right]^2, \qquad (4.108)$$

onde

$$K = \frac{\mu_0 L N^2}{2d} \frac{\ell n\, y_2/y_1 \; \ell n\, y_4/y_3}{\ell n\, y_2/y_1 + \ell n\, y_4/y_3} \qquad (4.109)$$

E sendo θ um ângulo pequeno, podemos confundir a corda com o arco, e seu valor em radianos é dado pela relação entre a espessura do calço e sua distância até a articulação A. Com essa expressão calcula-se a força de atração a fim de se comparar com os valores medidos.

4.16.2 DISPOSITIVO DE ROTAÇÃO, SIMPLES E DUPLAMENTE EXCITADO

Não vamos aqui apresentar ensaios de máquinas rotativas, que serão objeto dos próximos capítulos. No entanto o dispositivo da Fig. 4.29, que é semi-estacionário (pode-se girar uma das partes com as mãos), representa, em princípio, os acoplamentos eletromagnéticos ou transmissores de conjugado. Ele foi por nós idealizado para a verificação de conjugados de relutância e de dupla excitação.

É composto de um estator de dois pólos magnéticos, obtidos com enrolamento distribuído em ranhuras [Fig. 4.29(a)].

Introduz-se naquele estator, um rotor de duas sapatas polares de material ferromagnético Fig. 4.29(b) com o enrolamento de excitação desligado. Excitando-se apenas o estator com C.C., que tipo de conjugado deverá ocorrer? O que deverá acontecer deixando-se o eixo livre? E excitando-o com C.A.? Excitando-se o estator com C.C. e aplicando-se ao eixo uma trava mecânica (com um braço de alavanca de comprimento conhecido) pode-se medir, através de um dinamômetro ou uma balança, o conjugado desenvolvido em cada posição angular dos pólos do rotor. Pode-se variar essa posição desde o alinhamento com a linha central do enrolamento estatórico, até 90º dessa posição (veja a Seç. 4.13). Pode-se traçar curvas de $C_{des} = f(\delta)$ para vários valores de I de excitação, onde δ é o ângulo entre a linha central do enrolamento estatórico e a sapata rotórica. Deve-se notar que, quando a excitação é C.A., mantendo-se o valor eficaz da tensão aplicada, os valores da corrente de excitação aumentam à medida que se desloca o rotor, em relação à linha central do enrolamento do estator. Por quê? Pode-se, em seguida, substituir o rotor de "pólos salientes" por um outro cilíndrico de "pólos lisos" que possui enrolamento distribuído em ranhuras [Fig. 4.29(c)]. Introduzido no mesmo estator teremos apenas o conjugado de dupla excitação. Excitando-se o rotor e o estator com C.C. podemos novamente traçar as curvas de $C_{des} = f(\delta)$, desde $\delta = 0$ até 180º, onde δ é, agora, o ângulo entre as linhas centrais dos enrolamentos estatórico e rotórico. Pode-se modificar tanto o valor de I_1 como o de I_2 para se observar variação de C_{des}.

Se colocarmos novamente o rotor de pólos salientes, mas com suas bobinas excitadas com C.C., teremos a curva de conjugado de mútua e de relutância concomitantes. Repita as medidas.

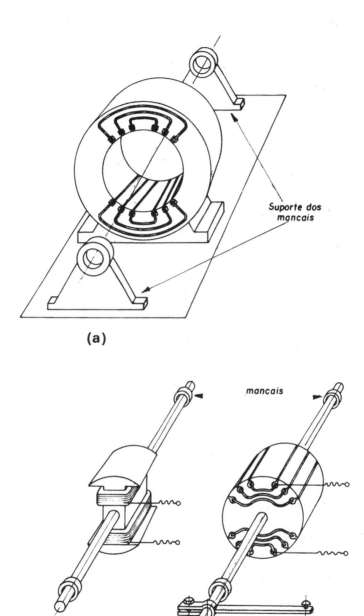

Figura 4.29 (a) Representação esquemática de um estator de "pólos lisos" de enrolamento distribuído; (b) rotor de pólos salientes; (c) rotor cilíndrico (de pólos lisos). Desenho cedido por Equacional — Elétrica e Mecânica Ltda.

4.17 EXERCÍCIOS

1. A força desenvolvida num dispositivo magnético de relutância (simplesmente excitado) tende a deslocamentos no sentido de aumentar a indutância. Explique o movimento no caso de
   a) motor de relutância,
   b) amperômetro de ferro móvel, do tipo de repulsão entre placas. A Fig. 4.30 mostra um corte esquemático desse tipo de instrumento.

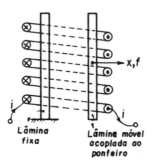

Figura 4.30

2. Para o instrumento de ferro móvel, mostre que a escala não é linear e que a leitura registra o valor eficaz da corrente alternativa a ele aplicado.
3. Na Fig. 4.31 a bobina 1 é alimentada por uma fonte de corrente alternativa senoidal $i_1(t) = \cos 10t$. A indutância mútua $M = 0,5$ H. A taxa de variação da mútua na direção x é constante e vale 10 H/m. As indutâncias L_1 e L_2 são iguais a 10 H. A resistência da bobina 2 é 100 Ω (4).

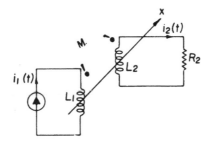

Figura 4.31

a) Como variará no tempo a força mecânica entre as bobinas?
b) Qual a força mecânica (média) entre as bobinas, na direção x?
c) Será de atração ou de repulsão?

4. É comum eletroímãs simples, construídos para funcionarem em C.A. possuírem uma espira de cobre curto-circuitada na superfície do entreferro, abrangendo parte da área do mesmo (Fig. 4.32). A finalidade dessa espira é diminuir as vibrações — e, conseqüentemente, os ruídos — devidas à natureza alternativa da força nesse caso. Procure explicar a função da espira.

Relações de energia — aplicações ao cálculo de forças e conjugados dos conversores eletromecânicos **225**

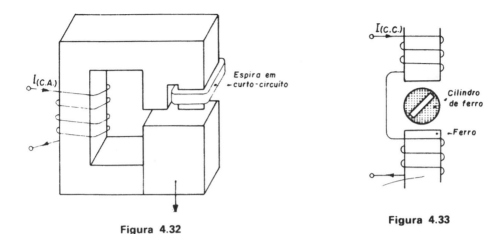

Figura 4.32   **Figura 4.33**

5. Se fosse deixado livre sobre seu eixo, qual seria a posição definitiva do cilindro da Fig. 4.33 quando se excitam as bobinas com I_{CC}? Por quê?
6. Foi analisado o sentido dos conjugados no caso de excitação simples e no çaso de excitação dupla onde apenas existia termo de mútua indutância. No caso de existir os três termos, a tendência será L_{1max}, L_{2max}, M_{max} ou para nenhum deles? Justifique.
7. A força de atração entre as superfícies de um entreferro em função da permeância é

$$f = \frac{1}{2} \mathscr{F}^2 \frac{d\mathscr{P}}{de}.$$

Mostre que a força resultante, f_{res}, que se manifesta no eletroímã da Fig. 4.7(a) pode ser calculada em função da permeância-série resultante ($\mathscr{P}_{res}$) dos dois entreferros, onde as permeâncias são $\mathscr{P}_1$ e $\mathscr{P}_2$. Despreze a queda de potencial magnético no material ferromagnético.
8. Um eletroímã, como o da Fig. 4.9, é ligado, mantendo-se o entreferro constante e igual a 3 mm por meio de um calço. A bobina tem 500 espiras e sua resistência é de 3 Ω. As dimensões estão na Nota 2.ª deste exercício.
    a) Qual a tensão contínua a ser aplicada para se obter uma força de 51 kg?
    b) Qual a tensão alternativa de 60 Hz, para se obter essa mesma força?
    c) Comente e justifique, em quinze linhas no máximo, a diferença de comportamento de um circuito magnético com entreferro variável operando com excitação C.C. e C.A.

Figura 4.34

Notas. 1.ª Na solução, considere o fator de empilhamento (já definido no Cap. 2) $K_e = 1,0$; porém corrija o espraiamento de fluxo (Fig. 4.34) pela expressão área corrigida $= (a + e)(b + e)$.

Essa expressão é válida, com certa segurança, para entreferros retangulares de lados a e b, e espessura e, dentro dos limites

$$0 < (a + e) \cdot (b + e) - ab \leq \frac{ab}{5}.$$

2.ª As medidas do eletroímã são $a = 25$ mm, $b = 80$ mm, $e = 3$ mm, comprimento médio do circuito magnético $= 650$ mm.

9. Utilizando a curva de magnetização da Fig. 2.11(a) do cap. 2, avalie o erro que se comete no cálculo da f.m.m. quando se despreza a queda de potencial magnético na parte em ferro do eletroímã do problema anterior com armadura aberta em um entreferro de 3 mm.
10. Ainda para o eletroímã do problema anterior, resolva as questões dadas a seguir.
    a) Compare as energias armazenadas no campo magnético da parte em ferro com a do entreferro aberto com $e = 3$ mm. Justifique a diferença.
    b) Calcule a energia armazenada no campo magnético do entreferro aberto e compare com o trabalho mecânico ao se fechar a armadura muito lentamente.
11. Fazendo analogia com o exemplo 4.5, deduza as expressões do conjugado instantâneo e do seu valor médio para o motor síncrono de relutância (monofásico), sem desprezar $L_{1\,min}$.
12. No final da Seç. 4.7 definiu-se a *pressão magnética* num entreferro de ar, que é ligada à densidade de energia armazenada no campo magnético. Compare valores da *pressão elétrica* que se pode conseguir nos conversores de campo elétrico com os da pressão magnética que se pode conseguir nos de campo magnético, para valores práticos, num entreferro de ar com $B = 1,2$ Wb/m^2 e $E = 1$ kV/mm.
13. **Procure resolver as questões propostas na secção 4.16 destinada a Laboratório.**

REFERÊNCIAS

1) Cheng, D. K., "Analysis of Linear Systems", second Ed, Addison — Wesley Publishing Company, Inc., Massachusetts, 1966.
2) Gehmlich, D. K., Hammond, S. B., "Electromechanical Systems", McGraw-Hill Book Company, N. York, 1967.
3) Gourishankar, V., "Conversión de Energia Eletromecânica", Version Española de Aguilar G., Representaciones y Servicios de Enginería S.A., México, 1975.
4) Skilling, H. H., "Eletromechanics — A First Course in Eletromechanical Energy Conversion", John Wiley and Sons, Inc., N. York, 1962.
5) Fitzgerald, A. E.; Kingsley, C. Jr.; Kusko, A., "Electric Mechinery", Third Ed., International Student Edition — Kogakusha Co. Ltd., Tokio, 1971.
6) M.I.T., "Magnetic Circuits and Transformers", 12 the Ed., John Wiley and Sons, Inc., N. York, 1958.
7) "Electrical Steel Sheets" — Engineering Manual", United States Steel, Pittsburgh, Pa, U.S.A.
8) "Associação Brasileira de Normas Técnicas" (A.B.N.T.), PB-130, MB-216, TB-19, NB-119, etc., Rio de Janeiro.
9) "International Electrotechnical Comission" (I.E.C.), Recomendations for the Class. of Mat. for Insulation..., Rotating Electrical Machines, etc., Genève.
10) Skilling, H. H., "Circuitos en Ingenieria Electrica", Version Española de Martinez G. Compañia Editorial Continental, S.A., México, 1963.
11) "Standard Handbook for Electrical Engineers", Edictor-in-chief Knowlton, A. E., McGraw-Hill Book Company, U.S.A.
12) Say, M.G., "Design and Performance of A.C. Machines", Fourth Ed., Pitman Publishing Ltd., London, 1977.
13) Orsini, L. Q., "Eletrotécnica Fundamental", Escola Politécnica da Universidade de São Paulo, São Paulo, 1955.
14) Orsini, L. Q., "Circuitos Elétricos", Editora Edgard Blücher Ltda., São Paulo, 1971.
15) Seely, S., "Electromechanical Energy Convertion", International Student Edition — Kogakusha Co. Ltd., Tokio, 1962.
16) Robba, E. J., "Introdução aos Sistemas Elétricos de Potência", Editora Edgard Blücher, Ltda., São Paulo, 1973.
17) Castrucci, P. B. L., "Controle Automático — Teoria e Projeto", Editora Edgard Blücher Ltda., São Paulo, 1969.
18) Falcone, A. G., "Conversão Eletromecânica de Energia — Questões Teóricas e Práticas", Escola Politécnica da Universidade de São Paulo, São Paulo, 1970.
19) Parkers and Studler, "Permanent Magnets and their Application", London, 1962.
20) Halliday, D., Resnich R., "Física", trad. port. Cavallari, E., Afini, B., Ao Livro Técnico S.A., Rio de Janeiro, 1966.
21) Olson, H. F., "Elements of Acoustical Engineering", D. Van Nostrand, Inc., New York, 1962.

Referências

22) Nepomuceno, L. X., "Acústica Técnica", Editora Técnico-Gráfica Industrial Ltda., São Paulo, 1968.
23) Doebelin, E. O., "Measurement System: Application and Design", McGraw-Hill Book Co., New York, 1966.
24) Gross, E. T. B., Summers, C. M., "Approach to Experimental Electric Power Engineering Education", I. E. E. Trans. Powers Apparatus and Systems, Sept. Oct. 1972.
25) Jordão, R. G., "Máquinas Elétricas" — 1.ª Parte — Escola Politécnica da U.S.P., São Paulo, 1953.
26) Clayton, A. E., "The Performance and Design of Direct Current Machines", Ed. Sir Isaac Pitman & Sons Ltd., London, 1959.
27) Falcone, A. G.; Garcia, C. L., "Motor Schrage Resolve Problemas de Variação de Velocidade, Revista Engenheiro Moderno, Vol. III, n.º 9, junho 1967.
28) Falcone A. G. "A Sincronização do Motor Assíncrono Sincronizado", Revista Mundo Elétrico, Ano 9, n.º 110, novembro 1968.
29) Ellison, A. J., "Electromechanical Energy Conversion", George G. Harrap & Co. Ltd., London, 1965.
30) "O Motor Linear", Revista Mundo Elétrico, junho 1972.
31) Datta, S. K., "A Static Variable-Frequency Three — Phase Source Using the Cycloconverter Principle for the Speed Control of an Induction Motor", I.E.E.E. Transaction on Ind. App., Vol. I-A 8, n.º 5, sep/oct. 1972.
32) Kimbark, W. E., "Power System Stability — Synchronous Machines", Dover Publications Inc., New York, 1968.
33) Laithwaite, E. R., "Induction Machines for Special Purposes", George Newnes Ltd., London, 1966.
34) Adkins, B., "Teoria General de las Máquinas Eléctricas", Traducido por Leon, L. A., Ediciones Urmo, Bilbao, España, 1967.

ÍNDICE

Acelerômetro:
  eletromecânico, 130-132
  mecânico, 128-130
Acoplamento magnético, 65-68
Alinhamento, princípio do, 119-122
Alternador, 268
Alto escorregamento, motor de, 359-361
Alto-falante magnético, 136-141
Amortecedor, enrolamento, 281-284
Amortecimento, coeficiente e fator de, 129-134
Ampère, lei de, 110-111
Amperômetro-eletrodinamométrico, 200-207
Amperômetro de ferro movel, 225 (Ex.º 1 e 2)
Amplidínamo ("amplidyne") 445
Amplificação, em maq. C.C., 431-437, 445-446
Analogias:
  elétricas, 103, 104
  eletromecânicas, 100-107
  mecânicas, 104-105
Ângulo:
  de conjugado, 271-272, 274, 278
  de potência, 278-281, 295
  elétrico (veja ângulo magnético)
  magnético, 229-231
Armadura:
  constante de tempo da, 431-432
  enrolamentos de (C.A), 246-259
  enrolamentos de (C.C.), 382-386, 407-411
  reação de, (maqs. síncronas), 264-266, 270-273, 277-279
  reação de, (maqs. de C.C.), 383-385, 387-389, 391-394, 412-413
  reatância de dispersão da, 264-266
Audiofreqüência, transformadores de, 76-82
Autotransformadores, 61-64
Balanço de conversão eletromecânica de energia, 171-172
Barramento infinito (veja Operação em barramento infinito)
Blocos, diagrama de, 1, 6, 130-131
Bobinas:
  de passo encurtado, 349-251
  de passo pleno, 236-237

Campo elétrico:
  conversores de, 214-219
  energia no, 166
  motor de, 215-218
Campo magnético:
  energia no, 164-165
  rotativo, 236-242
Campos girantes, teoria de, 236-242
Capacitor, motor de, 215-218
Cápsula:
  acelerométrica, 128-132
  de relutância, 126-128
  dinâmica, 123-125
Característica (veja também Curvas):
  de curto-circuito (máq. síncrona) 315-316
  de magnetização de máq. C.C., 412-414, 446-447
  de magnetização de maq. sinc., 313-314
  de saturação (veja caract. de magnetização de maq. sincr. e de C.C.)
Circuitos:
  acoplados magneticamente, 65-70
  elétricos, 100-104
  equivalentes aproximados, 72-78, 345
  equivalentes de máq. sinc., 264-266
  equivalentes de máq. assinc., 340-344
  equivalentes de transformador, 50-57, 71-78
  magnéticos, 24-27
Cobre, perdas no, 20, 167
Coeficiente:
  de acoplamento, 67
  de dispersão, 68
Compensação, enrolamento de, 398
Comutação:
  em máquinas de C.C., 378-388
  polos de, (veja interpolos)
Comutador, funcionamento do, 148-149, 379, 382--386
Conjugado:
  assíncrono, 303
  equações e relações básicas, 181
  de máquina de C.C., 399-400
  de máquina síncrona, 286, 296
  máximo de motor assíncrono, 346-347

máximo de motor síncrono, 286
de relutância, 193-197
Conservação de energia, princípio da, 171-172
Constante de tempo:
   de armadura de máq. C.C., 431-432
   de circuito de excitação, 431
   eletromecânica, 437
   mecânica, 107-110, 432
Conversor de freqüência, 336-338
Corrente de curto-circuito, 57-59
Corrente de início, 83-84
Corrente de partida, 425
Corrente magnetizante:
   em máquinas assíncronas, 341
   em máquinas síncronas, 313-314
   em transformadores, 27-40
   em vazio, 31-32
Curto circuito:
   ensaio de máq. assínc. (rotor bloqueado), 372
   ensaio de máq. sínc., 315-316
   ensaio de transformador, 92-93
Curvas Características:
   de geradores C.C., 426-431
   de motores C.C., 417-420
Curvas de Conjugado:
   de máq. assíncrona, 323-336
   de motores C.C., 417-420
Curvas de magnetização:
   de máq. de C.C., 412-414, 446-447
   de máq. síncrona, 313-314
   de transformador, 24-33
Curvas V, 319
Decibel, 82, 133, 161
Desmagnetizante:
   efeito da reação de armadura em maq. C.C., 400-402
   efeito da reação da armadura em maq. sínc., 270-273, 277-279
Diagrama fasorial (veja também Apêndice 1):
   de máq. sinc. 271-289
   de máq. assínc., 345
   de transformadores, 50-54
Distribuição, fator de, 252-257
Dupla excitação, conjugado de, 199-206
Eixos elétricos, 362-372
Eixo direto, 290-294
Eixo quadratura, 290-294
Eletroimã:
   de torsão, 222-223
   de translação, 182-187
Enrolamento:
   amortecedor, 281-284
   de campo de máq. sincr., 229-231
   de compensação, 398
   distribuição, 246-257
   fator de, 256
   de máquinas C.A., 243-259
   de máquinas C.C., 382-386, 407-411
   de dupla camada, 248-249, 257
   de passo encurtado, 249, 257
   de passo inteiro, 247
   trifásico, 247-249, 257

Ensaios (veja Laboratório)
Entreferro, tensão de, 295
Equações (veja também apêndices 1 e 2)
   elétricas básicas, 99-107
   eletromecânicas básicas, 100-115
   mecânicas básicas, 99-107
   de malha, 103
   de nó, 103-104
Equipamento para Laboratório de Eletromecânica (veja Laboratório)
Escorregamento:
   absoluto e relativo, 325
   definição, 326
Espraiamento nos entreferros, 225-226
Estabilidade:
   estática e dinâmica, 286, 304
   limite de (p/máq. sínc.), 286, 304
Excitatriz, 267, 415, 423
Extensômetro (veja sensores eletromecânicos)
Faraday, lei de, 41-42
Fatores de
   amortecimento, 134
   distribuição, 252-257
   enrolamento, 257
   encurtamento, 244-252
Ferro, perdas no, 15-16
Ferromagnéticos, materiais, 15-17, 24-33
Fluxo de dispersão e mútuos, 47-49
Fluxos Magnéticos:
   nas máquinas assíncronas,
   nas máquinas síncronas, 229-234, 262-264
   nos transformadores, 47-49
Força eletro-motriz
   dos transformadores, 40-43
   mocional, 2, 115-119
   variacional, 41-42, 115-119
Força magnéto-motriz, 24
Força mecânica, relações básicas, 181
Foucault, acoplamento de corrente parasita, 371
Freqüência:
   natural com amortecimento, 130, 134
Funções de transferência e de excitação, 5 e Apêndice 2
Gaiola, rotor em, 210-212, 324-325
Ganho, 82, 132, 133, 433, 443
Gerador de C.C.:
   auto-excitado, 415-416
   composto, 416
   derivação, 415-416
   escorvamento de, 434-435
   independentemente excitado, 415
   série, 416
Geradores tacométricos:
   tacômetro de C.A., 146-147
   tacômetro de C.C., 148-151
   tacômetro de indução, 151-152
Harmônicas, 30, 235
Histerese:
   motor de, 309
   perdas, 16
Impedância:
   elétrica, 138-139

Índice

mecânica, 138-139
Indutâncias:
  de dispersão, 49-50, 265
  de magnetização, 36-40
  mútua, 68-73
  síncrona, 264-266
Interpolos, 388, 395-396
Laplace, transformação de, (Apêndice 2)
Laboratório, equipamentos e sugestões, 6,89, 157, 218, 310, 372, 446
Lei:
  de Ampère, 110-111
  de Faraday, 41-42
  de Kirchhoff, 103, 106
  de Laplace, 11-112
  de Lenz, 41-42
  de Newton, 103-106
Magnetização de núcleos, 27-40
Magnetostricção, 122
Máquina Assíncrona:
  característica, (veja motores de indução)
  princípio de funcionamento da, 209-212
Máquina de C.C.
  características externas de geradores, 426-431
  características externas de motores, 417-420
  característica de magnetização, 412-414, 446-447
  como amplificador, 431-437, 445-446
  elementar, 148-149
  enrolamento de armadura, 382-386, 407-411
  f.m.m. de armadura (veja armadura, reação)
  princípio da, 212-214
  tipos de excitação de motores e geradores, 415-416
  regulação da, 414-415
  transitórios, da 421-443
Máquina síncrona:
  análise dinâmica, 302-308
  análise transitória, 301-308
  ângulo de conjugado, 271-272, 274, 278
  ângulo de potência, 278-281, 295
  característica de curto-circuito, 276, 315-316
  característica de magnetização, 313-314
  circuito equivalente em regime permanente, 264--266
  conjugado,
  curto-circuito de, 276, 315-316
  diagramas fasoriais, 271-289
  estabilidade de, 286, 304
  fluxos da, 262-264
  f.m.m. da reação de armadura, 270-273, 277-279
  princípio da, 207-209
  reatância de eixo direto, 292
  reatância do eixo de quadratura, 292
  reatância síncrona, 264-266
  reatância subtransitória, 306-308
  reatância transitória, 306-308
  relação de curto-circuito da, 322 (Ex.º 13)
  regulação, 296-298
  teoria da dupla reação, 290-292
Materiais magnéticos:
  aço silício, 15-17, 24-33
  características sob excitação C.A., 24-38
  curva normal de magnetização, 27, 30, 32,

perdas no ferro, 15-16
propriedades dos, 15-17, 24-33
Miliamperímetro de bobina movel, 111-114
Microfone de capacitância, 141-14
Microfone de carvão, 154-155
Monofásico (veja motor de indução)
Motor de capacitância, 214-218
Motor de c.c.:
  controle de velocidade, 421-425
  composto, 416
  derivação, 415-416
  partida, 425
  série, 416
Motor de indução:
  difásico, 359-361
  monofásico, princípio de funcionamento, 354-356
  monofásico com capacitor de partida, 357-358
  monofásico, fracionário, 355-362
  monofásico (partida, métodos de), 357-358
  campo distorcido ("Shaded pele"), 359
Motor de indução polifásico:
  característica conjugado-velocidade, 327-332
  circuitos equivalentes, 340-346
  conjugado máximo, 346-347
  controle de velocidade, 333-336
  efeitos da resistência do rotor, 333, 347
  em vazio, 340
  fluxos do, 338, 339
  magnetização de, 341
  princípio do, 209-212
  reatâncias, 339-340
  rotor bobinado, 333, 347
  rotor em gaiola, 210-212, 324-325
  rotor em lâmina, 361-362
Motor plano assíncrono (linear), 371-372
Motor de histerese, 309
Motor piloto (veja servo-motores)
Motor de relutância, 195-197, 309
Motor síncrono:
  de histerese, 309
  de relutância, 195-197, 309
  sincronização do, 305
  Curvas V, 319
  fator de potência, 280-282, 285-286
  partida, 282-284
Motor universal, 444-445
Operação em barramento infinito:
  de máquinas C.C., 403-404
  de máquinas sinc. 266-268
Perdas:
  Joule, 20, 167
  por corrente de Foucault, 15
  por histerese, 16
  mecânicas, 168-170
  no núcleo (ferro) 15-16, 168
  suplementares, 20, 21
Permeabilidade magnética, 24-28
Permeância, 24, 26
Piezoeletricidade, 122
Polos salientes, máq. sincr. de, 290-295
Potência nominal, 23-24, 299
Potenciometro, 155-156

Por unidade (grandezas de transformadores e máquinas elétricas em valor p.u.), 57-59
Princípio:
  alinhamento 119-122
  mínima relutância, 119-122, 185-187
Quadratura, eixo de, 290-294
Reação de armadura (veja armadura)
Reatância de dispersão:
  da armadura, 265, 339
  dos transformadores, 49-50
Reatância de magnetização:
  de máq. sinc., 275
  de máq. assinc., 339-340
  de transformadores, 36-40
Reatância síncrona, 264-266
  síncrona saturada, 316
  subtransitória, 306-308
  transitória, 306-308
Regime permanente senoidal (Apêndice 1)
Regulação:
  de máq. C.C. 414-415
  de máq. síncrona, 296-298, 314
  de transformadores, 13-14
Reguladores de tensão do tipo indução, 63-64, 369-370
"Regulex", 445
Relação de curto-circuito, 322 (Ex.° 13)
Relutância:
  cápsula de, 126-128
  magnética, 24-26
  motor de, 195-197, 309
  princípio de mínima, 120-122, 185-187
Rendimento, 21-22, 170
Resistência de campo crítica, 434-435
Resposta em freqüência, 79-82, 125- 132
Respostas transitórias, 82-86, 133-135
Rotor em gaiola (veja gaiola)
"Rototrel", 445
Selsyn (veja sincro)
Sensores eletromecânicos:
  de deslocamento, 155-157
  extensométricos, 152-154
  "Strain Gage Type", 153-154
"Shaded pole" (veja motor de indução de campo distorcido)
Simples excitação, conjugado de, 193-194
Servo-motores, 359-362
Sincro:
  de controle, 365-369
  diferencial, 368-369
  motor e gerador, 365-368
  de potência, 362-364

receptor, 365-368
transformador, 365-369
transmissor, 365-368
Sistemas:
  de unidades (veja introdução deste livro)
  elétricos, 99-107
  eletromecânicos,
  mecânicos, 99-107
  lineares e não lineares, 5
Steinmetz, coeficiente de 17
"Strain-Gage" (veja sensores eletromecânicos)
Subtransitória, reatância, 306-308
Tacômetros de C.A., de C.C., de indução (veja geradores tacométricos)
Transdutores Eletromecânicos, 1
Transitórios:
  máquina c.c., 421-443
  máquina síncrona, 301-308
Transformador:
  de audio-freqüência, 76-82
  circuitos equivalentes, 50-57, 71-78
  componente de carga na corrente do primário, 44-46
  com freqüência variável, 76-80
  corrente de excitação, 27-40
  em curto-circuito, 57-59
  em sistemas trifásicos, 86-89
  ensaio de, (veja laboratório)
  fluxos do, 47-49
  ideal, 59-60
  impedância de curto-circuito do, 57-59
  impedância de curto-circuito do, 57-59
  relação de transformação do, 42-46
  resposta em freqüência do, 79-82
  perdas, 14-20
  regulação, 13-14
  rendimento, 21-22
  tensão induzida, 40-43
  tipos construtivos, 9-13
  tipos de núcleo, 8-12
  utilização, 8
Transitórios:
  em sistemas mecânicos, 107-110, (apêndice 2)
Universal, motor, 444-445
Velocidade, controle:
  de motor de c.c., 421-425, 431-443
  de motor de indução, 333-336
Ward-leonard, 377-423
Wattômetro:
  conjugado do, 199-204
  eletrodinamométrico, 200-204